普通高等教育“十三五”规划教材

安全系统工程

(第3版)

主编　张景林

煤炭工业出版社

·北　京·

内 容 提 要

本书是普通高等教育“十三五”规划教材（高等院校安全工程专业）之一。本次修订在大的章节内容上保留了原教材的格局，但是具体内容上作了若干修改，如第二章的事故隐患和危险性分析及第四章的系统安全评价方法；增加了安全预测和典型事故模型分析的内容等。本书全面地介绍了安全系统的概念、事故隐患和危险性分析、事件树和事故树分析、系统安全评价、系统安全预测和安全决策、安全系统建模与典型事故影响模型。

本书主要作为高等院校安全工程专业学生教材，也可供安全工作者参考。

序

安全是人类生存、生产、生活和发展过程中永恒的主题。随着科技与经济的迅猛发展，安全科学的日臻完善，安全工程专业已经成为高校重点专业之一。为此，高等院校安全工程专业教育指导委员会在全体委员对课程设置、教学大纲等进行充分论证的基础上，组织编写了《安全学原理》《安全系统工程》《安全人机工程学》和《安全管理学》四门安全工程专业的专业基础课教材。经各编写组认真编写，主审人审查，高等院校安全工程专业教学指导委员会审定，现组织出版并作为高等院校安全工程专业本科推荐教材。

高等院校安全工程专业教学指导委员会

2002年4月

第3版修订说明

《安全系统工程》自2014年初第2次修订出版后，依然得到了广大师生的一致好评。但随着时代的发展，安全系统工程理论、方法和技术得到了快速发展，有些内容已不适应需要。为了使《安全系统工程》更适应社会和专业发展的需要，更好地为广大从事安全学习与工作的读者服务，我们在第2版的基础上进行第3次修订。

本次修订，在保持原有内容的基础上，结合近年来我国安全工程学科领域的研究和实践，对部分知识的相关内容、方法、案例等方面进行了相应的补充和更新。一是针对网络安全、人工智能系统等的风险、安全评价、失误率提出方法补充（第二章和第五章均有详细介绍）；二是更加全面、系统地介绍了事故隐患和危险性分析（第二章内容）和系统安全评价方法（第四章内容）；三是增加了安全预测和典型事故模型分析的内容，并对二次修订的某些释义、案例、引用的标准、规范结合近几年学科的发展进行再一次的审视和修正。这些修订力求能够全面反映当前安全系统工程的先进理论、理念和方法，以典型应用实例和模型指导学生更好地将理论知识应用于实践。

本次修订工作由中北大学张景林负责全书的统稿，并负责第一章的编写，第二、三章由吕春玲编写，第四、五、六章由杨继华编写。由北京理工大学汪佩兰教授担任主审。

本次修订工作得到了中北大学和北京理工大学相关领导和老师的指导和帮助，在此向他们表示衷心感谢。

由于编者水平有限，本书中可能存在不足之处，真诚希望得到读者的批评和指正。

编　者

2018年6月

第 2 版修订说明

《安全系统工程》在 2002 年完成了初版的编审工作，并在高等院校安全工程专业教学指导委员会的直接领导下，从教材大纲的编制、审定及其相关教材内容的划定，均由教学指导委员会教材编审专家组反复讨论完成。作者严格遵照大纲的规定与要求，结合多年的教学实践和研究工作编写完成，并在煤炭工业出版社的大力支持下出版。《安全系统工程》初版共分 6 章，由张景林、崔国璋、王福成、赵燕萍、赵云胜负责编写，张景林和崔国璋负责统编和策划，北京理工大学汪佩兰负责总审。

本书初版付梓以来，为推广安全科学、培养安全工程专业学生作出了重要贡献，尤其是在研究生入学考试中，很多学校将其列为专业课参考书，深受广大读者喜爱。10 余年来，安全学科得到了快速发展。2011 年，国务院学位委员会和教育部联合发布了“关于印发《学位授予和人才培养学科目录（2011 年)》的通知”(学位〔2011〕11 号)，将安全科学列为一级学科，名称：安全科学与工程。

随着时代的发展，安全系统工程理论、方法和技术得到了快速发展，该教材在使用中也收到了许多中肯的修改意见。为了使《安全系统工程》更适应社会和专业发展的需要，更好地为广大从事安全学习与工作的读者服务，我们对初版内容进行了修订。这次修订的重点有两个方面：一是更新一些弃用的标准规范，补充一些新方法和新案例；二是对原有的理论、释义、案例进行了全面审视，使之更加完善并适应时代的发展。

本次修订在内容选材和文字叙述上仍然力求做到概念清晰、原理明确、深入浅出和通俗易懂，以便于学生学习和掌握。中北大学张景林负责全书修订、统稿。

这次修订工作得到了中北大学和北京理工大学相关领导和老师的关心与帮助，在此谨向他们表示衷心的感谢。由于编者水平有限，这次修订工作可能还存在疏漏和错误，希望读者批评指正。

作　者

2013 年 8 月

前　　言

本教材是安全工程专业必修专业基础课，其先修课程为概率统计、线性代数、安全学、系统工程学和计算机应用技术等。

本教材在选材上力求新颖，尽量吸取近年来的教学实践和国内外最新科研成果；体系上注意完整性、条理性，并从安全科学学科发展的高度，充实和完善其内容；对难点，将通过由感性到理性，从现象到本质的方法，用通俗形象的语言来阐述，并且注意给出尽量多的例题，以便于学生理解和自学，有利于培养学生分析问题和解决问题的能力。本教材教学时数为48学时，每章后均有思考题，供学生思考和练习。

本书编写工作是在高等院校安全工程专业教学指导委员会的直接领导下进行的，从教材大纲的编制、审定及其与相关教材内容的划定，均由安全工程专业教学指导委员会反复讨论完成。作者严格遵照大纲的规定与要求，结合近年来的教学实践与研究工作，编写了这本《安全系统工程》教材。全书共分六章，包括：概论、系统安全分析、事故树分析、系统安全评价、安全决策和灰色理论与安全系统。其中，第一章由崔国璋、张景林教授编写，第二章由王福成教授编写，第三章由赵艳萍编写，第四、五章由张景林教授编写，第六章由赵云胜编写。全书由张景林、崔国璋教授统稿，北京理工大学汪佩兰教授担任主审。汪佩兰教授对本教材进行了全面、认真、严格、细致的审查，提出了许多宝贵的修改意见。王建华、柴涛、吕春玲老师对书稿的校正、打印、完善作了许多具体工作，在此向她们表示诚挚的谢意。本书还引用了大量的文献资料，涉及许多中外学者，在此一并向他们表示感谢。

编　者

2001年12月

目　　次

第一章　绪　　论

“安全系统工程”是“安全科学与技术”一级学科下的二级学科。“安全系统工程”是以研究大规模复杂系统为对象的一门新兴的学科。它把自然科学和社会科学有关的思想、理论和方法，根据系统总体协调的需要有机地联系起来，识别、排查、分析和评价系统中存在的事故隐患及危险性，从而作出危险性预测和系统安全决策。

人类社会发展日新月异，特别是军事、信息网络、材料等方面不断取得新的突破和创新，不断刷新人们的传统认识和科学观念。但是不管社会、科学如何发展，安全问题仍然是人类社会生存、生产、生活的首要命题。

虽然社会各个领域的安全问题各有特殊性，但是，一方面应该看到各个领域安全问题既有区别又有联系，相互影响；另一方面也应该从大安全角度出发，总结提升它们的共同点，寻求各个领域安全问题内在的共同规律和联系。这也正是安全系统研究发展的重要内涵和目的。

第一节　系统工程的概念

一、系统和系统工程

1. 系统

系统就是由相互作用和相互依赖的若干组分结合而成的具有特定功能的有机整体。

系统有如下特点：

(1) 整体性。系统是由两个或两个以上相互区别，同时又具有相关性的要素（元件或子系统）组成的整体。构成系统的各个要素虽然具有不同性能，但它们通过综合、统一（不是简单拼凑）形成的整体就是具备了新的特定功能，就是说，系统作为一个整体才能发挥其应有的功能。所以，系统的观点是一种整体的观点，一种把部分整合在一起的思想方法。

(2) 相关性。构成系统的各要素之间、要素与子系统之间、系统与环境之间都存在着相互联系、相互依赖、相互作用的特殊关系，通过这些关系，使系统有机地联系在一起，发挥其特定功能。

(3) 目的性。任何系统都是为了完成某种任务或实现某种目的而发挥其特定功能的。要达到系统的既定目标，就必须赋予系统规定的功能，这就需要在系统的整个生命周期，即系统的规划、设计、试验、制造和使用阶段等，对系统采取最优规划、最优设计、最优控制、最优管理等优化措施。

(4) 有序性。系统的有序性主要表现在系统空间结构的层次性和系统发展的时序性。系统可分成若干子系统，子系统下面还能分出更小的子系统，这种系统的分割形式表现为系统空间结构的层次性。另外，系统同样是有寿命周期的，它也要经历孕育、诞生、成长、成熟、衰老、消亡的过程，这一过程表现为系统发展的有序性。对系统进行分析、评价、管理都应考虑系统的有序性。

（5）环境适应性。系统是由若干特定部分组成的有机体，处在这个有机体以外的部分，通常称为系统的环境。一方面，系统需要从环境中获取必要的物质、能量和信息，同时系统对环境也要进行反馈；另一方面，当环境对系统产生干扰和限制时，即为环境对系统的约束条件。环境特性的变化往往能够引起系统特性的变化。系统要实现预定的目标或功能，必须能够适应外部环境的变化。

应该看到，能够满足上述特点的称得上是系统的客体，是多种多样的。例如，自然系统与人造系统、封闭系统与开放系统、静态系统与动态系统、实体系统与概念系统、宏观系统与微观系统、软件系统与硬件系统等。

2. 系统工程

系统工程是组织管理系统的规划、设计、制造、试验和使用的科学方法，是一种对所有系统都具有普遍意义的科学方法。这个定义的内涵是：系统工程属于工程技术范畴，是组织管理各类工程的方法结论；系统工程是解决系统整体及其全过程优化问题的工程技术。

系统工程是20世纪50年代发展起来的一门新兴科学，它是以系统为研究对象，以现代科学技术为研究手段，以系统目标最佳化为研究目的的科学技术。它属于管理科学，它的广泛应用为各行各业、各个领域实现管理现代化提供了基本理论和方法。

关于系统工程所属各自学科的命名问题，钱学森教授指出：正如工程技术各有关专业一样，系统工程也还是一个总类名称，因体系性质不同，还可以再分类，如工程体系的系统工程叫某某工程系统工程（如人工智能系统工程），生产企业或企业体系的系统工程叫经济系统工程等。这种命名原则为系统工程在各专门领域的发展指明了方向，从而也避免了关于名词术语叫法的不必要的争论。

二、可靠性和可靠性工程

1. 可靠性

可靠性是指系统在规定条件下和规定时间内完成规定功能的能力。这里，规定的条件是设计规定的，规定的功能也是设计赋予的。衡量系统可靠性的最低指标是可靠度，它是用系统在规定时间内完成规定功能的概率来表示。相反，系统在规定的条件下和规定的时间内不能完成规定功能的概率就是系统的不可靠度。

2. 可靠性工程

可靠性工程就是研究系统可靠性的工程技术。可靠性工程就是要解决如何提高系统的可靠度，使系统在其寿命周期内正常运行，圆满完成其规定任务。

在某些产品的经典设计中，例如一些机械结构承压件，其安全系统被定义为强度均值与应力均值之比，此时产品的可靠度则被称为安全系数大于1的概率。对于一个系统而言，系统的可靠性与系统的安全性是两个既有区别又紧密联系的功能。当一个系统的功能运行可靠度不好时，其系统的安全性必然会受到质疑；同样，一个安全性不好的系统，它也不能可靠运行。

三、安全系统与安全系统工程

1. 对安全的理解和认识

安全一词是人们经过抽象思维确定的一个概念或理念。目前所见到的文献对安全一词诠释普遍存在两个问题：一是缺乏科学的严密性，比如说只要不出事故就是安全的，显然这是不严密的说法，因为事故是不安全因素发展的极端表现；二是安全一词应用得太宽泛，不管人们如何定义都很难包容各种情况下的安全的内涵。

安全描述的是一种客观存在的状态吗？回答并非是肯定的，因为描述安全状态的主要特征量是什么，在安全科学界尚难统一。有人说，无事故且无隐患的状态才是安全状态；也有人提出用系统从无序到有序、渐变与突变的统一及非畸变来描述安全的动态特性。这样的表述虽然有一定的科学性，但由于安全因素的高度复杂性和极强的时间依赖性，上述方法所描述的安全状态带有很大的理想化色彩。但是，人们很难把握实际的安全状态究竟是处于“平安无事”，还是处于危险的某个阶段；此外，人们所说的平安、安全是人们的一种带有理念性的一种期盼，此时安全不过是一种理想化的抽象概念。

如果承认“安全”一词描述的是一种状态，但这种状态也绝非是一种事故为零的所谓“绝对安全”的状况。从科学的角度讲，“绝对安全”的状态在客观上是不存在的。平安也好，安全也好，其本身就带有很大的模糊性、不确定性和相对性，所以“安全状态”具有动态特征，就是说，与一般“状态”概念不同，安全状态的动态特性说明了“安全状态”的表征的特殊性。

安全的动态特征还体现在安全描述的不只是相对稳定的特定状态，同时安全还可以作为过程表征，用来描述事故——相对安全的一个阶段。过程表征和状态表征最本质的区别就在于前者描述的是事物的发展趋势，后者描述的是一种目标。从这个角度讲，把安全状态和安全过程看成是一个事物的两个方面，它们没有办法严格区分开来。正如有的文献所描述的：渐变对应于灾害过程孕育、维持；突变对应于灾害过程的活动和剧烈的扩展。但是，突变（事故）不仅是灾害发生，也是系统内不稳定向新的稳定（安全）跃迁的触发器。

当然从技术的角度讲，已经提出并应用的安全失效率、安全度、安全系数等定量化的并涉及安全的计算方法标准及表征的安全技术状态和安全与否的结论是科学严谨的。但是，这和上面讨论的安全内涵相比显然要狭义得多。

状态、过程、理念、技术安全都是定义安全这个概念应该考虑的内涵。因此，人们试图通过一个简单的定义就想把内容如此丰富、关系如此复杂、时空跨度难以界定的若干事物表述清楚是一件非常困难的事情。

从科学的原理出发，定义事物多采用两种方法：一种是从事物的组成考虑；另一种是从事物的功能考虑或两者兼顾。依据上述分析，我们对安全定义如下：安全表述的是一个复杂系统的动态过程或一个特定的相对稳定的状态，过程或状态的目标在受时间和风险大小约束的条件下，使人、物不会受到伤害或损害。安全也可表述为人们的一种理念，即没有危险，不存在隐患，不出事故的理想状态。

2. 安全的属性

安全所涉及的因素是纷繁的，因素之间以及因素与目标之间的关系是复杂的，这些都与安全的属性有关。这里讨论的安全属性主要是指人的安全，因为人的安全永远是讨论安全问题的主命题。

1）安全的自然属性

安全的自然属性可以从主动和被动两个方面来描述。

（1）安全是人的生理与心理需要，或者说由生命及生的欲望决定了的自我保护意识，这是天生的，是安全存在的主动因素。

（2）人类对天灾的无奈以及新陈代谢、生老病死的规律不可抗拒，使人们不得不把生命安全经常提到议事日程，这虽然是被动因素，但它与前一个主动因素相结合，就决定安全是自古以来人类生活、生存、进步的永恒主题。

2）安全的社会属性

安全的社会属性也可以从主动和被动两个方面来表述。

（1）自从人类有组织活动以来，社会安定、有序、进步始终是各社会阶段追求的目标，而这一目标实现的重要标志之一就是安全，因此这是安全立足社会的主动因素。

（2）人类的社会活动如政治的、军事的、文化的等，有的对安全直接起破坏作用，有的间接影响着安全；人类的经济活动如生产（职业）、高技术灾害（化学品致灾、核事故隐患、电磁环境公害、航天事故、航空事故）、交通灾害则是自人类开展经济活动以来就存在的突出的安全问题；如今更加突出的一个安全问题是环境问题，环境恶化（包括自然环境和人为环境）是人类生活、生存安全的重要威胁。例如，在15届世界职业安全卫生大会上，与会专家指出：向21世纪人们提出的挑战性问题是“环境、安全、健康问题”，即Q. E. &OSH是一个严重影响国民经济可持续发展的大问题。显然，由于社会科技的发展带来或产生的安全问题反过来影响了或阻滞了社会的发展，才使安全问题的解决提上议程，这就是安全社会属性的被动性。

可以看出，安全的自然属性与社会属性中都存在着促动安全的主动因素，这正是安全科学发展的客观基础。

安全问题纷繁复杂的关系正是由于安全问题的自然属性与社会属性的交融，正像人是社会属性一样，社会的复杂性使人际关系复杂，社会的复杂性也是安全问题复杂的重要原因之一。

3. 安全系统及其特点

安全问题是一个复杂的系统工程问题。或者说，解决安全问题要用系统工程的理论和方法。这就是说为了科学地规划、解决安全问题，首先要把与安全相关的若干因素构建成安全系统，并确定因素之间的相互关系和系统目标。

安全系统，区别于其他系统构建的关键在于要掌握其特殊性和客观性。所谓特殊性就是指它与一般系统的区别；所谓客观性就是要分析给出安全系统与一般工程系统的关系。安全系统是能够完成预定功能的大的工程系统的子系统，也是安全系统自成体系。

安全系统的特点可以归纳为以下5个方面。

1）系统性

与安全有关的影响因素构成了安全系统。因为与安全有关的因素纷繁交错，所以安全系统是一个复杂的巨系统。一方面，安全系统所涉及的因素数量及相关性复杂程度都明显高于一般系统；另一方面，安全系统各因素之间以及因素与目标之间的关系多数有一定灰度，所以安全系统是灰色系统。

与一般系统不同，安全系统把环境因素看成是系统的组成部分。安全系统典型的组成因素及其关系如图 1-1 所示。

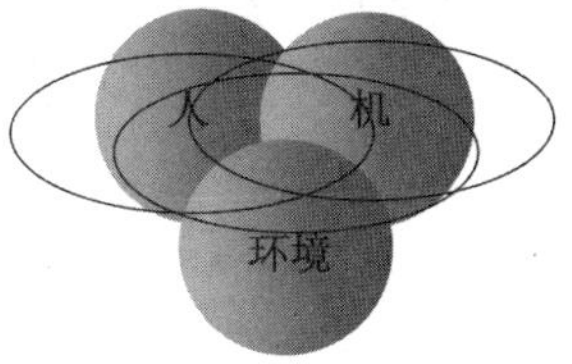

图 1-1 安全系统典型的组成因素及其关系图

依据安全问题所涉及范围大小不同，安全系统大小之差可能很悬殊。一般地讲，纯属技术领域的安全系统比如一台设备、一辆无人驾驶的机动车，可能只涉及机和物；而对于一个车间、一个工厂，要考虑其安全系统，则不只是机和物，肯定还要考虑人、环境等因素。实际上，人—机—环境的提法是考虑了安全问题的空间跨度和时间跨度两个方面。如此说来，即便只是一台设备，如果把它的制造、运输、安装、使用过程中安全问题都考虑到，也仍然是一个“人—机—环境”的复杂系统。

安全系统的目标不是寻求最优解。这是因为安全系统目标的多元化，以及安全目标的极强相对性、时间倚赖性及与其理想化理念很难协调，所以安全系统的目标解是具有一定灰度的满意解或可接受解。

2）开放性

安全系统是客观存在的。这是因为安全系统的功能构件是物质的，但同时安全系统多是寄生在客体（另一个系统）中。在处理方法上，如果把客体看成一个黑匣子，安全系统则是通过客体的能量流、物流和信息流的流入—流出的非线性变化趋势，确认安全和事故发生的概率，因此安全系统具有开放性特点。

开放性不仅是安全系统在动态中保持稳定存在的前提，也是安全系统复杂性及安全—事故转换发生的重要机制。

3）确定性与非确定性

确定性是指制约系统演化的规则是确定性的，不含任何随机性因素。确定性的特征是演化方向及演化结果是确定的，可精确预测。

非确定性或者具有演化方向和演化结果的不确定性特征，或者具有刻画事物运动特征的特征量不能客观精确地确定。非确定性包括随机性和模糊性。

随机性可能有两个方面的来源：一是在不含任何外在的随机影响因素作用下，完全由确定性系统演化而产生的随机性（例如产生混沌），这种随机性称为本质随机性；二是系统还可能因其外在影响因素的随机作用而产生随机性行为，从而使系统在一定条件下表现出随机性的特征，这种随机性称为外在随机性。由于安全系统把环境看成是它的组分，所以对安全系统而言，本质随机性和外在随机性的区别不是绝对的。

模糊性是指事物的本身不清楚或衡量事物的尺度不清楚。对于安全系统，就是指系统的构成及其相互关系，以及组成与目标的关系不清楚。造成这些不清楚的可能来源在于主观和客观两个方面，即具有主观模糊性和客观模糊性。首先，刻画安全运行轨迹的以模糊数学方法建立的数学模型具有主观模糊性。因为数学模型常常不可能“严格地”确定安全系统各要素之间及其与目标之间完整的客观关系。当然，对于自然的技术因素之间的关系尚好一些。而对于社会的因素及其与技术因素的耦合关系将难于量化，因而也将难于建立准确的数学关系。应该强调的是，出现上述问题不完全是由于安全系统本身不清楚，它可能只是人们对安全系统主观模糊性的表现。

另外对安全系统安全度的评价尺度以及构成安全度等级的评价指标体系也具有客观模糊性，即从事物的本质上无法给出其客观衡量尺度。

4）安全系统是有序与无序的统一体

序主要反映事物的组成规律和时域。依据序的性质，可分为有序、混沌序和无序。有序通常同稳定性、规则性相关联，主要表现为空间有序、时间有序和结构有序。无序通常与不稳定、无规则相关联。而混沌序则是不具备严格周期和对称性的有序态。现代复杂系统演化理论认为，复杂系统的演化中，不同性质的序之间可以相互转化。安全系统序的转化结果是否引发灾害或使灾害扩大，取决于序结构的类型及系统对特定序结构下运动的(灾害意义上的）承受能力。

有序和无序，确定性和非确定性都会在系统演化过程中通过其空间结构、时间结构、功能结构和信息结构的改变体现出来。

5）突变性或畸变性

安全系统过程的突变或畸变，或过程由连续到非连续变化在本质上是服从于量变引起质变的哲理。

量变到质变的转化形式可以用畸变、突变或飞跃来描述，但也可通过渐变实现。所以安全系统的渐变也可能孕育着事故，而突变、畸变则肯定对应于灾害事故的启动，是致灾物质，或能量的突然释放。

综上所述，安全系统虽然与一般系统、非线性系统等有若干共同点，但安全系统的个性还是非常明显的，这是决定它客观存在并区别于其他系统的根本原因。

4. 安全的动力学特征

安全系统是物质系统。安全过程既可能是自组织的，也可能是被组织的，也可能两者兼而有之。

所谓自组织的，是指系统在获得空间、时间或功能的结构过程中，没有外界的特定干预（所谓外界的特定干预，对安全来说主要是指社会属性中的被动因素）。它可能有两种发展形式：一种是非组织的向组织的有序发展过程，其本质是组织程度从相对较低到相对较高演化；另一种则是维持相同组织层次，但复杂性相对增长。前一种过程反映了安全系统组织层次跃升过程，而后一种过程则标志着安全系统组织结构与功能从简单到复杂的组织水平的提高。

对安全系统自组织的演化过程主要是反映它的自然属性与社会属性共同作用的过程和结果。因为安全系统是开放系统，它可以不断与外界交换物质、能量和信息，从而出现上述的两种发展形式，即从原有的混沌无序状态，转变为一种在时间、空间或功能上的有序状态。

一旦安全过程出现被组织的情况：如不可预见的天灾、人为诱发地震、战争、人为纵火、违规操作等，则会发生灾难或事故。

当然安全系统也是非线性系统，因而也具有非线性系统的共同特征。非线性是系统产生自组织行为的内因，没有这个内因，所谓开放性将不起作用，无序—有序的过程也就不会发生。

不少学者提出并论证了安全系统是以耗散结构形式存在的，这种耗散结构通过自组织形成并维持下去。而耗散结构最本质的特性就是消耗外界有序的物质、能量和信息，没有消耗，耗散结构将不复存在。因此，要维持安全系统的耗散结构，必须保证安全系统的开放性，使得物质、能量和信息的流入与流出达到平衡。据此，引进“负熵流”和“正熵流”的概念以从定性角度来考虑安全系统与外界的物质能量和信息交换；引进“剩余熵”的概念以从定量角度来获得体系失稳与否的判据。虽然都有一定的局限性，但熵仍然是今后研究安全过程发展趋势的重要概念和方法。因为熵的大小是状态自发实现可能性的量度，熵的变化量能反映出安全系统混乱度的变化情况，其具有以下数学关系：

$$\Delta \text{剩余熵} = \Delta \text{熵增} - \Delta \text{负熵流} - \Delta \text{正熵流}$$

如果 Δ 剩余熵为正数，则表示安全系统混乱度的增加；如果 Δ 剩余熵为负数，则表示安全系统的有序度的增加；如果 Δ 剩余熵为零，则表示安全系统处于稳定状态。所以，安全系统耗散结构的维持，Δ 剩余熵不能为正数。

那么，安全系统的熵如何表达呢？描述某一个零部件，在特定条件下，完成其特定功能的能力，一般用可靠性来表示。同样，对于一个安全因素 x_i，可以用其安全度 $P(x_i)$ 来表示在某一等级的耗散结构下，完成其规定的安全功能的能力。而安全度的大小，又可以从熵的角度来分析，它必然有一个与安全度相对应的安全熵来表示该安全因素的不确定度、混乱度和无序度。当安全度越大时，安全因素的不确定度、混乱度和无序度就越小；反之，其混乱度也就越大。

从熵的本质含义出发，熵是系统状态概率 ω 的量度 S，即 $S=k\ln\omega$。在参考信息熵的定义之后，提出安全熵的概念及其定义。安全熵是安全因素自身状态混乱度的一种量度，用安全度 $P(x_i)$ 来定义其安全熵为

$$S(x_i) = k\log\frac{1}{P(x_i)} = -k\log P(x_i) \quad (i = 1, 2, \cdots, n)$$

其中，k 为待定系数，所谓的待定系数是为了与其他理论方面相结合而起到桥梁作用，设 $k=1$，安全熵的表达式简化为

$$S(x_i) = \log\frac{1}{P(x_i)} = -\log P(x_i) \quad (i = 1, 2, \cdots, n)$$

上述的这一公式说明，当安全度 $P(x_i)$ 越大时，对应的安全熵 $S(x_i)$ 就越小，特别是当 $P(x_i)=1$ 时，对应的安全熵达到最小，$S(x_i)=0$，这时认为该安全因素混乱度为零，与实际情况相吻合。同理，当安全度 $P(x_i)$ 越小时，对应的安全熵 $S(x_i)$ 就越大，说明该安全因素混乱度越大，执行该安全功能的能力就越差。

在这里特别说明的是，安全熵是严格利用安全因素本身的安全度来进行定义的，即利用的是安全因素完成其安全功能的状态概率。安全因素的状态概率是统计数据，某个安全因素在某些情况（状态）下存在的概率，需要积累数据，同时对其状态的判定也需要有一定的依据。

5. 安全系统工程

安全系统工程是采用系统工程的基本原理和方法，预先识别、分析系统存在的危险因素，评价并控制系统风险，使系统安全性达到预期目标的工程技术。安全系统工程是从根本上和整体上来考虑安全问题的，它为安全工作者提供一个既能对系统发生事故的可能性进行预测，又可对安全性进行定性、定量评价的方法，从而为有关决策人员采取安全措施提供决策依据。

对安全系统工程的定义，还可以从以下几个方面进行理解：

（1）安全系统工程的理论基础是安全科学和系统科学。它是以工矿企业、交通运输、劳动安全卫生领域为主要对象的一门工程技术。

（2）安全系统工程的重点内容是系统危险因素的识别和分析、系统风险评价、系统事故控制和系统安全决策。

（3）安全系统工程要达到的预期安全目标是系统风险控制在人们能够容忍的限度以内，也就是在现有经济技术条件下，最经济、最有效地消除事故隐患，降低事故发生的概率。

（4）安全系统工程对风险的控制是动态的，不只是目标风险控制，也包括过程风险控制。

第二节 安全系统工程的研究对象、研究内容及方法

一、安全系统工程的研究对象

安全系统工程作为一门科学技术，有它自身的研究对象。任何一个生产系统都可以概括为3个部分，即从事生产活动的操作人员和管理人员，生产必需的机器设备、厂房、原材料、成品或半成品以及生产活动所处的环境。这3个部分构成一个“人—机—环境”系统，每一部分就是该系统的一个子系统，称为人子系统、机器子系统和环境子系统。

1. 人子系统

该子系统的安全与否涉及人的生理和心理因素，涉及规章制度、规程标准、管理方法、措施是否适合体现以人为本的理念，是否易于为人们所接受。研究人子系统时，不仅把人当做“生物人”“经纪人”，更要注意人的社会属性，必须从社会学、人类学、心理学、行为科学角度分析并解决问题；区别于其他子系统，要看到人是一种自尊自爱、有感情、有思想、有主观能动性的生物。在人工智能系统中，疲劳失误和反应速度上人是比不过机器人的，但在应激判断上机器人又存在局限性。这些都有待于人子系统内涵的进一步拓展。

2. 机器子系统

对于该子系统，一方面是设备的运行可靠性和安全装置、安全设施的有效性，而且要考虑设备仪表、操作性等是否符合人机工程设计要求；另一方面要考虑加工所涉及的原材料、半成品、成品的工艺安全性以及对人的心理和生理安全可能带来的影响等。

3. 环境子系统

一般环境子系统应该包括凡是与安全系统产生能量、信息、物质交流所波及的范围

（时空）都属于环境子系统。

对于该子系统，主要考虑系统与环境之间交流产生的与安全有关的理化因素和社会因素影响。理化因素主要有噪声、振动、粉尘、有毒气体、射线、光、温度、湿度、压力、热、化学有害物质等；社会因素有管理制度、经济效益、社会安定、人际关系等。

3 个子系统相互影响、相互作用的结果使系统总体安全性处于某种状态。例如，某些理化因素影响机器的寿命、精度，甚至最终导致机器的损坏；某些机器产生的噪声、振动、温度、尘毒又影响人和环境；人的心理状态、生理状况往往是引起误操作的主观因素；环境的某些波动又会影响人的心理状态，给安全带来潜在的隐患。这就是说，这 3 个相互联系、相互制约、相互影响的子系统构成了一个“人—机—环境”系统的有机整体。分析、评价、控制“人—机—环境”系统的安全性，只有从 3 个子系统内部及 3 个子系统之间的这些关系出发，才能合理解决系统的安全问题。

二、安全系统工程的研究内容

安全系统工程是专门研究如何用系统工程的原理和方法确保实现系统安全功能的科学技术。其主要技术方法有事故隐患和危险性分析、系统安全评价和安全决策与事故控制。

1. 事故隐患和危险性分析

要提高系统的安全性，使其不发生或少发生事故，其前提条件就是预先发现系统可能存在的危险因素，全面掌握其基本特点，明确其对系统安全性影响的程度。只有这样，才有可能抓住系统可能存在的主要危险，采取有效安全防护措施，改善系统安全状况。这里所强调的“预先”是指：无论系统生命过程处于哪个阶段，都要在该阶段开始之前进行系统的安全分析，发现并掌握系统存在的事故隐患。这就是事故隐患和危险性分析要解决的问题。

事故隐患和危险性分析是使用系统工程的原理和方法，辨别、分析系统存在的危险因素，并根据实际需要对其进行定性、定量的分析和表征。

事故隐患和危险性分析已有比较多的方法和形式，应用时应该注意以下几点：

（1）根据系统的特点、分析的要求和目的，可采取不同的分析方法。因为每种方法都有其自身的特点和局限性，并非每种方法都通用。使用时要综合应用多种方法，对结果进行比较验证，从而得出更加满意的结果和结论。

（2）使用现有的分析方法不能死搬硬套，必要时可根据实际情况进行方法修正和结论修订，但要有充分的修改依据。

（3）不能局限于现有分析方法的应用，一方面，原有方法不应该是一成不变的；另一方面，新技术、新概念的事物不断涌现，新的危险因素出现必然要有新的认识和分析方法与之相适应。

2. 系统安全评价

系统安全评价往往要以事故隐患和危险性分析为基础，然后通过安全评价分析了解和掌握系统存在的危险因素，但不一定要对所有危险因素采取措施。而是通过评价掌握系统的事故风险大小，据此与系统安全指标或安全标准相比较，如果超出指标，则应对系统的主要危险因素采取控制措施，使其降至该标准以下。这就是系统安全评价的任务。

安全评价方法有很多种，应根据评价对象的特点、规模，评价的要求和目的，采用不同的方法。同时，在使用过程中也应和事故隐患、危险性分析方法的使用要求一样，坚持实用和创新的原则。

我国开展安全评价已有20多年的历史。现在一方面，已有专门机构从事安全工作；另一方面，凡是重大工程项目，特别是一些高危作业，工程从立项、设计开始，必须进行安全评价。这就体现了安全工作在生产领域占有重要的地位。

3. 安全决策与事故控制

事故隐患和危险性分析以及安全评价是解决安全问题的第一步，在此基础上才能进行系统安全决策。系统安全决策是从系统的完整性、相关性、有序性出发，对系统存在的安全问题实施全面、全过程的安全技术管理，以实现系统安全目标的控制。目前，有关的安全系统目标与控制在很多领域已形成标准，如美军标准《系统安全程序》，美国道化学公司的《安全评价程序》，国际劳工组织、国际标准化组织倡导的《职业安全卫生管理体系》等。

三、安全系统工程的方法

由于实际的社会生产安全系统目标的多样性，若要实现这些目标，就得使相应的安全系统工程方法产生多元化，但是这些方法均是依据安全科学理论，在总结过去经验型安全方法的基础上，逐渐丰富和成熟起来的。

1. 从系统整体出发的研究方法

安全系统工程的研究方法必须从系统的整体性观点出发，从系统的整体考虑解决安全问题的方法、过程和要达到的目标。例如，对每个子系统安全性的要求，要与实现整个系统的安全功能和其他功能的要求相符合。在系统研究过程中，子系统和系统之间的矛盾以及子系统与子系统之间的矛盾，都要采用系统优化方法寻求各方面均可接受的满意解。同时，要把安全系统工程的优化思路贯穿到系统的规划、设计、研制和使用等各个阶段中。

2. 本质安全方法

有人把本质安全说成是绝对安全，这种说法是不全面的。其实本质安全说的是从技术角度将凡是人能想到的不安全因素都已解决或有相应的安全技术措施，从而使机（物）达到本质安全的状态。当然，对于本质安全也有人提出不同的解释。黄槐在《本质安全别解》中提出：一是认为真正的本质安全是在寻求人的安全的高可靠性、也就是人的行为的零失误；二是认为企业即使在技术上和经济上有了巨大的投入，在机器、设备、装置方面实现了本质安全，如果没有一批高素质的人，也未必能使技术设备等方面的优势形成真正的本质安全；三是真正过程的本质安全是通过人的安全行为来实现的。把人的安全意识提高到自觉或自律的水平，并在此基础上加强严格的安全管理，实施“人本管理”，所以“本质安全”是实现安全过程和安全目标的关键，不仅具有相对性，而且只有在科学技术与经济基础发展到一定水平和高度的条件下才能真正实现；还应当把人的因素提高到人是保证安全的主导因素的高度来对待，因为人具有应变能力，在安全管理中要把“人本”和“人本管理”作为实现“本质安全”的指导思想和重要手段。

本质安全方法是安全系统工程方法中的核心内容，安全系统工程就是研究实现系统本质安全的方法和途径。

3. 人—机匹配法

随着科学技术的进步，虽然人类的生产劳动越来越多地为各种机器（机器人、无人驾驶飞机、汽车等）所代替，但人在影响系统安全的各种因素中，至关重要的还是因为系统不能完全脱离人的参与、干预、判定，这就是所谓的人—机匹配。在产业部门研究与安全有关的人机匹配，称为安全人机工程；在人类生存领域研究与安全有关的人机匹配，称为生态环境和人文环境问题。显然从安全的目标出发，考虑人—机匹配以及采用人—机匹配的理论和方法是安全系统工程方法的重要支撑点。

4. 安全经济方法

由于安全的相对性原理，即在一定的经济技术条件下，安全目标是有限的。也就是说，安全系统的“优化”同样受制于经济。但是，由于安全经济的特殊性（安全性投入与生产性投入的渗透性、安全投入的超前性与安全效益的滞后性、安全效益评价指标的多目标性、安全经济投入与效用的有效性等），要求安全系统工程方法在考虑系统目标时要有超前的意识和方法，要有指标（目标）的多元化的表示方法和测算方法。

因此，应尽可能地做到以下两点：一是以一定的安全投入，取得最大的安全效益；二是在取得一定的安全效益时，使得安全投入最小。这就是通常所说的，以最小的安全投入取得最大的安全效益。安全投资效益的评价应该兼顾经济效益和社会效益，而这需要安全经济学理论和方法才能解决。

5. 系统安全管理方法

安全系统工程从学科的角度讲是自然科学与社会科学相交叉的横断学科，从系统科学原理的角度讲它是解决安全问题的一种科学方法，所以安全系统工程是理论与实践紧密结合的专业技术基础，系统安全管理方法则贯穿到安全的规划、设计、制造、使用、控制、检查的全过程。所以，系统安全管理方法是安全系统工程方法的重要组成部分。

第三节　安全系统工程的产生与发展

事故给人类带来无数灾难，严重地制约了经济发展和社会进步，甚至对人类生存构成巨大威胁。然而，事故的影响也并非都是消极的，首先，事故具有鲜明的反面教育的作用，它向人们展示了破坏的恶果，指导人们必须按照科学规律办事；其次，事故是一种特殊的科学实验，一个系统发生事故说明该系统存在不安全、不可靠问题，人们通过对事故的调查、分析、实验找出事故原因，研究并采取了有效控制事故的措施，改进系统工艺，完善设备，完善安全技术措施，从而提高系统的性能并发展专业技术，最后，事故是诞生新的科学技术的催化剂，事故的强大负面效应对人类产生巨大的冲击作用，激发人类以更大的决心和更大的力量研究事故。通过对事故信息及资料的收集、整理分析、模拟实验等，也就是充分开发利用“事故资源”，一个崭新的学科——安全系统工程就在人们这种不懈努力与坚苦卓绝的斗争中诞生了。在科学技术发展的历史长河中，许多学科的诞生都离不开事故这种反作用，离不开故障、失败带来的反作用。

安全系统工程产生于20世纪60年代初期美英等工业发达国家。这一时期，由于美国在导弹系统研发过程中仅仅一年半的时间就连续发生4起重大事故，损失惨重，从而迫使美国空军以系统工程的基本原理和管理方法来研究导弹系统的安全性、可靠性，并于1962

年提出了“弹道导弹系统安全工程”，制定了《武器系统安全标准》，1963年提出了《系统安全程序》，到1967年7月由美国国防部确认，将该标准提格为美军标准，之后又经两次修订，成为现在的《系统安全程序要求》（MIL-STD-882B）。它以标准的形式规范了美国军事系统的工程项目在招标以及研发过程中对安全性的要求和管理程序、管理方法、管理目标。这就是由事故引发的军事系统的安全系统工程。

原子弹是可怕的，从而在人们的心里产生对以放射性物质为动力的核电站的恐惧心理。因此，在社会压力下各国的政府对核电站的要求极其严格，同时在核安全方面的研究投入了巨大的人力、物力。例如，英国在这方面的研究开始比较早，到20世纪60年代中期就已建成了系统可靠性服务所和可靠性数据库，并成功开发了概率风险评价（PRA）技术。从而以概率来计算核电站系统风险大小，以及是否可以接受。到1974年美国原子能委员会发表了拉斯姆逊教授的《商用核电站风险评价报告》（WASH-1400）。从而成功地开发应用了事故隐患和危险性分析与系统安全评价技术。该报告的科学性和对事故预测的准确性，在“三里岛事件”（核电站堆芯熔化造成放射性物质泄漏事故）中已得到证实。这就是核工业系统的安全系统工程。

化工企业的危险性和化工事故的危害性是众所周知的。随着工业规模的扩大和事故破坏后果的日益严重化，迫使化工行业加倍努力严格控制事故，特别是化工厂的火灾爆炸事故。美国道化学公司于1964年发表了化工厂“火灾爆炸指数评价法”（俗称“道氏法”）。该法是根据化学物质的理化特性确定的物质系数为基础，综合考虑一般工艺过程和特殊工艺过程的危险特性，计算系统火灾爆炸指数，评价系统损失大小，并据此考虑安全措施，修正系统风险指数。之后，英国帝国化学公司在此基础上开发了蒙德评价法，日本提出了岗三法、疋田法。20世纪70年代日本劳动省发表了《化工企业安全评价指南》（亦称“化工企业六阶段安全评价法”），它是以分析与评价、定性评价与定量评价相结合为特点，对化工系统的全过程如何进行评价的管理规范。它不仅规定了评价方法、评价技术，也规定了系统生命周期每个阶段用哪种评价方法，如何进行评价等。这就是化工系统的安全系统工程。

民品工业也存在安全系统工程的诞生与发展问题。20世纪60年代正是美国市场竞争日趋激烈的年代，许多新产品在没有得到安全保障的情况下就投放市场，发生许多使用事故，用户纷纷要求厂方赔偿损失，甚至要求追究厂商刑事责任，迫使厂方在开发新产品的同时寻求提高产品安全性的新方法、新途径。这期间，在电子、航空、铁路、汽车、冶金等行业开发了许多系统安全分析方法和评价方法，这也可以称之为民品工业的安全系统工程。

在我国，安全系统工程的研究、开发是从20世纪70年代末开始的。天津东方化工厂应用安全系统工程成功地解决了高度危险企业的安全生产问题。为我国各个领域学习、应用安全系统工程起了带头作用。其后是各类企业借鉴引用国外的系统安全分析方法，对现有系统进行分析。到80年代中后期，人们研究的注意力逐渐转移到系统安全评价的理论和方法，开发了多种系统安全评价方法，特别是企业安全评价方法，重点解决了对企业危险程度的评价和企业安全管理水平的评价。

这期间，许多专家学者的相关专著也相继问世了，它们以系统观点、系统方法，系统地总结了国内外安全系统的理论与方法，这些论著的共同观点是：

（1）安全系统工程是在事故逼迫下产生的。由于经济技术不断发展，企业的规模不断扩大，许多新技术、新材料得到开发利用。这样，就会产生新的安全问题，而使某些事故发生的频率以及事故造成损失不断升级，迫使人们不得不考虑如何解决这些事故才想起安全，事故过后又把安全丢在脑后。现在人们就想如何把安全工作做在前面，也就是在现有安全工程技术基础上，寻找能够预测、预控事故发生的科学技术，这就是安全系统工程产生和发展的客观背景。

（2）现代科学技术的发展为安全系统工程的产生提供了必要条件。20 世纪 40 年代产生了系统可靠性工程，50 年代出现了系统工程，以及这一期间现代数学和计算机技术的迅速发展，使安全系统工程在 20 世纪 60 年代成为科学技术发展的必然产物，也是相关学科相互影响的必然结果。

（3）美国导弹技术的开发促使安全系统工程的诞生，但它不是安全系统工程产生的唯一策源地。美国导弹技术的开发深入地研究了系统的安全性和控制系统安全性的手段与方法，从而出现了空军标准《系统安全程序》和《系统安全程序要求》。同时也必须看到，在同一时期，还有核电站的概率风险评价技术、化工企业的火灾爆炸指数安全评价法，以及涉及产品安全的系统安全分析技术（如 FTA、ETA、FMEA 等），这些行业的安全系统工程都是在 20 世纪 60 年代产生的，因此把所有这些成功的理论通过科学的总结形成一个完整的学科——安全系统工程。

（4）安全系统工程所包括的分析与评价技术，其中不仅有技术的，也有管理的。

从内容安排上看，管理的内容和技术的内容是分别叙述的，但和安全工程的区别是有专门的安全管理工程章节。因为安全系统工程理论认为，在一个工程系统运行时，保证系统安全运行的技术和措施（管理）是不可或缺的，而且两者之间具有互补性。

第四节　安全系统工程的应用特点

安全系统工程是一门应用性很强的科学技术学科。几十年来，许多成功的应用范例始终激励人们进行不懈的探索，不断充实和发展其自身的理论体系，以期实现更好的应用效果，这是安全系统工程始终保持快速发展的重要原因。为了进一步促进学科发展，提高其科学水平，有必要进一步明确安全系统工程的应用特点。

（1）系统性。无论是事故隐患和危险性分析、系统安全评价的理论，还是系统安全管理模式和方法的应用都表现出了系统性的特点。从系统的整体出发，综合考虑系统的相关性、环境适应性等特性，始终追求系统总体目标的满意解或可接受解。

（2）预测性。安全系统工程的分析技术与评价技术的应用，无论是定性的，还是定量的，都是为了预测系统存在的危险因素和风险水平。它是通过这些预测来掌握系统安全状况，风险能否接受，以便决定是否应当采取措施，控制系统风险。所以安全系统工程也可称作系统的事故预测技术。

（3）层序性。安全系统工程的应用是按照系统的时空两个维度有序展开。管理规范的执行，一般是按照系统生命过程有序进行，因此安全系统工程具有明显的“动态过程”的研究特点。

（4）择优性。择优性的应用特点主要体现在系统风险控制方案的综合与比较，从各种备选方案中选取最优方案。在选取控制风险的安全措施方面，一般按下列优先顺序选取方案：设计上消除→设计上降低→提供安全装置→提供报警装置→提出专门规程。因此，冗余设计、安全联锁、有一定可靠度保证的安全系数，是安全系统工程经常采用的设计思想。

（5）技术与管理的融合性。前面述及安全系统工程是自然（技术）科学与管理科学的交叉学科，随着科技与经济的发展，人们对安全目标的追求是本质安全。但是由于新技术、新概念不断涌现，而经济的发展又不能完全满足本质安全的要求，所以对于一时做不到本质安全的技术系统一般采用安全管理来补偿。因此，在相当长的时间内，解决安全问题还必须把技术与管理通过系统工程的方法有机地结合起来。

上述这些安全系统工程的应用特点，应在该学科的理论研究和实际应用中得到充分重视，从而使安全系统工程本身得到提高，同时取得更好的应用效果。

本章小结

（1）系统是由相互作用、相互依赖的若干单元通过一定关系组成的有机整体，这样组成的系统是以完成一定功能为目标，无目标的系统是不存在的；任何一个系统都是处于一定环境中，安全系统是把环境因素当成系统的组成部分；安全系统与一般系统的区别在于安全系统是一个复杂的巨系统，安全系统组成与目标之间的关系多呈灰色；安全系统工程不是求最优的，而是寻求可接受解，它受许多条件制约。

（2）安全系统工程的研究对象是“人—机—环”系统，安全系统工程的主要研究内容包括安全系统的组成单元和目标、事故隐患及危险度的识别与分析，以及系统危险性控制与安全决策。

（3）安全系统工程与人们现代生活、生存与劳动安全紧密相关的一门技术工程，安全系统工程也必将随着现代社会的经济技术的发展而发展。

复习思考题

1. 解释并区分以下概念：系统与系统工程、安全系统与安全系统工程。
2. 安全系统工程研究的主要内容是什么？
3. 安全系统工程应用范围和发展前景是怎样的？

第二章　事故隐患和危险性分析

事故隐患和危险性分析的目的是保证系统安全运行，查明系统中各种危险因素及其相互关系，以便采取相应措施消除系统事故隐患。

第一节　概　　述

一、事故隐患及危险性分析的内容和方法

事故隐患和危险性分析通常包括如下内容：

（1）对可能出现的初始的、诱发的及直接引起事故的各种危险因素及其相互关系进行调查和分析。

（2）对与系统有关的环境条件、设备、人员及其他有关因素进行调查和分析。

（3）对于能够利用适当的设备、规程、工艺或材料，控制或根除某种特殊危险因素的措施进行分析。

（4）对可能出现的危险因素的控制措施及实施这些措施的最好方法进行调查和分析。

（5）对不能根除的危险因素失去或减少控制可能出现的后果进行调查和分析。

（6）对失去控制的危险因素将产生的伤害和损害所采取的安全防护措施进行调查和分析。

目前，事故隐患和危险性分析方法有许多种，可适用于不同系统的事故隐患和危险性分析过程。这些方法可以按实行分析过程的相对时间进行分类，也可按分析的对象、内容进行分类。按逻辑方法，可分为归纳分析和演绎分析；按数理方法，可分为定性分析和定量分析。

简单地讲，归纳分析是从原因推论结果的方法，演绎分析是从结果推论原因的方法，这两种方法在事故隐患和危险性分析中都有应用。从危险源辨识的角度，演绎分析是从事故或系统故障出发查找与该事故或系统故障有关的危险因素，与归纳分析相比较，可以把注意力集中在有限的范围内，提高工作效率；归纳分析是从故障或失误出发探讨可能导致的事故或系统故障，再来确定危险源，与演绎方法相比较，可以无遗漏地考察、辨识系统中的所有危险源。实际工作中可以把两类方法结合起来，以充分发挥各类方法的优点。

在危险因素辨识中得到广泛应用的事故隐患和危险性分析方法主要有以下几种：

（1）安全检查表（Safety Check List，SCL）。

（2）预先危险性分析（Preliminary Hazard Analysis，PHA）。

（3）危险性和可操作性研究（Hazard and Operability Analysis，HAZOP）。

（4）鱼刺图分析（Fishbone Diagram Analysis，FDA）。

（5）作业危害分析（Job Hazard Analysis，JHA）。

（6）故障类型、影响和危险度分析（Failure Modes，Effects and Critical Analysis，

FMECA)。

(7) 作业条件危险性分析 (LEC)。

(8) 攻击图分析 (Attack Graph Analysis, AGA)。

(9) 事件树分析 (Event Tree Analysis, ETA)。

(10) 事故树分析 (Fault Tree Analysis, FTA)。

此外，尚有 What if (如果出现异常将会怎样) 分析，MORT (管理疏忽和风险树) 分析等方法，可用于特定目的的危险因素辨识。

二、事故隐患和危险性定性分析方法的选择

在系统寿命周期内不同阶段的危险因素辨识中，应该选择相应的事故隐患和危险性分析方法。例如，在系统的开发、设计初期，可以应用预先危险性分析方法；在系统运行阶段，可以应用危险性和可操作性研究、故障类型和影响分析等方法进行详细分析，或者应用事件树分析、事故树分析或因果分析等方法对特定的事故或系统故障进行详细分析。系统寿命期间内各阶段适用的事故隐患和危险性分析方法见表 2-1。

表 2-1　事故隐患和危险性分析方法适用情况

分析方法	开发研制	方案设计	样机	详细设计	建造投产	日常运行	改建扩建	事故调查	拆除
安全检查表		√	√	√	√	√	√		√
预先危险性分析	√	√	√	√			√		
危险性与可操作性研究			√	√		√	√	√	
鱼刺图分析			√	√		√	√	√	
作业危害分析		√		√	√	√	√	√	
故障类型、影响和危险度分析			√	√		√	√	√	
作业条件危险性分析		√		√	√	√	√	√	
事件树分析			√			√	√	√	
事故树分析		√	√	√		√	√	√	

在进行事故隐患和危险性分析方法选择时应根据实际情况，考虑如下几个问题。

1. 分析的目的

事故隐患和危险性分析方法的选择应该能够满足对分析的要求。事故隐患和危险性分析的最终目的是辨识危险源，而在实际工作中要达到一些具体目的。例如：

(1) 对系统中所有危险源查明并列出清单。

(2) 掌握危险源可能导致的事故，列出潜在事故隐患清单。

(3) 列出降低危险性的措施和需要深入研究部位的清单。

(4) 将所有危险源按危险大小排序。

(5) 为定量的危险性评价提供数据。

在进行事故隐患和危险性分析时，某些方法只能用于查明危险因素，而大多数方法都可以用于列出潜在的事故隐患或确定降低危险性的措施，但能提供定量数据的方法并不多。

2. 资料的影响

关于资料收集的多少、详细程度、内容的新旧等，都会对选择事故隐患和危险性分析方法有着至关重要的影响。

一般来说，资料的获取与被分析的系统所处的阶段有直接关系。例如，在方案设计阶段，采用危险性和可操作性研究或故障类型和影响分析的方法就难以获取详细的资料。随着系统的发展，可获得的资料越来越多，越来越详细。为了能够正确分析，应该收集最新的、高质量的资料。

3. 系统的特点

针对被分析系统的复杂程度和规模、工艺类型、工艺过程中的操作类型等影响来选择事故隐患和危险性定性分析方法。

对于复杂和规模大的系统，由于需要的工作量和时间较多，应先用较简捷的方法进行筛选，然后根据分析的详细程度，选择相应的分析方法。

对于某些工艺过程或系统应选择恰当的事故隐患和危险性分析方法。例如，对于分析化工工艺过程可采用危险性和可操作性研究方法；对于分析机械、电气系统可采用故障类型和影响分析方法。因此，应该根据分析对象的类型选择相应的分析方法。

对于不同类型的操作过程，若事故的发生是由单一故障（或失误）引起的，则可以选择危险性与可操作性研究方法；若事故的发生是由许多危险因素共同引起的，则可以选择事件树分析、事故树分析等方法。

4. 系统的危险性

当系统的危险性较高时，通常采用系统、严格、预测性的方法，如危险性与可操作性研究、故障类型和影响分析、事件树分析、事故树分析等方法。当危险性较低时，一般采用经验的、不太详细的分析方法，如安全检查表法等。

对危险性的认识，与系统无事故运行时间和严重事故发生次数以及系统变化情况等有关。此外，还与分析者所掌握的知识和经验、完成期限、经费状况，以及分析者和管理者的可接受程度等有关。

第二节　安全检查及安全检查表

一、安全检查

安全检查是运用常规、例行的安全管理工作及时发现不安全状态及不安全行为的有效途径，也是消除事故隐患、防止伤亡事故发生的重要手段。

1. 安全检查的性质

安全检查除了进行经常性的检查外，还应定期地进行群众性的检查。检查的性质可分为普遍性检查、专业性检查和季节性检查等。

开展安全检查工作，要做到有计划、有组织、目标明确、内容要求具体，并且必须由领导负责、有关人员参加所组成的安全生产检查组实施。安全检查自始至终应贯彻领导与群众相结合的原则，做到边检查、边整改。

2. 安全检查的内容

安全检查的内容主要是查思想、查管理、查隐患、查事故处理。

（1）查思想。检查企业领导和各级管理人员的思想认识，是否把职工的安全健康放在首位，对安全法规、政策和安全生产方针是否认真贯彻执行。

（2）查管理。主要是检查企业领导是否把安全生产列入议事日程；企业主要负责人在计划、布置、检查、总结、评比生产的同时是否将“五同时”的要求落到实处；新建、改建、扩建的工程项目与安全卫生设施是否执行同时设计、同时施工、同时投产的“三同时”原则；安全机构、安全教育制度、安全规章制度以及特种作业人员的培训制度是否健全。

（3）查隐患。通过检查生产设备、劳动条件、安全卫生设施是否符合安全要求以及劳动者在生产中是否存在着不安全行为等，找出不安全因素和事故隐患。

（4）查事故处理。检查企业对伤亡事故是否及时报告，认真调查；是否按“四不放过”的要求严肃处理；是否采取了有效措施，避免类似事故重复发生。

二、安全检查表

安全检查表是分析和辨识系统危险性的基本方法，也是进行系统安全性评价的重要技术手段。早在20世纪中期，安全检查表在许多发达国家的保险、军事等部门得到了应用，对系统安全性评价起到了很大作用，随着科学技术的进步和生产规模的扩大，安全检查表引起了人们的高度重视，在各部门和行业生产中得到了广泛应用。我国机械、电子等部门首先用来开展企业安全评价工作，并于1988年1月颁布了《机械工厂安全性评价标准》，对保证安全生产起到了积极作用。

1. 安全检查表的形式

安全检查表的形式很多，检查表可根据不同的检查目的进行设计，也可按照统一要求的标准格式制作，如危险等级划分表、安全性评价项目表、安全性评价检查表等。安全检查表的基本格式见表2-2。

表2-2 安 全 检 查 表

检查类型：□定期检查 □专项检查 □季节性检查 □节假日前检查 □经常性检查				
检查项目分类	序号	检查项目和标准	检查结果及说明	
			结果	说明
一	1		□是 □否	
	2			
	⋮			
二	1			
	2			
	⋮			
⋮				
陪同人签字				
检查人签字				

建筑单位的安全管理检查评分表见表2-3（摘自JGJ 59—2011建筑施工安全检查标准）。

表2-3　建筑单位安全管理检查评分表

序号	检查项目		扣分标准	应得分数	扣减分数	实得分数
1	保证项目	安全生产责任制	未建立安全生产责任制，扣10分 安全生产责任制未经责任人签字确认，扣3分 未配备各工种安全技术操作规程，扣2~10分 未按规定配备专职安全员，扣2~10分 工程项目部承包合同中未明确安全生产考核指标，扣5分 未制定安全生产资金保障制度，扣5分 未编制安全资金使用计划或未按计划实施，扣2~5分 未制定伤亡控制、安全达标、文明施工等管理目标，扣5分 未进行安全责任目标分解，扣5分 未建立对安全生产责任制和责任目标的考核制度，扣5分 未按考核制度对管理人员定期考核，扣2~5分	10分		
2		施工组织设计及专项施工方案	施工组织设计中未制定安全技术措施，扣10分 危险性较大的分部分项工程未编制安全专项施工方案，扣10分 未按规定对超过一定规模危险性较大的分部分项工程专项施工方案进行专家论证，扣10分 施工组织设计、专项施工方案未经审批，扣10分 安全技术措施、专项施工方案无针对性或缺少设计计算，扣2~8分 未按施工组织设计、专项施工方案组织实施，扣2~10分	10分		
3		安全技术交底	未进行书面安全技术交底，扣10分 未按分部分项进行交底，扣5分 交底内容不全面或针对性不强，扣2~5分 交底未履行签字手续，扣4分	10分		
4		安全检查	未建立安全检查制度，扣10分 未有安全检查记录，扣5分 事故隐患的整改未做到定人、定时间、定措施，扣2~6分 对重大事故隐患整改通知书所列项目未按期整改和复查，扣5~10分	10分		
5		安全教育	未建立安全教育培训制度，扣10分 施工人员入场未进行三级安全教育培训和考核，扣5分 未明确具体安全教育培训内容，扣2~8分 变换工种或采用新技术、新工艺、新设备、新材料施工时未进行安全教育，扣5分 施工管理人员、专职安全员未按规定进行年度教育培训和考核，每人扣2分	10分		
6		应急救援	未制定安全生产应急救援预案，扣10分 未建立应急救援组织或未按规定配备救援人员，扣2~6分 未定期进行应急救援演练，扣5分 未配置应急救援器材和设备，扣5分	10分		
		小计		60分		

表 2-3（续）

序号	检查项目		扣 分 标 准	应得分数	扣减分数	实得分数
7	一般项目	分包单位安全管理	分包单位资质、资格、分包手续不全或失效，扣 10 分 未签订安全生产协议书，扣 5 分 分包合同、安全生产协议书，签字盖章手续不全，扣 2~6 分 分包单位未按规定建立安全机构或未配备专职安全员，扣 2~6 分	10 分		
8		持证上岗	未经培训从事施工、安全管理和特种作业，每人扣 5 分 项目经理、专职安全员和特种作业人员未持证上岗，每人扣 2 分	10 分		
9		生产安全事故处理	生产安全事故未按规定报告，扣 10 分 生产安全事故未按规定进行调查分析、制定防范措施，扣 10 分 未依法为施工作业人员办理保险，扣 5 分	10 分		
10		安全标志	主要施工区域、危险部位未按规定悬挂安全标志，扣 2~6 分 未绘制现场安全标志布置图，扣 3 分 未按部位和现场设施的变化调整安全标志设置，扣 2~6 分 未设置重大危险源公示牌，扣 5 分	10 分		
		小计		40 分		
检查项目合计				100 分		

在进行安全检查时，利用安全检查表能做到目标明确、要求具体、查之有据；对发现的问题做出简明确切的记录，并提出解决的方案，同时落实到责任人，以便及时整改。

2. 安全检查表的类型

根据用途和安全检查表的内容，可分为以下 5 种类型。

（1）审查设计的安全检查表。新建、改建和扩建的厂矿企业，革新、挖潜的工程项目，都必须与相应的安全卫生设施同时设计、同时施工和同时投产，即利用“三同时”原则全面、系统地审查工程的设计、施工和投产等各项的安全状况。检查表中除了已列入的检查项目外，还要列入设计应遵循的原则、标准和必要数据。用于设计的安全检查表主要应包括厂址选择、平面布置、工艺过程、装置的布置、建筑物与构筑物、安全装置与设备、操作的安全性、危险物品的储存以及消防设施等方面。

（2）厂级的安全检查表。主要用于全厂性安全检查，也可用于安全技术、防火等部门进行日常检查。其主要内容包括主要安全装置与设施、危险物品的储存与使用、消防通道与设施、操作管理及遵章守纪等方面的情况。

（3）车间的安全检查表。用于车间进行定期检查和预防性检查，重点放在人身、设备、运输、加工等不安全行为和不安全状态方面。其内容包括工艺安全、设备布置、安全通道、通风照明、安全标志、尘毒和有害气体的浓度、消防措施及操作管理等。

（4）工段及岗位的安全检查表。用于工段和岗位进行自检、互检和安全教育，重点放在因违规操作而引起的多发性事故上。其内容应根据岗位的操作工艺和设备的抗灾性能而定。要求检查内容具体、易行。

（5）专业性安全检查表。此类表格是由专业机构或职能部门所编制和使用的，主要用来进行定期的或季节性的安全检查，如对电气设备、起重设备、压力容器、特殊装置与设施等的专业性检查。

3. 安全检查表的编制

安全检查表应由专业干部、有关部门领导、工程技术人员和工人共同编写，并通过实践检验不断修改，使之逐步完善。

安全检查表可以按生产系统、车间、工段和岗位编写，也可以按专题编写，如对重要设备和容易出现事故的工艺流程，就应该编制该项工艺的专门的安全检查表。

安全检查表的编制过程，也是对系统进行安全分析的过程，通过对系统的全面分析、结合有关资料，找出系统中存在的隐患、事故的发生的可能途径和影响后果等，然后根据有关法规、规章制度、标准和安全技术要求，完成检查表的制定工作。为了清楚地列出检查表中的检查项目和检查重点，可通过事故树分析找出导致事故的基本事件和最小割集，然后进行逐一审查并确定出它们之间的逻辑关系。

4. 安全检查表的特点

安全检查表是进行事故隐患和危险性分析的基础，也是安全检查中行之有效的基本方法，具有以下明显的特点：

（1）通过预先对检查对象进行详细调查研究和全面分析，所制定出来的安全检查表比较系统、完整，能包括控制事故发生的各种因素，可避免检查过程中的走过场和盲目性，从而提高安全检查工作的效果和质量。

（2）安全检查表是根据有关法规、安全规程和标准制定的。因此检查目的明确，内容具体，易于实现安全要求。

（3）对所拟定的检查项目进行逐项检查的过程，也是对系统危险因素辨识、评价和制定出措施的过程，既能准确地查出隐患，又能得出确切的结论，从而保证了有关法规的全面落实。

（4）检查表与有关责任人紧密联系，所以易于推行安全生产责任制。检查后能够做到事故清、责任明、整改措施落实快。

（5）安全检查表是通过问答的形式进行检查的过程，所以使用起来简单易行，易于安全管理人员和广大职工掌握和接受，可经常自我检查。

总之，安全检查表不仅可以用于系统安全设计的审查，也可以用于生产工艺过程中的危险因素辨识、评价和控制，还可以用于行业标准化作业和安全教育等方面，是一项进行科学化管理、简单易行的基本方法，具有实际意义和广泛的应用前景。

第三节　预先危险性分析

预先危险性分析主要用于新系统设计、已有系统改造之前的方案设计、选址阶段，在人们还没有掌握该系统详细资料的时候，用来分析、辨识可能出现或已经存在的危险因素，并尽可能在付诸实施之前找出预防、改正、补救措施，消除或控制危险因素。

预先危险性分析的特点在于在系统开发的初期就可以识别、控制危险因素，用最小的代价消除或减少系统中的危险因素，从而为制定整个系统寿命期间的安全操作规程提出依据。

一、预先危险性分析程序

进行预先危险性分析时，一般是利用安全检查表、经验和技术先查明危险因素存在方位，然后识别使危险因素演变为事故的触发因素和必要条件，对可能出现的事故后果进行分析，并采取相应的措施。

预先危险性分析包括准备、审查和结果汇总 3 个阶段。

1. 准备阶段

对系统进行分析之前，要收集有关资料和其他类似系统以及使用类似设备、工艺物质的系统的资料。对于所分析系统，要弄清其功能、构造，以及为实现其功能所采用的工艺过程，选用的设备、物质、材料等。由于预先危险性分析是在系统开发的初期阶段进行，而获得的有关分析系统的资料有限，因此在实际工作中需要借鉴类似系统的经验来弥补分析系统资料的不足。通常采用类似系统、类似设备的安全检查表作参照。

2. 审查阶段

通过对方案设计、主要工艺和设备的安全审查，辨识其中主要的危险因素，也包括审查设计规范和采取的消除、控制危险源的措施。

通常，应按照预先编制好的安全检查表逐项进行审查，其审查的主要内容有以下几个方面：

（1）危险设备、场所、物质。

（2）有关安全设备、物质间的交接面，如物质的相互反应、火灾爆炸的发生及传播、控制系统等。

（3）对设备、物质有影响的环境因素，如地震、洪水、高（低）温、潮湿、振动等。

（4）运行、试验、维修、应急程序，如人失误后果的严重性、操作者的任务、设备布置及通道情况、人员防护等。

（5）辅助设施，如物质、产品储存、试验设备、人员训练、动力供应等。

（6）有关安全装备，如安全防护设施、冗余系统及设备、灭火系统、安全监控系统、个人防护设备等。

根据审查结果，确定系统中的主要危险因素，研究其产生原因和可能发生的事故。根据事故原因的重要性和事故后果的严重程度，确定危险因素的危险等级。通常把危险因素划分为 4 级。

Ⅰ级：安全的，暂时不能发生事故，可以忽略。

Ⅱ级：临界的，有导致事故的可能性，事故处于临界状态，可能造成人员伤亡和财产损失，应该采取措施予以控制。

Ⅲ级：危险的，可能导致事故发生，造成人员伤亡或财产损失，必须采取措施进行控制。

Ⅳ级：灾难的，会导致事故发生，造成人员严重伤亡或财产巨大损失，必须立即设法消除。

针对识别出的主要危险因素，可以通过修改设计、加强安全措施来消除或予以控制，从而达到系统安全的目的。

3. 结果汇总阶段

按照检查表格汇总分析结果。典型的结果汇总表包括主要事故、产生原因、可能的后果、危险性级别及应采取的相应措施等。

二、应用实例

1. 硫化氢（H_2S）输送系统预先危险性分析

例如，将硫化氢输送到反应装置的设计方案。

设计初期，分析者已经了解在工艺过程中处理的物质是硫化氢，以及硫化氢的物理和化学性质（如有毒、可燃烧等）。于是把硫化氢意外泄漏作为可能的事故，分析导致事故发生的原因如下：

（1）盛装硫化氢的压力容器泄漏或破裂。

（2）化学反应中硫化氢过剩。

（3）反应装置供料管线泄漏或破裂。

（4）在连接硫化氢储罐和反应装置的过程中发生泄漏。

然后，分析事故后果确定危险源应采取的控制措施。

当硫化氢发生大量泄漏时，对附近人员会造成严重伤害，根据泄漏情况将危险程度划分为Ⅲ级和Ⅳ级。

为了防止泄漏事故发生，分析者向设计人员提出如下建议：

（1）考虑用一种低毒性物质在需要时能产生硫化氢的工艺。

（2）开发一套收集和处理过剩硫化氢的系统。

（3）采用硫化氢泄漏报警装置。

（4）现场仅储存最小量的硫化氢，不会输送、处理过量。

（5）开发符合人机学要求的储罐连接程序。

（6）设置由硫化氢泄漏监控系统驱动的水封系统封闭储罐。

（7）把储罐布置在远离其他道路、方便输送的地方。

（8）在投产之前教育、训练职工了解硫化氢的危害，掌握应急程序。

硫化氢输送系统预先危害性分析结果汇总见表2-4。

表2-4 硫化氢输送系统预先危险性分析（部分）

事故	事故原因	事故后果	危险级别	建议的安全措施
毒物泄漏	储罐破裂	大量泄漏导致人员伤亡	Ⅳ	1. 采用泄漏报警系统 2. 最小储存量 3. 制定巡检规程
毒物泄漏	反应过剩	大量泄漏导致人员伤亡	Ⅲ	1. 过剩硫化氢收集处理系统 2. 安全监控系统 3. 制定规程，保证收集系统先于装置运行

2. 高炉拆装工程预先危险性分析

在钢铁厂里需要定期进行高炉大修。鞍山钢铁公司针对高炉拆装工程进行的预先危害分析结果汇总列于表2-5。其中，把危险性分为事故发生可能性和后果严重程度两栏。事故发生可能性等级划分见表2-6。

表2-5 高炉拆装工程预先危害分析（部分）

施工阶段	危　害	发生可能性	危害严重度	预　防　措　施
拆除阶段	1. 人员高处坠落	D	Ⅱ	1. 设安全网，加强个体防护
	2. 高处脱落构件击伤人员	B	Ⅱ～Ⅲ	2. 划出危险区域并设立明显标志
	3. 爆破拆基础伤人	C	Ⅱ	3. 正确布孔、合理装药、定时爆破，设爆破信号及警戒
土建阶段	1. 塌方	A	Ⅱ～Ⅲ	1. 阶段性放坡，监控裂隙
	2. 脚手架火灾	D	Ⅱ	2. 严禁明火
安装阶段	1. 高处坠落	D	Ⅱ	1. 设安全网，加强个体防护
	2. 落物伤人	B	Ⅱ～Ⅲ	2. 材料妥善存放，严禁向下抛掷
	3. 排栅倒塌	B	Ⅱ～Ⅲ	3. 定期检查、修理
	4. 排栅火灾	D	Ⅱ～Ⅲ	4. 注意防火
	5. 电焊把线漏电	B	Ⅱ	5. 集中存放电焊机，焊把线架空
	6. 乙炔发生器爆炸	C	Ⅱ	6. 安装安全装置，定期检查，严格控制引火源
	7. 吊物坠落	B	Ⅱ	7. 定期检修设备及器械

表2-6 事故发生可能性分级

级别	发生可能性	级别	发生可能性	级别	发生可能性
A	经常发生	C	偶尔发生	E	不易发生
B	容易发生	D	很少发生	F	极难发生

第四节　危险性和可操作性研究

危险性与可操作性研究是英国帝国化学工业公司（ICI）于1974年开发的，用于热力—水力事故隐患和危险性分析的方法。它应用系统的审查方法来审查新设计或已有工厂的生产工艺和工程总图，以评价因装置、设备的个别部分的误操作或机械故障引起的潜在危险，并评价其对整个工厂的影响。危险性与可操作性研究，尤其适合于类似化学工业系统的安全分析。

危险性与可操作性研究与其他事故隐患和危险性分析方法不同，这种方法由多人组成的小组来完成。通常，小组成员包括各相关领域的专家，采用头脑风暴法（Brainstorming）来进行创造性的工作。

一、基本概念和术语

进行危险性与可操作性研究时，应全面、系统地审查工艺过程，不放过任何可能偏离设计意图的情况，分析其产生原因及其后果，以便有的放矢采取控制措施。

危险性和可操作性研究常用的术语如下：

（1）意图。工艺某一部分完成的功能，一般情况下用流程图表示。

（2）偏离。与设计意图的情况不一致，在分析中运用引导词系统地审查工艺参数来发现偏离。

（3）原因。产生偏离的原因，通常是物的故障、人失误、意外的工艺状态（如成分的变化）或外界破坏等原因引起。

（4）后果。偏离设计意图所造成的后果（如有毒物质泄漏等）。

（5）引导词。在危险源辨识的过程中，为了启发人的思维，对设计意图定性或定量描述的简单词语。危险性与可操作性研究的引导词见表 2-7。

表 2-7 危险性与可操作性研究的引导词

引导词	意义	注 释
没有或不	完全否定	意图全部没有实现，也没有其他事情发生
较大 较小	量的增加 量的减少	量正增长或活动增加 量负增长或活动减少
也，又 部分	量的增加 量的减少	与某些附加活动一起，实现全部设计或操作意图 只实现一些意图，没实现另一些意图
反向 不同于 非	意图相反 完全替代	与意图相反的活动或物质 全部没有实现意图 发生完全另外的事情

（6）工艺参数。生产工艺的物理或化学特性，一般性能如反应、混合、浓度、pH 值等；特殊性能如温度、压力、相态、流量等。

当某个工艺参数偏离了设计意图时，则会使系统的运行状态发生变化，甚至造成故障或事故。

运用引导词如“不（没有）”“大”“小”等进行危险性与可操作性研究时，分析生产工艺部分或操作过程出现了由引导词与工艺参数相结合而构成的与意图的偏离，如“没压力”“压力过大”等。这样便可详细地分析出偏离的可能原因，以及可能造成的后果，从而采取相应措施防止产生偏离。

进行危险性与可操作性研究时常用的生产工艺参数有流量、压力、温度、液位、时间、成分、pH 值、速度、频率、黏度、浓度、电压、混合、添加、分离和反应。

引导词与工艺参数相结合设想偏离的例子见表 2-8。

表 2-8 应用引导词与工艺参数设想偏离

引导词	+	工艺参数	=	偏离
没有	+	流量	=	没流量
较多	+	压力	=	压力升高
又	+	一种相态	=	两种相态
非	+	运行	=	维修

二、研究步骤

1. 研究准备

（1）研究目的、对象和范围。进行危险性与可操作性研究时，对所研究的对象要有明确的目的。其目的是查找危险源，保证系统安全运行或审查现行的指令、规程是否完善等，防止操作失误同时要明确研究对象的边界、研究的深入程度等。

（2）建立研究小组。开展危险性与可操作性研究的小组一般由 5~7 人组成，包括有关各领域专家、对象系统的设计者等，以便发挥和利用集体的智慧和经验。

（3）资料收集。危险性和可操作性研究资料包括各种设计图纸、流程图、工厂平面图、等比例图和装配图，以及操作指令、设备控制顺序图、逻辑图或计算机程序，有时还需要工厂或设备的操作规程和说明书等。

（4）制定研究计划。在广泛收集资料的基础上，组织者要制定研究计划。在对每个生产工艺部分或操作步骤进行分析时，要计划好所花费的时间和研究的内容。

2. 进行审查

对生产工艺的每个部分或每个操作步骤进行审查时，应采取多种形式引导和启发各位专家，对可能出现的偏离及偏离的原因、后果和应采取的措施充分发表意见。审查程序如图 2-1 所示。

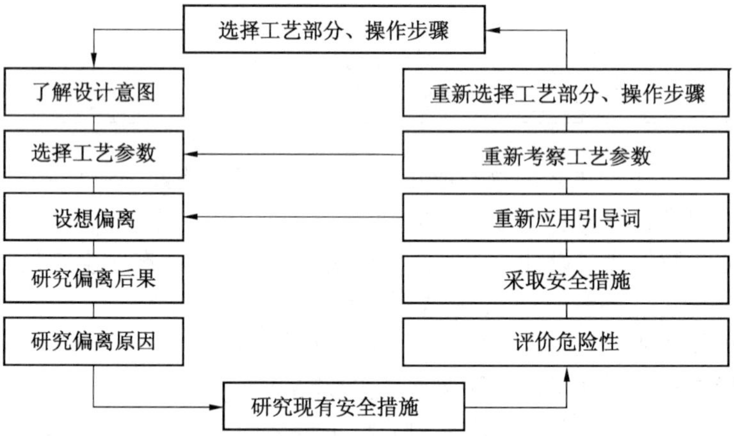

图 2-1　危险性与可操作性研究审查程序

三、应用实例（DAP 工艺系统危险性与可操作性研究）

用危险性和可操作性研究方法分析磷酸氢二铵（Diammonium Phosphate，DAP）生产工艺的危险性和可操作性。

DAP 的生产工艺系统如图 2-2 所示。

DAP 由氨水与磷酸反应生成，其生产过程中调节氨水储罐与反应釜之间管线上的阀门 A，磷酸储罐与反应釜之间管线上的阀门 B，分别控制进入反应釜的氨和磷酸的速率。

当磷酸进入反应釜速率相对氨进入速率高时，会生成另一种不需要的物质，但没有危险。当磷酸和氨两者进入反应釜速率都高于额定速率时，反应释放能量增加，反应釜可能

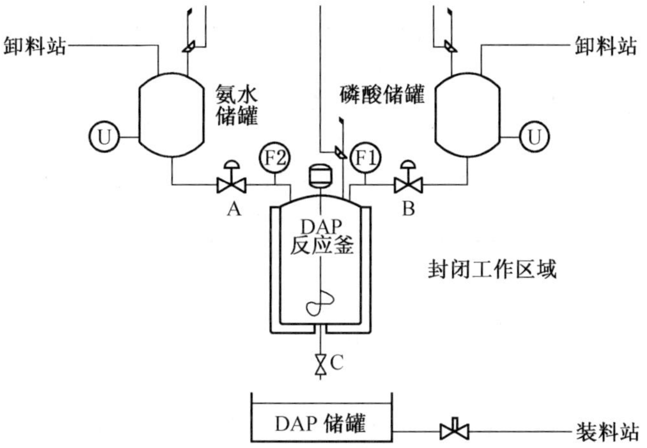

图 2-2　DAP 生产工艺系统

承受不了温度和压力的迅速增加。当氨进入反应釜速率相对磷酸进入速率高时，过剩的氨可能随 DAP 进入敞口的储罐，挥发的氨可能伤害人员。

这里选择磷酸储罐与反应釜之间的管线部分为分析对象，则该部分的设计意图是向反应釜输送一定量的磷酸，其工艺参数是流量。把 7 个引导词与工艺参数“流量”相结合，设想各种可能出现的偏离。

该生产工艺部分危险性与可操作性研究的结果见表 2-9。

表 2-9　DAP 生产工艺危险性与可操作性研究（部分）

引导词	偏离	可能原因	后　果	措　施
没有	没有流量	磷酸储罐中无料 流量计故障（指示偏离） 操作者调节磷酸量为零 阀门 B 故障而关闭 管线堵塞 管线泄漏或破裂	反应釜中氨过量而进入 DAP 储罐并挥发到工作区域	定期维修和检查阀门 B 定期维护流量计 安装氨检测器和报警器、流量监控报警、紧急停车系统 工作区域通风 采用封闭式储罐
多	流量大	阀门 B 故障 流量计故障（指示偏低） 操作者调节磷酸量过大	反应釜中磷酸过量 若氨量也大则反应释放大量热，生成不需要的物质 DAP 储罐液位过高	定期维护和检查阀门 B 定期维护流量计 安装液位监控报警、紧急停车系统
少	流量小	阀门 B 故障 流量计故障（指示偏高） 操作者调节磷酸量过小	反应釜中氨过量而进入 DAP 储罐并挥发到工作区域	定期维护流量计 安装液位监控报警、紧急停车系统
以及	输送磷酸和其他物质	原料不纯 原料入口处混入其他物质	生成不需要的物质 混入物或生成物可能有害	定期检查原料成分 定期维护和检查管路系统
部分	磷酸含量不足	原料不纯	生成不需要的物质 混入物或生成物可能有害	定期检查原料成分

表 2-9（续）

引导词	偏离	可能原因	后　果	措　施
反向	反向输送	反应釜泄放口堵塞	磷酸溢出	定期维护和检查反应釜
其他	送入的不是磷酸	磷酸储罐中物料不是磷酸	可能发生意外反应 可能带来潜在危险 可能使反应釜中氨过量	定期检查原料成分

第五节　鱼 刺 图 分 析

鱼刺图又称因果图、特性原因图或树枝图等。该图是由日本武城工业大学校长石川馨在 1953 年发明的，有人也将其称为石川图。该方法首次应用于日本，后来推广应用到其他国家，主要用于全面质量管理分析，近十几年来被广泛应用于安全工程领域的事故隐患分析。

鱼刺图法是一种定性分析事故隐患和危险性的方法，其通过对引发事故的重要因素分层（枝）加以剖析，整理和分析出问题和各因素之间的关系。分层（枝）的多少取决于危险性分析的广度和深度，分析结果可供编制安全检查表和事故树用。此方法简单、用途广泛，但难以揭示引发事故各因素之间的组合关系。

一、基本原理

鱼刺图法是以事故致因理论中的事故因果关系为理论基础，将分析对象中所存在的或者预测可能发生的事故原因和结果对应关系，采用简明的文字和线条绘制成因果关系图，使分析对象中错综复杂的因果关系系统化、条理化、直观化。因所绘制的分析图形像鱼刺，故名鱼刺图。

二、分析方法

对于复杂的事故对象，可以采用美国人 Heinrich 在 1931 年提出的因果连锁理论进行分析，即人员伤亡的发生是事故的结果，事故的发生原因是人的不安全行为或物的不安全状态，人的不安全行为或物的不安全状态是由于人的缺点造成的，人的缺点是由于不良环境诱发或者是由先天的遗传因素造成的。

现代事故致因理论研究认为，事故的发生按照以下 5 个因素顺序进行：

（1）遗传、社会环境及管理水平。

（2）人为过失引起的危险性。

（3）物的不安全因素或状态引起的危险性。

（4）事故发生。

（5）人体受到伤害。

鱼刺图法就是按照以上方法对事故的发生原因进行分析，为防止人的不安全行为，消除机械的或物的不安全状态，中断事故连锁进程，避免事故发生提供理论基础。

鱼刺图由原因、结果以及枝干组成。

原因是指可能引发事故结果的各种因素。

结果是指在安全管理工作中要管控的事件或对象，代表事故类型。

枝干是指各种原因与对应结果之间的演绎和发展关系。鱼刺图中的枝干分为主干、大枝、中枝和小枝。其中主干是指事故原因到事故结果的发展途径；大枝是指从主干两边依次展开的枝干，代表事故发生的直接原因；中枝是从大枝两侧展开的枝干，代表事故发生的间接原因；小枝是从中枝两侧展开的枝干，代表造成间接原因的上一层原因。所有的枝干用箭头标示，如图 2-3 所示。

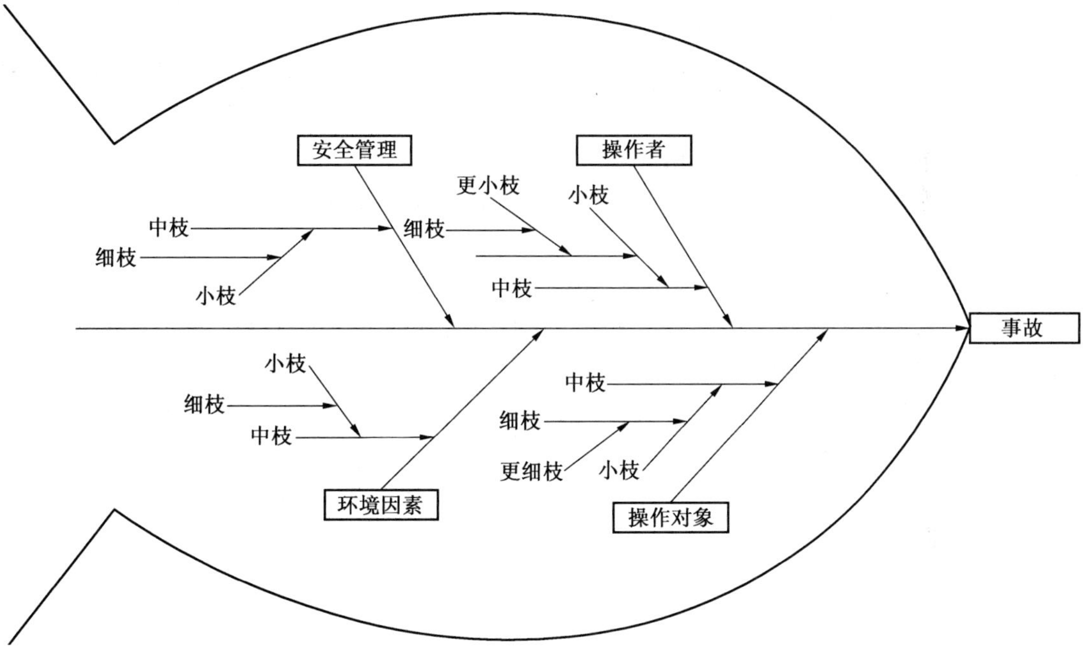

图 2-3　鱼刺图结构示意图

在对事故隐患和危险性进行分析时，可以从事故致因角度出发，依次分析各种原因的主次关系，从直接原因到间接原因，从间接原因到上层原因，逐层深入分析，绘制出鱼刺图。

三、绘制方法及注意事项

1. 绘制方法

绘制鱼刺图的原则是：针对具体事故结果分析原因，先主后次，逐层深入。

一般按照如下步骤绘制鱼刺图形：

（1）确定要分析的某个特定问题和事故，写在图的右边，画出主干，箭头指向右端。

（2）确定造成事故的各种原因所属类型，如安全管理、操作者、环境等。大枝表示造成事故发生的直接原因，一个原因画出一支，文字标记在大枝线上下。

（3）对上述各直接原因类型深入分析，中枝表示对应的项目造成事故的间接原因，一个间接原因画出一支，文字标记在中枝线上下。

（4）将上述间接原因层层展开分析，一直到顶层原因为止，一个上级原因画出一支，文字标记在小枝线上下。

（5）确定鱼刺图中引发事故发生的主要原因，并用符号标记，作为重点管控对象。

（6）注明鱼刺图的名称。

2. 注意事项

（1）分析对象为单一主体，主干线箭头指向该分析对象（要解决的问题）。

（2）事故的直接原因一般有人、机器、管理、环境等方面，以这些方面作为切入点，分析间接原因以及上层原因要追根究底，直至分析出可以采取具体措施的原因为止。管理、环境等方面因果图中的原因可以归类的，类与类之间的原因不发生联系，要避免归类不当的错误，同时要避免因果倒置的错误。

（3）尽可能找出主要原因，注意要因不一定都是主要原因，为了找出主要原因，可做进一步调查或做试验验证。

（4）选取重要原因时，不要超过 7 项，且应标识在最末端原因处。

（5）大要因必须用中性词描述（不说明好坏），中、小要因必须使用价值判断描述（如不良）。

（6）对于操作者导致事故和隐患的原因，宜从其行动而非思想态度方面进行分析。

（7）小枝对应的小要因应分析至可以直接制定出事故和隐患的控制措施。

（8）如果某种中枝或者小枝原因可同时归属于两种或两种以上的上层原因类别，则以关联性最强者为准，必要时到现场通过相对条件的比较分析，找出相关性最强的要因归类。

（9）以会议、研讨等形式开展事故隐患和危险性分析，从多方面、多角度和多层次找出问题所有原因或构成要素。

四、应用实例

1. 用鱼刺图法分析某天然气管道输差产生原因

某天然气管道为新建管道，主要是向广东地区输气，交接计量站内安装有 3 台 DN400 气体超声流量计，日输气量约为 8×10^6 m^3。但运行 3 个月以来，输差一直较大，最大值曾达到 2%，超过指标 10 倍。

输差是指天然气量值在输送过程中出现的差值。天然气的输差主要由存储量的变化、管线漏失情况和流量计的误差共同决定。一般情况下，要求天然气输差控制在 0.25% 以内。

造成天然气管道输差的原因主要包括设备因素、管理因素和人为因素。

设备因素主要包括流量计、温变压变和气质分析设备 3 个部分。

（1）流量计。流量计偏差是在输差管理过程中最为关注的问题，计量数据的准确是整条管道的输差控制的基本条件。因此，一旦发现输差较大时，需要先对流量计进行检查，确认其运行状态是否正常。流量计偏差包括以下 3 个方面：①传感器误差。包括超声波对声速测量的偏差、涡轮流量计叶轮转速的偏差、设备几何尺寸的偏差等。超声波流量计通过对现场实测声速与理论声速的比较，可以进行评估。涡轮流量计可以通过对计数器的测试进行排查。②流量计算机系统。流量计算机硬件故障、程序缺陷、算法公式等都有可能导致偏差。对于硬件故障，需要现场管理人员及时检查、定期维护，避免故障发生。程序缺陷经检定、测试后，可以发现并加以修正。③信号传输线路。在施工过程中，有可能出现绝缘外皮破损、接线端子不牢固等问题，从而导致电信号衰减、中断，计量数据不准确。

（2）温度变送器、压力变送器。温度、压力是天然气流量计算的基本参数，温度、压力数值直接参与计量数据的计算中。在温度变送器、压力变送器的使用中，要确保使用的仪表符合计量系统的相关精度要求，并在有效检定周期内；还应该定期通过温度、压力测量值的监视和对比检查是否有异常。

（3）气质分析设备。气质分析有在线分析和离线分析两种。在线分析实时性好，离线分析测量精确但实时性较差，天然气管道行业通常采用在线色谱分析仪来对气质组分进行分析测算。色谱分析仪较为复杂，操作维护都具有一定的专业性和技术性。当气质组分变化时，会比较明显地影响到压缩因子的计算，而压缩因子直接参与输气量的计算并产生较大影响。

管理因素主要包括管存量、管线和设备泄漏。

（1）管存量。天然气管道的管存量通过管段的容积、压力、温度、压缩系数进行计算。在目前采用的计算管存量算法中，普遍采用平均压力分段计算的方法。但是在实际管道中，地势、气温、摩擦阻力等非常复杂，温度、压力等的分布难以测算准确，并且施工单位提供的基础资料不一定准确，因此必然存在一定的偏差。

（2）管线、设备泄漏。在理想状态下，如果不考虑管存计算偏差和流量计精度问题，泄漏是导致输损的根本原因。引起管道泄漏通常有管道缝隙和设备故障两种原因。对于新建管道来说，设备连接处通常有较多的泄漏点，泄漏量难以评估，只能在日常管理中不断检查测试、发现泄漏点，及时采取措施进行处理，才能减小泄漏量的产生。而对于长时间运行的管道，腐蚀穿孔、设备损坏等情况时有发生，导致了天然气的大量泄漏损失。

人为因素主要是指在数据填报、计算过程中有可能发生的填报错误、缺失等情况。在日常生产运行过程中，人为操作失误或维护保养不到位也有可能导致天然气泄漏，可以通过管理手段加以控制，通过对历史记录的对比、检查基本可以排除。

以上三大类因素是造成天然气管道产生输差的诱发因素，将上述因素进行分类梳理建立了鱼刺图，如图 2-4 所示。

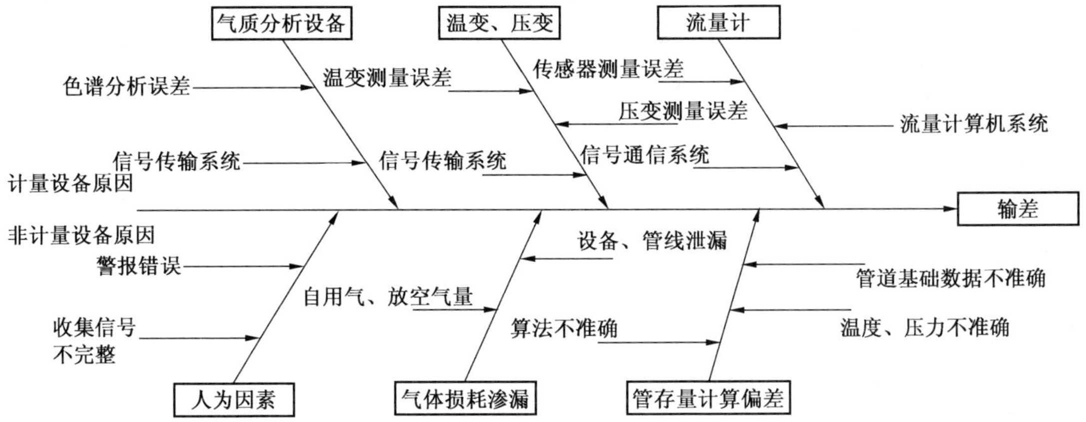

图 2-4　天然气管道输差诱发因素分析鱼刺图

针对上述案例中天然气管道输差具体情况，首先对流量计进行了检查，发现声速、信噪比、增益值等均在正常范围之内，说明管道确实存在输差问题；然后按照以上鱼刺图法进行分析，逐一排查，最后确定是通信信道出现问题，导致部分数据堵塞，计量数值丢失。通过对软件功能进行调整，排除了该故障。同时，管理部门加强了管道设备管理，制定了更加详细的巡检内容，加大了泄漏检测的力度，新发现泄漏点 3 处并及时进行了处理。通过以上诱发原因分析和具体措施的实施，最终保证了该管道输差保持在规定范围之内。

2. 用鱼刺图法分析某煤矿突水溃砂事故原因

由于煤矿开采的地质条件复杂，诱发突水溃砂事故的因素较多，如上覆松散层的富水性、覆岩厚度与强度、覆岩破坏形式等诸多因素均与之有关，这些因素相互交叉、重叠共同作用，使事故的原因分析较为困难。为了清楚认识煤矿突水溃砂事故原因，结合有关的工程实例，采用鱼刺图法对突水溃砂灾害的诱发因素进行分类，认为煤矿突水溃砂灾害的发生主要取决于以下 4 个因素。

（1）上覆物源。待开采煤层上覆岩层顶部松散含水砂层的存在，是突水溃砂灾害发生的物质基础。由于上覆饱和含水砂层松散，黏聚力较小、自稳能力较差，在开采过程中由于顶板破坏或者是断层等因素造成裂隙等通道发育至上覆松散含水砂层时，会导致上覆松散层中的水体涌入井下，由于上覆松散层在天然条件下为弱胶结状态，当裂隙达到一定宽度时，松散层中的砂颗粒将会随水体向涌水通道运移，溃入井下，造成突水溃砂事故。

根据已有文献分析，溃砂的发生与松散含水层中的砂颗粒的粒度和成分有密切关系，黏粒含量较小的粉土、粗砂、砾砂最容易发生突水、涌砂。此外，上覆松散砂层的厚度越大，溃砂量越大。

（2）较高的水头压力。在采动影响下，高水头的含水砂层容易出现溃水溃砂现象，从而严重地威胁安全生产，这已经被全国厚松散层及其他含水层下采煤的大量实践所证明。例如，许多矿井采取疏降含水层水头的措施防止突水溃砂灾害的发生。由于突水溃砂过程中水是砂的载体，一旦含水层中没有水，上覆的砂颗粒就难以溃入井下，所以含水层的富水性也是突水溃砂灾害能否发生的决定性因素。

（3）溃砂通道。突水溃砂通道的存在或形成是发生突水溃砂事故的直接原因。饱和地层中的砂土依靠颗粒间的摩擦力及孔隙水压力维持其本身的稳定性，并借此承受一定的外界压力而不变形。饱和地层中的砂土，在原始的封闭和不受外界强力干扰的状态下是稳定的，一旦含水层的原始状态发生变化，原有隔水边界突然变为临空界面，在边界处瞬时水力坡度变化率为无穷大，水流携带着砂颗粒就会倾泻而下进入采煤工作面。而对于松散层，即便不存在地下水的影响，在采动裂隙张开到一定程度的情况下，砂颗粒流也会沿通道在重力作用下涌入井下工作面。

涌砂量随着突砂口张开度的增大而呈增加趋势。溃砂除了与裂隙张开度有关外，还与裂隙的长度、裂隙形态、裂隙面的粗糙程度、裂隙的倾角、裂隙的多少等因素有关。裂隙总溃砂量随着裂隙夹角的增加而增加，上宽下窄的“V”形裂隙可以有效地阻隔上覆松散砂的溃落。除了裂隙通道之外，煤层开采形成的垮落带也是西部浅埋煤层突水溃砂的主要通道，而影响突水涌砂速度主要有垮落带岩体的尺寸、垮落带高度。

（4）存在可容纳空间。当突水溃砂发生时，松散含水层中的砂颗粒在水流的作用下向溃砂通道运移，导致上方的砂颗粒失去支撑在重力作用下运动，若溃砂通道下方存在较大的容纳空间，则松散含水层中的水砂颗粒流将源源不断地溃入容纳空间，从而加剧突水溃砂灾害；若溃砂通道下方的容纳空间较小，即使水头压力较大或者通道的张开度较大，溃入的水砂颗粒将很快充满容纳空间，从而使突水溃砂无法进一步发展。

以上 4 个因素是造成矿井突水溃砂事故不可或缺的诱发因素，只有同时具备上述 4 个条件，突水溃砂才会发生。将上述因素进行分类梳理建立了鱼刺图，如图 2-5 所示。

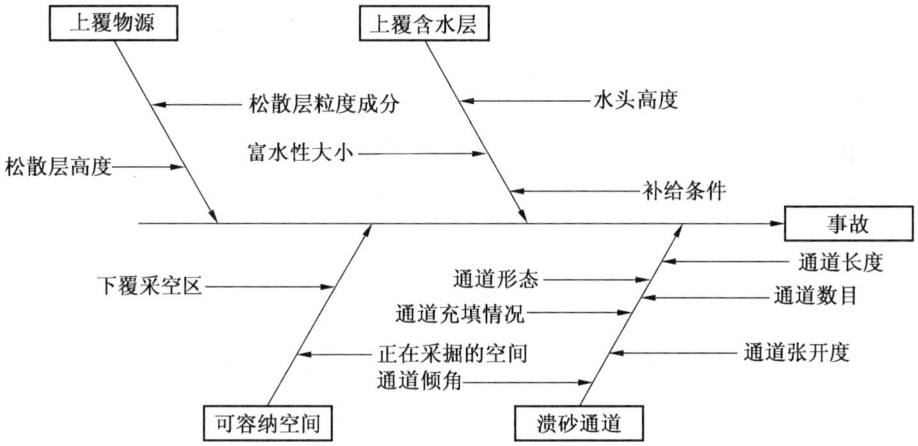

图 2-5　突水溃砂灾害诱发因素分析鱼刺图

以上分析表明，矿井突水溃砂灾害的过程基本可以概括为：由于开采煤层的上方存在松散含水层，在煤层开采过程中，当采动裂隙或其他天然存在的通道波及上覆松散含水砂层时，其弱胶结的颗粒物质在重力及水流的作用下通过采动裂隙等通道溃入井下工作面或者其他容纳空间，对矿井的开采造成严重的破坏，甚至造成人员伤亡。

进行如上分析后，找到了事故的主要原因，事故责任也就查清了。针对事故原因，可以采取相应的具体防范措施。

第六节　作业危害分析

作业危害分析又称作业安全分析（Job Hazard Analysis，JHA）、作业危害分解（Job Hazard Breakdown，JHB），是一种定性事故隐患和危险性分析方法。美国职业健康安全管理局（OSHA）于 1998 年、2002 年先后出版了专门介绍作业危害分析的小册子，并两次进行了修订。加拿大职业安全健康中心曾对这种方法作了较为详细的阐述。我国的石油和天然气行业多采用这一方法对作业中存在的事故隐患进行分析。

作业危害分析不仅是作业危害识别的有效工具，还可以通过分析过程给出危害控制措施和方案。对于涉及手工操作的各种基层关键或者重点作业活动，均可以建立由工作和安全指导经验丰富的人员组成的分析组对作业中的人、环境、工艺、设备、流程、职业防护等事故诱因进行分析，确定作业危害及风险，提出安全整改建议或控制措施。

一、基本原理

作业危害分析是将具体的作业活动划分为若干步骤，然后对每一个作业步骤进行事故隐患分析，从而辨识潜在的危害并制定安全措施。

所谓的“作业”是指特定的工作程序，应该包含人、环境、工艺、设备、流程、职业防护、安全管理等要素。如“危险化学物质搅拌罐清理”作业中包含了人、设备、工艺、流程等多种因素，即可作为有效的作业危害分析对象，而“危险化学物质搅拌罐”则一般不作为作业危害分析对象，其只包含了设备因素，分析对象过于细小。

这种方法的优点是由许多有经验的人员参加危害分析，其结果是可以确定更为理想的操作程序。开展作业危害分析能够辨识原来未知的危害，增加职业安全健康方面的知识，促进操作人员与管理者之间的信息交流，有助于制定出更为合理的安全操作规程。它还能用来对新的作业人员进行培训，为不经常进行的作业提供指导。作业危害分析的结果可以作为职业安全健康检查的标准，并协助进行事故调查。

二、分析方法

作业危害分析的基本程序包含“作业”的选择、“作业”的分解、“作业”危害的辨识、“作业”风险的评估、制定风险控制措施和信息传递6个步骤。

1.“作业”的选择

一般选择重要作业或者关键作业作为危害分析对象。

确定分析对象时，优先考虑如下作业活动：

(1) 事故发生频度和后果。频繁发生或不经常发生但可致灾难性后果。

(2) 严重的职业伤害或职业病。事故后果严重、危险的作业条件或经常暴露在有害物质中。

(3) 新增加的作业。由于经验缺乏，明显存在危害或危害难以预料。

(4) 变更的作业。可能会由于作业程序的变化而带来新的危险。

(5) 不熟练作业。由于作业频率低或不熟练而有较高的风险。

(6) 交叉作业。由于多个作业交叉运行协调经验缺乏而有较高的风险。

2.“作业”的分解

(1) 确定“作业”分析对象后，将作业活动分解为若干个相关联的活动步骤，每一个步骤都应是作业活动的一部分操作。

(2) 作业步骤按实际工作步骤划分，要保持各个步骤正确的顺序。步骤划分得不能太笼统，否则分析时将会遗漏一些步骤以及与之相关的危害。另外，步骤划分也不宜太细，以避免出现太多的步骤。根据经验，一项作业活动的步骤一般不超过10项。但佩戴防护用品、办理作业票等不必作为作业步骤分析，可以列入控制措施中。

(3) 作业步骤只需说明做什么，而不必描述如何做。作业步骤的划分应建立在对工作观察的基础上，应观察操作人员的操作过程，并应与操作者一起讨论研究。观察人通常是操作人员的直接管理者，但较为透彻的分析常需要另外的人，而被观察的操作人员应具有工作经验并熟悉整个作业。应当在正常的工作时间和工作状态下观察作业活动，如一项作业活动是在夜间进行的，那么就应在夜间进行观察。

（4）如果流程长、作业步骤多，可以按流程将作业活动分为几大块。每一块为一大步骤，可以再将大步骤分为几个小步骤。

3.“作业”危害的辨识

根据对作业活动的观察和掌握的事故（伤害）资料以及经验，依照危害辨识清单依次对每一步骤进行危害辨识，对危害导致的事故发生后可能出现的结果及严重性也应识别，将辨识的危害列入表中。另外，在辨识危害阶段不必试图去解决发现的问题。

对作业过程中危险和危害因素辨识可以从人的不安全行为、物及环境的不安全状态、管理缺失4个方面来进行，可以参照GB/T 138610—2009《生产过程危险和有害因素分类与代码》来对人的因素、物的因素、环境因素和管理因素4个方面进行危险和有害因素辨识，以下是危险和危害因素辨识清单的部分内容：

1）人的因素

（1）作业人员的心理或生理性负荷是否超限，包括体力、听力、视力等。

（2）作业人员是否健康状况异常。

（3）作业人员是否心理异常，如情绪异常、过度紧张等。

（4）作业人员是否辨识功能存在缺陷，如感知延迟、辨识错误等。

（5）作业人员是否存在误操作、违章作业或其他操作错误，如没有穿戴个体防护服或配备个体防护器具。

（6）作业人员是否使用有缺陷的工具、部件，或使用未经允许的设备、工具。

（7）作业人员是否在运动中危险设备上站、坐或工作。

（8）作业人员是否管理着带着潜在危险的装置。

（9）作业人员是否需要从事可能使头、脚受伤或被扭伤的活动（往复运动的危害），如没有使用正确的身体姿势和位置以防止重复运动伤害。

（10）是否存在指挥错误，如指挥失误、违章指挥等。

（11）作业人员是否会处于失去平衡的状态，如被物体冲撞或撞击到机器或物体。

（12）作业人员能否受到运动的机器部件或移动物品的伤害，如会由于提升、拖拉物体或运送笨重物品而受到伤害。

2）物的因素

（1）设备、设施、工具、附件存在缺陷。如强度、刚度不够，稳定性差，耐腐蚀性差，外形缺陷，工具是否没有防护装置，操作器、制动器和控制器存在缺陷等。

（2）存在防护缺陷。如防护装置、设施缺陷，防护不当，支撑不当和防护距离不够等防护缺陷。

（3）存在电伤害。如带电部位裸露。漏电、静电和杂散电流和电火花等电伤害。

（4）存在噪声危害。如机械性、电磁性噪声和流体动力性噪声等。

（5）存在振动伤害。如机械性、电磁性噪声和流体动力性振动等。

（6）存在电离和非电离辐射。电离辐射包括X射线、γ射线、α粒子、β粒子、高能电子束、中子和质子等。非电离辐射包括紫外辐射、激光辐射、超高频辐射、高频电磁场和工频电场等。

（7）存在运动性伤害。如受到抛射物、坠落物以及反弹物等撞击，移动物体不发警报或信号。

（8）受到明火或高温、低温物质等伤害。

（9）存在标志缺陷。如无标志及标志不清晰、不规范和选用不当等。

（10）作业过程接触有毒物品、放射性物品、腐蚀物品、粉尘与气溶胶、氧化剂和有机过氧化物等。

（11）作业过程接触致病微生物、传染病媒介物等生物性危险和有害因素。

（12）是否报警装置存在不足或有缺陷。

3）环境因素

（1）作业环境存在狭窄、杂乱、地面不平、有地槽和坑等。

（2）作业环境危险，如存在粉尘、化学物质、放射线及电焊弧光、热、高噪声等危害因素。

（3）作业环境存在采光不良或照明不足的问题。

（4）作业环境存在易燃和爆炸危险物质。

（5）作业环境存在有能引起伤害的固定物体，如锋利的设备边缘等。

（6）作业环境存在造成人体不便的工作台、桌子、搁板、工具和其他工作区或者存在物体伸入走道的布置。

（7）作业环境存在安全出口缺陷和安全通道缺陷等。

4）管理因素

（1）管理规章制度不健全。

（2）管理规章制度未落实。

4.“作业”风险的评估

进行作业危害分析时，对于评价单元的每一步骤需识别可能发生的危害，且对危害导致事故发生的可能性及严重性也应判别。危害识别后依据现有安全措施进行风险等级评估，如果这些控制措施不足以控制此项风险，应提出控制措施建议。

风险等级通常采取风险矩阵来进行确定。

风险矩阵是由美国空军电子系统中心（ESC）的采办工程小组于 1995 年 4 月提出的。风险矩阵是系统风险管理过程中识别系统危险性的一种结构性方法，它能够对系统风险的潜在影响进行评估，是一种定性和定量分析相结合的方法。

风险矩阵方法对危险事件发生的可能性和发生危险事件后的严重性这两方面因素进行综合考虑，可以直接评估风险因素给系统带来的影响。该方法直接由专家通过较为直观的经验，按其特点相对地划分等级，形成一种风险评价矩阵，并赋予一定的加权值定性衡量风险的大小，这种方法的决策过程规范可行，较好地综合了群体的意见。

风险评估主要包括危险事件的严重性分级、危险事件可能性分级、风险矩阵的编制、矩阵赋值和确定风险等级 5 个步骤。

1）危险事件的严重性分级

将系统、子系统或设备的故障、环境条件、设计缺陷、操作规程不当、人为差错引起后果的严重程度相对地定性为若干级，称为危险事件的严重性分级。事件的严重性分级从人员伤害情况、职业健康影响、环境影响、直接经济损失、企业形象受损情况 5 个方面来表示。

同一危险事件发生时，有时不可能对人、财产、职业健康、环境和企业形象都产生影响，或者5个方面影响程度不会正好在同一严重性的等级上。所以，通常会把可能造成的几个方面后果中最严重的那一方面等级作为这一事件的后果严重性等级，一般用 S 表示。通常危险事件的严重性后果划分为5个等级，见表2-10。

表2-10 危险事件的严重性分级

等级 S	人员伤害情况	职业健康影响	环境影响	直接经济损失	企业形象受损情况
1	可能造成1~2人轻伤	仅限本岗位员工受到轻微健康影响	临时、很少排放无毒污染物，仅限少数员工受到轻微影响	≤0.5万元	几乎不受影响
2	可能造成3~4人轻伤	少数本岗位员工受到一定健康影响	临时、偶尔排放有毒污染物，企业员工多数受到一定影响	0.5万元<直接经济损失≤5万元	受到内部个别员工投诉
3	可能造成5~10人的轻伤或1~2人重伤	少数员工造成轻微职业中毒	临时、偶尔排放中等污染物，邻近居民受到轻微影响	5万元<直接经济损失≤10万元	受到多数员工投诉，本单位形象受到影响
4	可能造成11人以上轻伤或3~9人重伤或1~2人死亡	多数员工轻微职业中毒或本岗位员工职业病	持续排放大量有毒污染物，临近居民受到比较严重的污染	10万元<直接经济损失≤100万元	受到外部人员投诉，给单位造成一定社会影响
5	可能造成10人及以上死亡	可造成员工严重职业中毒或职业病发生	持续排放大量有毒污染物，受到比较严重的污染	>100万元	受到多数外部人员投诉和地方干预，单位造成严重社会影响

2）危险事件的可能性分级

将上述危险事件发生的可能性根据其出现的频繁程度相对地定性为若干级，称为危险事件的可能性等级，一般用 L 表示。通常危险事件的可能性等级分为5级，见表2-11。

表2-11 危险事件的可能性分级

等级 L	标准
1	有充分、有效的防范、控制、监测、保护措施，或员工安全卫生意识相当高，严格执行操作规程，事故发生的可能性小，但在同行业有发生
2	危害一旦发生能及时发现并定期进行监测，或现场有防范控制措施，能有效执行，事故发生的可能性较低，但曾在其他单位发生过
3	没有保护措施（如没有保护防护装置、没有个人防护用品等），或未严格按操作程序执行，或危害的发生容易被发现（现场有监测系统），或曾经有过监测，事故有可能发生，同类事故（事件）在本岗位发生过
4	危害的发生不容易发现，现场没有监测系统，或现场有控制措施但未有效执行或控制措施不当，或事故很有可能发生，同类事故（事件）曾在本岗位发生过
5	现场没有采取防范、监测、保护、控制措施，或危害的发生不能被发现，或事故发生的概率很高，同类事故（事件）在本岗位时有发生

3）风险矩阵的编制

将上述危险严重性和可能性等级制成矩阵并分别给以定性的加权值，形成风险矩阵，见表 2-12。

表 2-12 危险事件的风险矩阵

严重性 S	可能性 L				
	1	2	3	4	5
1	1	2	3	4	5
2	2	4	6	8	10
3	3	6	9	12	15
4	4	8	12	16	20
5	5	10	15	20	25

4）矩阵赋值

矩阵赋值根据危险事件可能性和严重性水平两方面综合而定，加权值为 1~25。通常最高风险加权值 25，相当于危险事件是频繁发生的，并会造成特大伤害事故的后果。最低风险加权值 1，相当于危险事件发生的可能性很小而且后果是轻微的。数字等级的划分具有随意性，需要根据评价对象确定风险评价加权值，以区别各种风险的档次。

5）确定风险等级

根据风险矩阵中加权值确定不同类别的决策结果，以此来确定风险等级。风险等级数值越大，说明系统风险性越大。根据表 2-12 进行风险评价分级，评价结果分为 4 种：1 级，风险值为 1~3，低风险，可接受或可容许风险；2 级，风险值为 4~6，一般风险，需要关注的风险；3 级，风险值为 8~12，较高风险，需要特别控制的风险；4 级，风险值为 15~25，高风险，不可承受的风险，见表 2-13。

表 2-13 危险事件的风险等级

风险值	1~3	4~6	8~12	15~25
风险等级	1	2	3	4

作业危害分析中常用的风险评估矩阵见表 2-14。

表 2-14 作业危害分析中常用的风险评估矩阵

后果严重度 S		可能造成的后果				发生的可能性 L				
		人员伤害	环境影响	财产损失	社会影响	1	2	3	4	5
1	轻微	急救包扎事件	环境影响较小，采取简单的措施即可恢复	<5 万元	局限在小范围内	1	2	3	4	5
2	一般	医疗事件	影响较小，需要采用一定的技术手段或资源才能恢复	5 万元<直接经济损失≤10 万元	单位范围内造成影响	2	4	6	8	10

表 2-14（续）

后果严重度 S		可能造成的后果				发生的可能性 L				
		人员伤害	环境影响	财产损失	社会影响	1	2	3	4	5
3	中等	轻伤	环境污染或损坏对员工和作业区域造成影响，需要采用一定的技术手段或资源才能控制或恢复	10 万元<直接经济损失≤50 万元	公司范围内造成影响	3	6	9	12	15
4	严重	重伤	环境污染或损坏对员工和作业区域造成较大影响，需要采用专门的技术手段或资源才能控制或恢复	50 万元<直接经济损失≤100 万元	在行业内造成影响	4	8	12	16	20
5	非常严重	死亡	环境污染或损坏对周围公众和作业区域以外的环境造成重大影响	≥100 万元	在国际上造成影响	5	10	15	20	25

注：判定发生可能性还应综合考虑人员暴露时间、人员的经验和培训、控制程序、装备和防护用具等情况。评价中应优先考虑人员伤害后果。右侧阴影区域风险值 $R>15$ 为高风险；风险值 $R<6$ 为低风险；$6\leq R\leq 15$ 为中风险。

5. 制定风险控制措施

危害辨识以后，按照危害—事故—控制措施的关系，针对每一种危害可能造成的事故，制定可以消除或控制危害的措施。

在制定控制措施时应有一定的顺序：先列出预防性措施，从根本上消除或者避免事故的发生；再列出应急性措施，对危害进行有效控制，防止造成人员、财产和环境方面事故的发生。

制定具体措施时，从工程控制、管理措施和个体防护 3 个方面综合考虑。

预防性措施主要包括：改变工艺路线，修改作业程序，修改现行工艺，以危害较小的物质替代，改善环境（通风），完善或改换设备及工具。

应急性措施主要包括隔离、机器防护、减少暴露、劳动防护等控制方法。

6. 信息传递

作业危害分析是消除和控制危害的一种行之有效的方法，因此应当将作业危害分析的结果传递给所有从事该作业的人员。

三、应用实例

【例 2-1】 用作业危害分析法对化学原料储罐清理作业活动进行危害分析。

从储罐顶部人孔进入，清理化学物质储罐的内表面。运用作业危害分析方法，将该作业活动划分为 9 个步骤并逐一进行分析，分析结果列于表 2-15。

表2-15 作业危害分析表

步骤	内容	危害辨识	对策
①	确定罐内的物质种类，确定在罐内的作业及存在的危险	爆炸性气体； 氧含量不足； 化学物质暴漏的气体、粉尘、蒸汽（刺激性、毒性）、液体（刺激性、毒性、腐蚀、过热）； 运动的部件/设备	根据标准制定有限空间进入规程； 取得有安全、维修和维护人员签字的作业许可证； 具备资格的人员对气体检测； 通风至氧含量为19.5%~21.5%，并且任一可燃气体的含量低于其爆炸下限的10%； 提供合适的呼吸器材； 提供保护头、眼、身体和脚的防护服； 参照有关规范提供安全带和救生索，如果有可能，清理罐体外部
②	选择和培养操作者	操作人员呼吸系统或心脏有疾患，或有其他身体缺陷； 操作人员的操作失误	卫生医师检查，能适应于该工作培训操作人员； 按照有关规范，对作业进行预演
③	设置检修用设备	软管、绳索、器具脱落的危险； 电气设施中电压过高、导线裸露； 电动机未锁定并未作出标记	按照位置，顺序地设置软、绳索、管线及器材以确保安全； 设置接地故障断路器； 如果有搅拌电动机，加以锁定做出标记
④	在罐内安放梯子	梯子滑倒	将梯子牢固地固定在孔顶部或其他固定部件上
⑤	准备入罐	罐内有气体或液体	通过现有的管道清空储罐； 审查应急预案； 打开罐； 工业卫生专家或安全专家检查现场； 罐体接管法兰处设置盲板（隔离）； 具备资格的人员检测罐内气体（经常检测）
⑥	罐入口处安放设备	脱落或倒下	使用机械操作设备； 罐顶作业处设置防护栏
⑦	入罐	从梯子上滑落； 暴露于危险的作业环境中	按有关标准，配备个体防护器具； 外部监护人员观察、指导入罐作业人员，在紧急情况下能将作业人员自罐内营救出来
⑧	清洗储罐	发生化学反应，生成烟雾或散发空气污染物	为所有操作人员和监护人员提供防护服及器具； 提供罐内照明； 提供排气设备； 向罐内补充空气； 随时监测罐内空气； 轮换操作人员或保证一定时间的休息； 如果需要，提供通信工具以便于得到帮助； 提供2人作为后备救援，以应付紧急情况

表 2-15（续）

步骤	内容	危害辨识	对　　策
⑨	清理	使用工具而引起伤害	预先演习； 使用运料设备

【例 2-2】 用作业危害分析法对动火作业活动进行危害分析。

动火作业引发的事故屡有发生，从统计结果来看，因动火引发的事故频度越来越高；检查中新的问题不断出现，如监火人不到位、氧气瓶与乙炔瓶间距不够等问题。应用作业危害分析法对动火作业进行危害因素的辨识和风险评估，制定风险削减措施，降低风险。具体步骤按以下进行：

（1）危害因素的辨识。工作危害分析是一种通过表格形式较细地分析工作过程中存在危害的方法，把一项工作活动分解成几个步骤，识别每一步骤中的危害和可能的事故，设法消除危害。

现场动火作业不是一种孤立行为，它是由确定动火部位→用火申请→现场分析，落实安全措施→动火工、器具的检查→动火审批→动火人作业→现场监护→动火结束，清理现场各个环节组成，任何一个环节出现问题，都可能出现违章，留下隐患。

从近 12 年来统计数据及事故原因看，尽管动火作业人受到了培训，有特殊作业许可证，动火作业现场有灭火器材等防范措施，厂内也制定了《安全用火管理制度实施细则》《运行装置局部检修安全管理制度》等，符合国家有关法律法规，但在执行中经常出现偏差，如动火监护人没有按一点一人监护，在易燃易爆场所动火次数较频繁，动火作业的机具不规范，甚至电线有裸露现象等。

（2）风险评估。动火作业的风险评估包括动火作业危害发生的可能性、评估动火危害及影响后果的严重性和风险评估 3 个模块组成。动火作业危害发生的可能性 L 由发生频率、管理制度、员工胜任程度和监测、联锁等设备设施 4 项内容组成，每一项内容分别对应 5 个等级；同样动火危害及影响后果的严重性 S 也是由对人体的危害程度、财产损失、法规及规章制度符合情况和形象受损程度 4 项内容组成，每一项内容分别对应 5 个等级；风险评估则是 $L\times S$ 所得的数值，风险分析见表 2-16。根据动火作业风险评估模型和收集的数据进行风险评估，见表 2-17。

（3）风险削减措施。通过采用工作危害分析方法对动火作业进行分析，确定了动火部位，落实安全措施，动火工器具的检查，以及现场监护是动火作业的薄弱环节，是动火作业风险较大的环节。

根据风险控制的原则，要对上述 4 个动火环节实施风险削减措施，控制风险。针对动火作业可能引发的火灾爆炸、触电、烧伤等危害，必须对火源、易燃物及电器安全进行控制，制定控制措施的顺序是：消除→转移→隔离→控制→应急处理。

消除：现场清理可燃物。动火前要清理现场，把动火点下方及周围的易燃物品转移至安全地点；如果是进设备内动火，动火作业前必须要进行清洗置换，并经检测分析合格后方可动火。现场清理着火源和保证电器达到安全要求。

转移：把禁火区需要动火的，从主体拆下能拆卸移开的设备、管道及其附件，移到安全的地方动火，动火作业完后再装回原处。

表 2-16　动火作业活动风险分析表

序号	工作步骤	动火危害及后果的严重性 S				发生的可能性 L				L	S	风险度 R
		对人的危害	财产损失	制度符合情况	公司形象受损程度	偏差发生频率	管理措施	员工胜任程度	防范控制设施			$R=L\times S$
1	确定动火部位（在易燃易爆部位动火）	火灾爆炸事故可以致人死亡，但至今未发生	1994 年因动火致使甲醛罐发生爆炸，损失达 45 万元	符合	影响极坏	多次发生	有	胜任	有	4	5	20
2	用火申请	无	无	符合	集团公司检查批评，降低我厂用火等级	曾发生	有	一般胜任	—	1	5	5
3	现场分析，落实安全措施	无	多次发生火灾，但损失不大	符合	无毒气及可燃气分析记录，受集团公司批评	多次发生	无	胜任	有	4	5	20
4	动火工器具检查	有触电、烧伤的危险，但未发生	无	符合	临时用电不规范，受到集团公司的批评，很典型	多次发生	有	一般胜任	不完善	5	4	20
5	动火审批	无	无	符合	动火票受到集团公司安全检查并被严厉批评	曾经发生	有	胜任	—	2	5	10
6	动火人作业	无	发生火灾但未作统计	不符合厂级制度	受到集团公司检查并被批评	偶尔发生	有	一般胜任	—	3	4	12
7	现场监护	无	无	不符合厂部制度	无影响	经常发生	有	一般胜任	—	4	5	20
8	动火结束后清理现场	有引发火灾危险但未发生	无	符合	受到厂部检查、批评	多次发生	有，但执行不严	胜任	—	3	4	12

表2-17 动火作业活动风险评估表

<table>
<tr><td colspan="4">动火危害及影响后果的可能性 L</td><td rowspan="4">动火危害及影响后果的严重性 S</td><td>对人的危害程度</td><td>无影响</td><td>作业环境通风不良，致使焊接时有毒气体浓度超标</td><td>触电、中毒、辐射、火灾等使人受轻伤</td><td>触电、中毒、辐射、火灾等使人受重伤</td><td>触电、中毒、火灾等使人死亡</td></tr>
<tr><td rowspan="5">偏差发生频率</td><td rowspan="5">管理制度</td><td rowspan="5">员工胜任程度（意识、技能、经验）</td><td rowspan="5">监测、控制、报警、联锁等设施设备</td><td>财产</td><td>无损失</td><td><1万元</td><td>≥1万元</td><td>≥5万元</td><td>≥10万元</td></tr>
<tr><td>法规及规章制度符合状况</td><td>完全符合</td><td>不符合本班组、工段的规章制度</td><td>不符合车间级、厂属公司级的规章制度</td><td>不符合厂级规章制度</td><td>违反国家、地方法律法规标准</td></tr>
<tr><td>形象受损程度</td><td>无影响</td><td>多次受到本班组、本工段的批评并屡教不改</td><td>多次受到公司、厂级公司级检查的批评并屡教不改</td><td>多次受到厂检查的批评并屡教不改</td><td>受到集团公司、省、市检查的批评，影响极坏</td></tr>
<tr><td colspan="2" rowspan="2">等级</td><td>1</td><td>2</td><td>3</td><td>4</td><td>5</td></tr>
<tr><td colspan="5">风险度 $R=L\times S$</td></tr>
<tr><td>经常发生</td><td>没有制度或有制度但从未执行</td><td>不胜任（无任何培训、无任何经验、无上岗资格证）</td><td>无任何设施或有设施但完全不能使用</td><td colspan="2">5</td><td>5</td><td>10</td><td>15</td><td>20</td><td>25</td></tr>
<tr><td>多次发生</td><td>有制度，但只是偶尔执行；制度有但并不完善</td><td>不能胜任（有上岗资格证，但没有接受有效培训）</td><td>设施不完善</td><td colspan="2">4</td><td>4</td><td>8</td><td>12</td><td>16</td><td>20</td></tr>
<tr><td>偶尔发生</td><td>有制度但执行不严</td><td>一般胜任（有资格证，有培训但经验不足，多次出差错）</td><td>有设施，但不能有效使用</td><td colspan="2">3</td><td>3</td><td>6</td><td>9</td><td>12</td><td>15</td></tr>
<tr><td>曾经发生</td><td>有制度但偶尔执行不严</td><td>胜任，但偶尔出现差错</td><td>有设施，偶尔失去作用或出差错</td><td colspan="2">2</td><td>2</td><td>4</td><td>6</td><td>8</td><td>10</td></tr>
<tr><td>从未发生</td><td>有制度能严格执行</td><td>高度胜任（培训充足，经验丰富，意识强，从不出差错）</td><td>有效防范控制设施</td><td colspan="2">1</td><td>1</td><td>2</td><td>3</td><td>4</td><td>5</td></tr>
</table>

注：■为15≤风险评估分值≤25区间，重大风险，要采取措施立即整改。

□为5≤风险评估分值<15区间，一般风险，有条件、经费时整改。

■为5<风险评估分值≤1区间，轻微风险，需要建立规章制度，经常检查，随时检查随时整改。

隔离：经过工艺处理并经分析合格后的设备、容器、管道要用符合工艺压力等级要求的盲板堵上，使之与相应的设备、管道、系统隔离。如果动火距离达不到防火间距的要求，可设置隔离带或防火墙。

控制：①办理用火作业许可证程序。动火前，由申请动火单位指定的动火负责人或安全员办理动火许可证。一份动火许可证只准许在一个动火点规定的范围内作业，不得扩大使用范围，超过动火许可证规定的时间应重新办理。②职责。把动火作业的法律法规、规章制度及技术标准贯穿起来，具体落实到动火作业各个部门、各个人的职责中去。③落实专人监火。动火点所在的单位或动火单位应选派责任心强，有动火经验，熟悉现场情况，掌握一定消防技术人员担任监火人。④动火作业后的现场清理。动火结束后，动火人应关掉电源、气源，搬离动火设备，同监火人一起检查清理现场。⑤化验分析。在没有毒气和可燃气化验分析仪器的情况下，利用现有的便携式报警器进行检测，可以作为参考，因为便携式报警器的精度在5%左右。从长远着想，应配备相应的仪器来分析可燃气和有毒气的含量。

应急处理措施：①个人防护。在缺氧、有毒的环境中作业时，应备有防毒面具、空气呼吸器、安全带等救生器材。在酸、碱等腐蚀性较强的环境中作业，应备有大量清水。②消防设施。在易燃易爆的环境中作业时，应备有灭火器、水带等消防器材及物资；危险性较大的场所作业，应有消防扑救和现场抢救应急预案。③工艺措施。万一发生火灾，为防止灾害进一步扩大，工艺上应采取措施（如切断泄漏源，打通事故线，及时转移易燃物品），灾情重大时应紧急停车处理。

第七节　故障类型、影响和危险度分析

故障类型和影响分析FMEA（Failure Model and Effects Analysis）是对系统各组成部分、元件进行分析的重要方法。系统的子系统或元件在运行过程中往往可能发生不同类型的故障。例如，电气开关可能发生接触不良或接点粘连等类型故障。不同类型的故障对系统的影响是不同的。这种分析方法首先找出系统中各子系统及元件可能发生的故障及其类型，查明各种类型故障对邻近子系统或元件的影响以及最终对系统的影响，以及提出消除或控制这些影响的措施。

故障类型和影响分析是一种事故隐患和危险性分析归纳方法。

早期的故障类型和影响分析只能做定性分析，后来在分析中包括了故障发生难易程度的评价或发生的概率，从而把它与致命度分析（Critical Analysis）结合起来，构成故障类型和影响、危险度分析（FMECA）。这样，若确定了每个元件的故障发生概率，就可以确定设备、系统或装置的故障发生概率，从而定量地描述故障的影响。

一、故障类型和影响定性分析

1. 故障类型

系统、子系统或元件在运行过程中，由于性能低劣而不能完成规定的功能时，则称为故障发生。

系统或元件发生故障的机理十分复杂，故障类型是由不同故障机理显现出来的各种故

障现象的表现形式。因此，一个系统或一个元件往往有多种故障类型。

一般机电产品、设备常见故障类型包括结构破损、机械性卡住、振动、不能保持在指定位置上、不能开启、不能关闭、误开、误关、内漏、外漏、超出允许上限、超出允许下限、间断运行、运行不稳定、意外运行、错误指示、流动不畅等。

对产品、设备、元件的故障类型、产生原因及其影响应及时了解和掌握，才能正确地采取相应措施。若忽略了某些故障类型，这些类型故障可能因为没有采取防止措施而发生事故。例如，美国在研制 NASA 卫星系统时，仅考虑了旋转天线汇流环开路故障而忽略了短路故障，结果由于天线汇流环短路故障使发射失败，造成 1 亿多美元的损失。

掌握产品、设备、元件的故障类型需要积累大量的实际工作经验，特别是通过故障类型和影响分析来积累经验。

2. 分析程序

故障类型和影响分析通常按照以下程序依次进行。

1）掌握和了解对象系统

对故障类型和影响进行分析之前，必须掌握被分析对象系统的有关资料，以确定分析的详细程度。确定对象系统的边界条件包括以下内容：

（1）了解作为分析对象的系统、装置或设备。

（2）确定分析系统的物理边界。划清对象系统、装置、设备与子系统、设备的界限，圈定所属的元素（设备、元件）。

（3）确定系统分析的边界，应明确两方面的问题：①分析时不需考虑的故障类型、运行结果、原因或防护装置等，如分析故障原因时不考虑飞机坠落到系统外和地震、龙卷风等对系统的影响；②最初的运行条件或元素状态等，如对于初始运行条件，在正常情况下阀门是开启还是关闭的必须清楚。

（4）收集元素的最新资料，包括其功能、与其他元素之间的功能关系等。

分析的详细程度取决于被分析系统的规模和层次。例如，选定一座化工厂作为对象系统时，故障类型和影响分析应着眼于组成工厂的各个生产系统（如供料系统、间歇混合系统、氧化系统、产品分离系统和其他辅助系统等），对这些系统的故障类型及其对工厂的影响进行分析。当把某个生产系统作为对象系统时，应对构成该系统的设备故障类型及其影响进行分析。当以某一台设备为分析对象时，则应对设备的各部件的故障类型及其对设备的影响进行分析。当然，分析各层次故障类型和影响时最终都要考虑它们对整个工厂的影响。

2）对系统元件的故障类型和产生进行分析

在对系统元素的故障类型进行分析时，要将其看做是故障原因产生的结果。首先找出所有可能的故障类型，同时尽可能找出每种故障类型的所有原因，然后确定系统元素的故障类型。故障类型的确定，可依据以下两方面：

（1）若分析对象是已有元素，则可以根据以往运行经验或试验情况确定元素的故障类型。

（2）若分析对象是设计中的新元素，则可以参考其他类似元素的故障类型，或者对元素进行可靠性分析来确定元素的故障类型。

一般来说，一个元素至少有意外运行、运行不准时、停止不及时和运行期间故障 4 种可能的故障类型。

为了区分故障类型和故障原因，必须明确元素的故障是故障原因对元素功能影响的结果。故障原因可以从内部原因和外部原因两个方面来分析。

在分析时要把元素进一步分解为若干组成部分，如机械部分、电气部分等，然后研究这些部分的故障类型（内部原因）和这些部分与外界环境之间的功能关系，找出可能的外部原因。一般来说，外部原因主要是元素运行的外部条件方面的问题，同时也包括邻近的其他元素的故障。

根据故障原因分析确定元素的故障类型。确定元素故障类型的程序如图 2-6 所示。

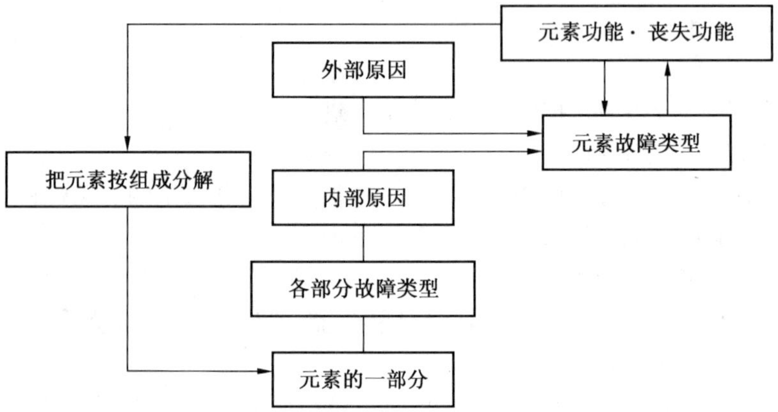

图 2-6　确定元素故障类型的程序

3）故障类型对系统和元件的影响

故障类型的影响是指系统正常运行的状态下，详细地分析一个元素各种故障类型对系统的影响。

分析故障类型的影响，通过研究系统主要的参数及其变化来确定故障类型对系统功能的影响，也可以根据故障后果的物理模型或经验来研究故障类型的影响。

故障类型的影响可以从下面 3 种情况来分析：

(1) 元素故障类型对相邻元素的影响。该元素可能是其他元素故障的原因。

(2) 元素故障类型对整个系统的影响。该元素可能是导致重大故障或事故的原因。

(3) 元素故障类型对子系统及周围环境的影响。

4）列出故障类型和影响分析表

根据故障类型和影响分析表，系统、全面和有序地进行分析，最后将分析结果汇总于表中，可以一目了然地显示全部分析内容。根据研究对象和分析的目的，故障类型和影响分析表可设置成多种形式。

二、故障类型和影响、危险度定量分析

把故障类型和影响分析从定性分析发展到定量分析，则形成了故障类型和影响、危险度分析 FMECA。

故障类型和影响、危险度定量分析包括前期的故障类型和影响定性分析和后期的危险

度计算分析评价。

例如，起重机制动装置和钢丝绳的部分故障类型和影响、危险度分析见表 2-18。

表 2-18　起重机的故障类型和影响、危险度分析（部分）

项目	构成元素	故障模式	故障影响	危险程度①	故障发生概率③	处理方法	应急措施②
制动装置	电气元件	动作失灵	过卷、坠落	大	10^{-2}	仪表检查	立即检修
	机械部件	变形、摩擦	破裂	中	10^{-4}	观察	及时检修
	制动瓦块	间隙过大	摩擦力小	大	10^{-3}	检查	调整
钢丝绳	股	变形、磨损	断绳	中	10^{-4}	观察	更换
	钢丝	断丝超标	断绳	大	10^{-1}	检查	更换

注：①危险程度：大，危险；中，临界；小，安全。

②应急措施：立即停止作业；及时检修；注意。

③故障发生概率：非常容易发生，1×10^{-1}；容易发生，1×10^{-2}；偶尔发生，1×10^{-3}；不常发生，1×10^{-4}；几乎不发生，1×10^{-5}；很难发生，1×10^{-6}。

危险度分析的目的在于评价每种故障类型的危险程度。而危险度是指把事故中的故障类型及其组成元件发生事故可能性之大小（概率）与整个系统组成元件加以分析与计算，得出整个系统发生事故的可能性大小。通常，采用概率—严重度来评价故障类型的危险度，概率是指故障类型发生的概率，严重度是指故障后果的严重程度。采用该方法进行危险度分析时，通常把概率和严重度分别划分为若干等级。例如，美国的杜邦公司把概率划分为 6 个等级，危险程度划分为 3 个等级（表 2-18 中注）。

当用危险度一个指标来评价时，可按下式计算危险度：

$$C = \sum_{i=1}^{n} (\alpha\beta k_1 k_2 \lambda t) \qquad (2-1)$$

式中　C——系统的危险度；

n——导致系统重大故障或事故的故障类型数目；

λ——元素的基本故障率；

t——元素的运行时间；

α——导致系统重大故障或事故的故障类型数目占全部故障类型数目的比例；

β——导致系统重大故障或事故的故障类型出现时，系统发生重大故障或事故的概率，其参考值见表 2-19；

k_1——实际运行状态的修正系数；

k_2——实际运行环境条件的修正系数。

表 2-19　β 参考值

影响	发生概率	影响	发生概率
实际损失	$\beta=1.00$	可能出现的损失	$0<\beta<0.10$
可以预计的损失	$0.10\leq\beta\leq1.00$	没有影响	$\beta=0$

三、故障类型和影响分析方法的优缺点、适用性及注意事项

1. 优缺点

1）优点

FMEA 分析方法主要体现在该方法从部件分析到故障，侧重于上、下逻辑关系，易于理解和操作，有针对性，实用性强，对硬件分析有较大优势。

（1）通过每个元件的每个故障类型和影响一一分析，能够提供一个精确、细致的分析结果。

（2）分析结果可用来优化设计、优化系统，在系统采用“故障安全”设计可得到较为满意的操作。

（3）对于高风险的系统或子系统采用这种分析方法可以得到比 PHA 更为精确的结果。由于对每一个元器件的每个故障类型进行评估，这种方法比事故树分析更为细致。

（4）对分析的部件可进行可靠度方面的预测，采用商用的软件更有助于分析过程。

2）缺点

（1）必须对系统的每个部件或零件进行分析，从经济上考虑是不合理的。

（2）在对大型、复杂系统进行分析时，这种分析方法耗费大量的时间和精力。

（3）只关心单点故障及其对系统的影响，无法识别部件间相互作用的影响，更无法辨识它们导致组合故障类型的严重度和发生概率。

2. 适用性及使用注意事项

故障类型和影响分析方法是通过系统、子系统、单元、元器件的故障及其类型来辨识系统的危险，在此基础上查明各种类型故障对邻近子系统或元件的影响以及对系统的影响，最终提出消除或控制这些影响的措施。它是一种自下而上的分析方法，因为系统设计已经细致到元器件层次。

1）适用条件

FMEA 方法主要用于设备和机器故障的分析，也可用于连续生产工艺（主要用于硬件和系统分析），一般不用于预评价，但是可用于系统设计、过程、事后调查阶段，但它通常分析较低层次的危险，它既可以进行定性的分析，也可以进行定量的分析。如果能获取每个元器件的故障概率，就可以计算元器件的故障模式对整个系统的影响从而可以确定是否进行设计变更。

FMEA 是一种较为精细的分析方法，在实践中常和其他方法结合使用。

2）使用局限性

（1）不合适对大型、复杂系统进行分析，因为这种分析方法会耗费大量的时间和精力，如果将精力花费在每一个细节上，则难免会在宏观层面上失去对系统的控制。

（2）无法识别部件间相互作用的影响，更无法辨识它们所导致的组合故障模式的严重度和发生概率，因为该分析方法仅能识别单个元件中故障模式。

（3）分析结果的准确程度受分析专家知识程度及对系统熟悉程度的影响。

（4）这种分析方法无法识别人因失误和外界影响因素。

3）注意事项

采用 FMEA 分析时，需要根据所了解的系统情况决定分析到什么水平。如果分析程度

太浅，就要漏掉重要的故障类型，得不到有用的数据；如果分析程度过深，一切元件或零部件都要分析，则会造成程序复杂，很难提供切实有效的控制措施。一般来讲，经过对系统的初步了解后就会知道哪些子系统比较关键，对关键的子系统可以分析得深一些，不重要的分析得浅一些，甚至可以不进行分析。

对于一些功能器件，如继电器、开关、阀门、储罐、泵等都可当作元件对待，不必进一步分析。

在运用 FMEA 方法时，应注意避免一些习惯性的错误：

（1）没有采用结构划分图进行标准的分析。

（2）没有邀请设计人员参加分析以获取更广泛的观点。

（3）没有彻底调查每一个故障类型的全面影响。

四、应用实例

【例 2-3】 用故障类型和影响分析法对电机运行系统故障进行定性分析。

某电机运行系统如图 2-7 所示，该系统是一种短时运行系统，如果运行时间过长则可能引起电线过热或者电机过热、短路。

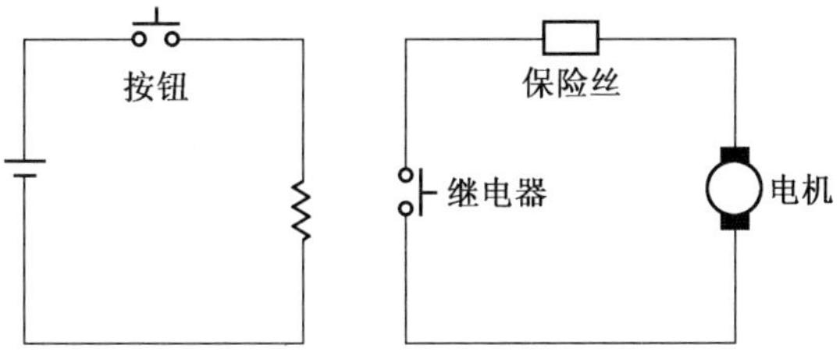

图 2-7 电机运行系统示意图

对系统中主要元素进行故障类型和影响分析，结果见表 2-20。

表 2-20 电机运行系统故障类型和影响分析

元素	故障类型	可能的原因	对系统影响
按钮	1. 卡住 2. 接点断不开	（1）机械故障 （2）机械故障 （3）人员没放开按钮	（1）电机不转 （2）电机运转时间过长 （3）短路会烧毁保险丝
继电器	1. 接点不闭合 2. 接点不断开	（1）机械故障 （2）机械故障 （3）经过接点电流过大	（1）电机不转 （2）电机运转时间过长 （3）短路会烧毁保险丝
保险丝	不熔断	（1）质量问题 （2）保险丝过粗	短路时不能断开短路
电机	1. 不转	（1）质量问题 （2）按钮卡住 （3）继电器接点不闭合	丧失系统功能
	2. 短路	（1）质量问题 （2）运转时间过长	电路电流过大烧毁保险丝使继电器接点粘连

【例 2-4】 用故障类型和影响分析法对空气压缩机储罐故障进行定性分析。

空气压缩机的储罐属于压力容器，其功能是储存空气压缩机产生的压缩空气。这里仅考察储罐的罐体和安全阀两个元素的故障类型及其影响，分析结果见表 2-21。

表 2-21 储气罐的故障类型和影响分析

故障类型	故障的影响	故障原因	故障的识别	校正措施
轻微漏气	能耗增加	接口不严	漏气噪声，空压机频繁打压	加强维修保养
严重漏气	压力迅速下降	焊接裂隙	压力表读数下降，巡回检查	停机修理
破裂	压力迅速下降损伤人员设备	材料缺陷、受冲击等	压力表读数下降，巡回检查	停机修理

【例 2-5】 用故障类型和影响分析法对弹簧全启式安全阀故障进行半定量分析。

采用 FMECA 分析方法对弹簧全启式安全阀（以下简称安全阀）进行半定量分析，找出安全阀故障产生的原因并提出有效的预防措施，使安全阀的安全控制作用得到充分发挥。通过对安全阀的失效模式进行危害性分析，给出不同失效类型的严重等级，最终为安全阀的预防失效、故障诊断以及维修分析等提供依据。

对弹簧全启式安全阀进行 FMECA 分析，根据 FMECA 标准 GJB/Z 1391—2006 进行分析的主要步骤如图 2-8 所示。

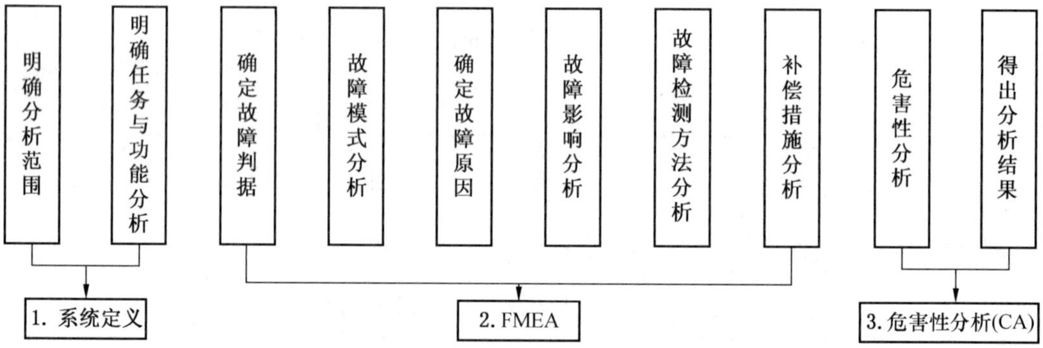

图 2-8 FMECA 分析步骤

FMECA 分析方法具体步骤如下：

（1）安全阀系统分析。弹簧全启式安全阀的主要结构如图 2-9 所示。

安全阀的基本要求包括：开启准确、排放稳定、关闭及时、密封可靠，因此对于寿命期内的安全阀可以通过检测其是否达到以上 4 个标准作为判断其是否故障。

（2）FMEA 分析。通过收集安全阀发生故障的数据资料分析可知，安全阀的失效模式主要有振颤、泄漏、频跳、超压不开启、未到规定压力起跳、回座压力低振颤 6 种。

振颤：安全阀振颤会损伤阀座与阀瓣上的高精度密封面，造成泄漏，影响安全阀的排放量以及开启压力，安全阀振颤还会使安全阀的导向套等部件产生磨损或胶着。安全阀若发生振颤则往往有可能成为整个系统的振源，若不及时消除会使整个系统受到严重破坏。为了降低振颤的影响，需选用刚度适宜的弹簧并下调调节圈的位置。通过合理安置安全阀的位置，使其远离流阻较大的弯管区域也能减少振颤的影响。

图 2-9　弹簧全启式安全阀结构示意图

安全阀振颤产生的原因：①弹簧刚度过大导致介质在泄放时系统内压力存在波动；②调节圈位置不当；③阀门安装不合理；④排放能力超过进入的介质流量；⑤外部振动的传递。

泄漏：是安全阀常见的失效模式，表现形式有界面泄漏、渗透泄漏、破坏泄漏 3 种。介质的不断泄漏会使硬质密封材料遭到腐蚀和破坏。另外，泄漏会引起介质损失，造成环境污染，若是介质属于易燃易爆介质，就有可能引起系统的火灾、爆炸等事故，会造成巨大的危害。

导致安全阀泄漏的原因主要有：①密封面被介质腐蚀而产生麻点、沟槽等损伤；②有杂质落到密封面上从而导致密封性不良；③上下阀体间的螺栓紧力不够，结合面的平面度太差；④弹簧弹力下降使得压紧力不够导致泄漏。

频跳：安全阀的频跳会引起系统内部流体压力的波动，不稳定的压力波动可能会破坏整个系统。安全阀发生频跳很容易造成密封面的泄漏。为了减少频跳的影响，需要降低弹簧的刚度，使其回座压力降低并且可以通过开大节流阀的开度将频跳消除，另外需要检验弹簧的垫片是否变形，弹簧的调整螺帽是否松脱等。

安全阀频跳的原因包括：①系统内部流体压力的波动；②回座压力过高。

超压不开启：安全阀到达规定压力不能起跳，那么就不能对系统进行超压保护，失去了安全阀作为超压保护装置的意义，使得系统会因为压力过大而爆炸，是巨大的安全隐患。为了使安全阀能正常起跳，需要定期检查安全阀各部件的锈蚀情况，特别是锁紧螺栓、反冲盘以及阀瓣阀座之间的锈蚀，对锈蚀严重的部件需要立即进行更换。

安全阀到达规定压力时不能开启的原因包括：①阀瓣和阀座之间由于腐蚀等因素影响而堵住；②弹簧被介质黏着或锈蚀；③弹簧调整的开启压力在选定时偏高；④弹簧的材质不合格。

未到规定压力起跳：安全阀若未达到规定压力开启会使系统出现误跳，影响正常的作业。为了解决未到规定压力就开启排放的问题，需要定期对安全阀进行校验，选用合适的弹簧并且对调整螺母进行紧固。

未到规定压力就开启排放的原因包括：①弹簧的弹力不足；②调整螺母意外松动；③新安全阀校验超期或新安装的安全阀在使用前未经校验就直接使用等。

回座压力低振颤：安全阀回座压力低会使开启后介质长时间泄漏，既产生资源浪费又影响环境。为了解决安全阀的回座压力低的问题需要检查各运动部件，将导向套的配合间隙调整至标准范围内，可增加润滑来消除卡涩的可能性。对于刚度不合格或产生疲劳松弛的弹簧需要及时更换。

导致安全阀的回座压力低的原因包括：①阀瓣与导向套之间的径向间隙过小；②弹簧刚度过小。

（3）危害性分析（CA）。进行危害性分析时需要对产品每一个故障模式的严重程度及其发生的概率所产生的综合影响进行分类，通过危害性分析能评估产品中所有可能出现的故障模式的影响。文中采用风险优先数方法对安全阀的失效进行危害性分析。

风险优先数方法是按产品每个故障模式的风险优先数值进行排序，并采取相应的措施使风险优先数达到可接受的最低水平。产品某个故障模式的风险优先数等于故障影响的严酷度等级与故障模式发生概率等级和故障检测难易等级的乘积，其中风险优先数越高，其危害性越大。因此，对于一个产品在进行检验时，最好按照风险优先数的大小从高到低依次进行检维修。

根据 FMECA 标准 GJB/Z 1391—2006，在严酷度的评判中严酷度等级分为 10 级，严酷度最低等级为 1，其表示不会导致人员伤害或系统损坏，但是会导致非计划性维护或修理的破坏；严酷度的最高等级为 10，其表示会引起人员伤亡或者系统毁坏的故障。发生概率等级分为 10 级，发生概率的最低等级为 1，其表示发生概率小于 10^{-6}；发生概率的最高等级为 10，其表示发生概率大于 10^{-1}。检测难度等级分为 10 级，检测难度的最低等级为 1，其表示非常容易检修；检测难度的最高等级为 10，其表示极难进行检修维护。

阀瓣、阀体、阀座、阀杆、弹簧任何的失效都会造成经济损失，阀瓣与阀座因为锈蚀而容易产生泄漏，泄漏容易导致环境的污染或者产生爆炸，所以其严酷度可设置为 4。上下阀体间因为存在共因失效，也容易产生介质的泄漏。弹簧造成的影响最大，弹簧若是发生故障其会导致多种失效模式，且会造成人员的伤亡，因此在严酷度评判中其等级可以选择为 9。

参考 OREDA 数据库和文献资料，阀体锈蚀、阀座锈蚀、阀杆磨耗、弹簧失效以及螺帽的锈蚀的发生概率都在 $10^{-6}\sim10^{-4}$之间，其中阀座与阀体发生的失效概率比较大，而阀瓣及其他部件的失效概率均小于 10^{-6}，所以根据 FMECA 评判规则，阀体、阀座的发生概率等级可以选择为 3，阀杆、弹簧以及弹簧螺母的锈蚀发生概率等级可以选择为 2，阀瓣及其他部件的发生概率等级可以选择为 1。

在检测难度的评判中，阀瓣、阀杆、导向套、反冲盘、弹簧垫片、调节圈以及弹簧都是属于安全阀内部的部件，其损坏程度用肉眼很难看出来，需要借助工具进行拆卸检验，阀体是分为上阀体和下阀体两部分，两部分之间有存在共因失效，所以其检测难度相对阀座要难，其他部件比如螺帽、固定件等都是易于观察的。由以上分析，可以得到最终的 FMECA 工作表，见表 2-22。

表 2-22 弹簧全启式安全阀 FMECA 工作表

零件名称	功能	失效模式	失效原因	故障影响	严酷度类别	发生概率	检测难度	故障检测方法	维修策略
阀座	承载阀瓣并提供阀体内部介质的泄放路径	锈蚀	流体不能顺畅通过安全阀瓣	导致安全阀泄漏	4	3	1	定期拆卸检查	适时调整安全阀预设压力至适当值并涂防腐蚀材料增加抗蚀性
		黏着物沉积	黏度大的流体附着于阀座上	安全阀超压不起跳	4	2	1		检修时清除阀座黏着物沉积，并涂防腐蚀材料增加抗蚀性
调节圈	调整安全阀的吹泄量	松脱	安全阀压力设定过低或起跳频繁，使阀瓣动作过频造成调节圈松脱	调节圈松脱将使安全阀压力降低，容易导致安全阀振颤	2	1	3	定期拆卸检查	适时调整安全阀预设压力至适当值，检修时如发现阀瓣或调节圈变形应及时更换
阀瓣	承受弹簧与阀杆的压力，使安全阀保持在闭合状态，当阀体内介质压力大于设定压力时，阀瓣开启	黏着与卡住	阀体内部浓稠介质与腐蚀沉积物侵入造成阀瓣卡住	当阀体内部流体压力超过设定压力，阀瓣黏着或卡住使安全阀超压不起跳	5	1	3	定期检查安全阀设定压力并分解安全阀进行检查	定期清理安全阀阀体零件组件、管件及相关设备，使其保持清洁
		刮伤	腐蚀沉积物、阀体锈蚀物、杂质或外部沙尘等侵入使阀瓣刮伤	阀瓣刮伤磨耗造成安全阀泄漏	4	1	3		检修时在阀瓣表面涂防腐蚀性材料增加其防腐蚀性，增加阀瓣表面的硬度，防止其被刮伤
阀瓣固定元件	使阀瓣定位，并使其在设定压力下闭合	松脱	安全阀压力设定过低，使阀瓣动作过频造成松脱	阀瓣固定件松脱导致安全阀泄漏	2	1	1	定期拆卸检查	适时调整安全阀预设压力至适当值，在检修时如发现阀瓣固定件变形应更换

表 2-22（续）

零件名称	功能	失效模式	失效原因	故障影响	严酷度类别	发生概率	检测难度	故障检测方法	维修策略
阀体	提供介质流通通道及各元件的固定位置	龟裂	在拆卸或安装中，不慎受外力撞击或者掉落	阀体龟裂使安全阀内介质泄漏	5	1	2	定期	根据原厂维修手册进行拆卸、安装安全阀，降低阀体的龟裂情况。适时更换垫片、螺栓及螺帽并正确拆卸与安装
		锈蚀	阀体受内部介质影响，产生锈蚀	锈蚀物沉积于阀瓣处，导致超压未开启	4	3	2		检修时在阀体内表面涂防腐蚀性材料增加其防腐蚀性
导向套	支撑和保证阀杆和反冲盘的同轴度	磨损	由于长期与阀杆的接触而磨损	影响阀杆的对中性，导致回座压力低	2	1	2	定期拆卸检查	发现导向套因磨损而影响对中性时应更换
反冲盘	利用反冲盘使喷出气流折转而获得较大的阀瓣升力，达到全启高度	锈蚀	由于长期接触介质而使反冲盘表面锈蚀	由于表面锈蚀造成内径的变小，从而使反冲的压力变小，容易导致超压未开启	3	1	2	定期拆卸检查	发现反冲盘锈蚀需要进行除锈并涂防锈物质，如果锈蚀严重则应更换
弹簧	结合阀杆，使安全阀的压力达到预设值	腐蚀断裂	弹簧长期受腐蚀介质的影响而断裂	弹簧断裂使得阀门泄漏且使安全阀起跳后无法回座	9	1	3	定期拆卸检查，预估弹簧疲劳寿命	确保弹簧的正常，适时检查弹簧的动作状态，适时更换
		疲劳松弛	弹簧长期受力，造成弹簧疲劳松弛	弹簧疲劳松弛使得安全阀未达到起跳压力就开启	6	1	3		预估弹簧的寿命，对于松弛的弹簧进行预紧，适时更换
		锈蚀	弹簧在腐蚀环境中产生锈蚀	弹簧锈蚀造成弹力降低，容易超压不开启	4	2	3		发现阀体弹簧锈蚀除锈并涂防锈物质，如严重者应更换

表 2-22（续）

零件名称	功能	失效模式	失效原因	故障影响	严酷度类别	发生概率	检测难度	故障检测方法	维修策略
锁紧螺帽	防止安全阀设定压力点偏移	松脱	安全阀压力设定过低，使阀瓣动作过频导致紧锁螺帽松脱	阀杆不对中，容易导致安全阀频跳	2	2	1	定期拆卸检查	适时调整安全阀的设定压力至适当值
		锈蚀	受介质影响，导致紧锁螺帽锈蚀	紧锁螺帽锈蚀造成阀杆调整作业不便，容易导致超压未开启	3	2	1		紧锁螺帽应固锁，检修时紧锁螺帽，若锈蚀则应更换
阀杆	结合弹簧，提供安全阀的压力设定	磨损变形	安全阀压力设定过低，使阀瓣动作过频造成阀杆磨耗	阀杆磨耗变形使得不能准确定位，导致安全阀泄漏	2	2	3	定期拆卸检查	适时调整安全阀预设压力至适当值并且在检修时如发现阀杆严重变形时应更换
弹簧调整螺母	提供安全阀的压力设定，同时防止安全阀设定点的偏移	松脱	安全阀压力设定过低，使阀瓣动作过频导致松弛	弹簧调整螺丝松脱容易导致阀门泄漏与频跳	2	2	2	定期拆卸检查	适时调整安全阀设定压力至适当值
		锈蚀	受介质影响，导致弹簧调整螺丝锈蚀	弹簧调整螺丝锈蚀使阀杆定位不良容易导致超压不开启	2	2	2		检修时先完成弹簧调整螺丝除锈作业，并涂防腐材料增加其防腐性，如有严重松弛应更换
阀盖	与阀帽构成铅封，避免任意调整阀杆位置	锈蚀	受介质影响，造成阀盖锈蚀，使其不易开启	锈蚀使阀盖开启不易、不利于拆卸，有可能导致超压不开启	3	2	1	定期目视检查	检修时在阀盖涂防腐性材料增加其防腐蚀性，并依据原厂维修手册拆卸或安装安全阀

表 2-22（续）

零件名称	功能	失效模式	失效原因	故障影响	严酷度类别	发生概率	检测难度	故障检测方法	维修策略
弹簧垫片	使弹簧压缩均匀并传送压力	变形	安全阀压力设定过低使阀瓣动作过频造成弹簧垫片变形	弹簧垫片变形使弹簧定位不良，容易导致阀门频跳	3	2	2	定期拆卸检查	适时调整安全阀使设定压力调整至适当值，在检修时发现垫片变形应更换
阀体螺栓	结合阀体六角螺帽，使阀盖及阀体密合	松脱	安全阀压力设定过低使阀瓣动作过频，导致阀体螺栓松脱	阀体螺栓松脱使安全阀泄漏	1	1	1	定期拆卸检查	适时调整安全阀设定压力至适当值
		锈蚀	阀体受内部介质影响锈蚀	阀体螺栓锈蚀造成安全阀拆装不便，使阀门泄漏	1	1	1		检修时发现阀体螺栓锈蚀应更换
锁紧螺栓	固定调节圈，以防止其定位点偏移	松脱	安全阀压力设定过低使阀瓣动作过频导致紧锁螺栓松脱	紧锁螺栓容易导致阀门泄漏	1	1	1	定期拆卸检查	适时调整安全阀设定压力至适当值
		锈蚀	受介质影响导致紧锁螺栓锈蚀	紧锁螺栓丝锈蚀使阀门超压不开启	1	1	1		紧锁螺栓应固锁，检修时紧锁螺丝锈蚀应更换
阀体管塞	提供安全阀阀体内部水汽泄放	锈蚀	受酸碱性化学物质或高温蒸汽影响造成锈蚀	锈蚀导致不易开启，影响残余水汽泄放	1	1	2	定期拆卸、分解检查	检修时在阀体管塞表面完成除锈作业，涂防腐材料

（4）结论。弹簧腐蚀断裂的风险优先数最大为 27，其对安全阀的危害度最大，所以在检修时需要根据 FMECA 工作表所提供的维修策略对弹簧首先进行检查；锁紧螺栓、阀体螺栓作为固定部件，其风险优先数最小，对阀门的影响也最小，这与实际工作情况相符合。

另外，根据 FMECA 工作表以及分析可以看出，在 6 种失效模式中泄漏是安全阀最容易发生的失效模式。为了保证安全阀能够正常工作，需要根据风险优先数的大小依次对阀体、阀瓣、阀杆、阀座等能导致泄漏的部件进行检维修。虽然有些部件失效类型的危害度等级比较低、不易发生，但工作人员只有对安全阀常见故障和消除方法有了充分的认识，才能有备无患地处理故障，这对保证系统的安全运行有着重要的意义。

第八节　作业条件危险性分析

作业条件危险性分析是一种半定量分析法（又称为“格雷厄姆-金尼法”），由美国的安全专家 K. J. 格雷厄姆（Keneth. J. Graham）和 G. F. 金尼（Gilbert. F. Kinney）提出，用于具有潜在危险性的作业环境的隐患分析和评价，是一种简单易行的评价作业条件危险性的方法。

一、基本原理

针对具有潜在危险的作业条件，作业中发生事故的概率既与该作业条件本身发生事故的概率有关，还与人员暴露于该作业条件的状态有关。作业条件危险性通常用 D 来表示，其影响因素主要包括以下 3 个方面：

（1）危险作业条件下发生事故的概率，通常用 L 表示。

（2）人员暴露于危险作业条件或环境的频率，通常用 E 表示。

（3）一旦发生事故会造成的后果，通常用 C 表示。

因变量 D 与其他 3 个自变量参数之间的关系如下：

$$D = LEC \tag{2-2}$$

根据实际经验给出 3 个自变量在各种不同情况下的分数值，然后计算出其危险性分数值，再对照危险程序等级表或图，确定该作业条件的危险程度。D 值越大说明该作业条件的危险性越大，需要从 3 个影响因素方面着手，采取相应的有效控制措施。

二、作业条件危险性分析方法

1. 自变量 L、E、C 的取值

作业条件危险性的主要影响因素包括在作业条件下发生事故的可能性（L）、人员暴露于危险环境的频率（E）以及发生事故产生的后果（C）。

1）L 的取值

事故或危险发生的可能性用概率来表示。绝对不可能发生的事件概率为 0；必然发生的事件概率为 1。在分析危险性时，不存在绝对不可能发生的事故，因此不存在概率为 0 的情况。在某种环境发生事故的可能性极小，其概率趋近于 0，但实际上是不可能的。以实际不可能的情况作为打分的基点，规定其可能性分值为 0.1。

在生产环境中，事故或危险事件发生的可能性范围十分广泛，它从完全出乎意料而不可预测但有极小可能性的事件，到能预料将来某时会发生的事件，规定前者的可能性分值为1，后者可能性为10，对于介于两者之间的情况也规定了中间值。例如，把能够发生的情况规定可能性分值为6，不常见但又相当可能的情况规定可能性分值为3，在0.1~1之间也规定了某种可能性对应的分值。参考表2-23，将实际现场环境与危险发生的可能性分值进行对照，便可得出发生事故实际可能性分值。

表2-23 发生事故的可能性（L）

分数值	事故发生的可能性	备　注
10	完全可以被预料到	打分参考点
6	相当可能	
3	可能，但不经常	
1	可能性很小，完全意外	打分参考点
0.5	很不可能，可以设想	
0.2	极不可能	
0.1	实际上不可能	打分参考点

2）E 的取值

作业人员暴露在危险环境中的时间越长，受到伤害的可能性越大，相应的危险性越大。规定：连续出现在危险环境中的情况的分值为10，每年仅出现几次的情况的分值为1；然后以这两种情况为参考点再规定中间情况的分值。例如，规定每月暴露一次的情况的分值为2，每周暴露一次（或偶然暴露）的情况的分值为3等，将施工现场实际情况与表2-24中的情况进行对照，便得出各种暴露于危险环境各种情况的分值。

表2-24 暴露于危险环境的频率（E）

分数值	事故发生的可能性	备　注
10	连续暴露	打分参考点
6	每天在工作时间内暴露	
3	每周一次或偶然地暴露	
2	每月一次暴露	
1	每年几次暴露	打分参考点
0.5	非常罕见地暴露	

3）C 的取值

事故造成人身伤害或经济损失的范围变化很大，难以估计，因此以伤亡事故为例，从伤害程度划分事故可能产生后果的等级范围，规定其分值范围为1~100。把轻伤（需救护）伤害的可能后果的分值规定为1，发生多人死亡的大灾难的分值规定为100；以这两个分值为参考点，再规定出中间值。将现场实际情况与表2-25对照得出事故或危险产生的相应分值。

表 2-25　发生事故产生的后果（C）

分数值	发生事故产生的后果	备　注
100	大灾难，许多人死亡	打分参考点
40	灾难，数人死亡	
15	非常严重，1 人死亡	
7	严重，严重伤害	
3	重大，致残	
1	引人注目，需要救护	打分参考点

2. 作业条件危险性评估

1）作业条件危险性 D 值的计算

将自变量 L、E、C 的取值代入式（2-2）计算得出作业环境的危险性分值 D。

2）作业条件危险性等级评估

危险程度的确定关键是评价标准的确定。根据多个行业多年的经验认为：危险性分值低于 20 的情况是低危险性，可以被接受；危险性分值在 70~160 的情况有显著危险，需马上采取整改措施；危险性分值在 160~320 的情况属高度危险，必须立即采取整改措施；危险性分值大于 320 的情况应立即停止作业，直至危险消除才能恢复生产。危险性分值参见表 2-26。

表 2-26　危险性分值（D）

危险源级别	分数值	事故发生的可能性
一级	＞320	极其危险，不能继续作业
二级	160~320	高度危险，需立即整改
三级	70~160	显著危险，需整改
四级	20~70	一般危险，需注意
五级	＜20	稍有危险，可以接受

三、作业条件危险性分析程序

（1）成立评价小组，小组由熟悉作业条件的人员组成。

（2）识别危险和有害因素的存在，找出客观存在的危险和有害因素。

（3）确定危险和有害因素性质。

（4）评价小组按照规定标准给 L、E、C 分别进行打分，取 3 组分值的平均值作为 L、E、C 的计算分值，用计算的危险性分值 D 来评价作业条件的危险性等级。

（5）分析风险、采取风险控制措施。

四、LEC 方法的适用性及优缺点

这种评价方法评价人们在某种具有潜在危险的作业环境中进行作业的危险程度，该方法比较简单，危险程度的级别划分比较清楚、明了。该方法采取的 3 项综合评分法，尤其

是 E、C 两项参数，能准确地反映事故隐患的危险程度和可能导致破坏的后果，为隐患的治理提供了必要的决策依据。

但是，由于该方法主要是根据经验来确定 3 个因素的分数值随系统的变化，其应用具有局限性，故不能普遍适用，因而应用时可根据作业特点或系统特点对其进行修正。

五、应用实例

【例 2-6】 用作业条件危险性分析方法对天然气输气站的事故隐患进行分析。

输气站是天然气输送过程中的关键环节，具有接受天然气、给管道天然气增压、分输天然气、配气、储气调峰、发送和接受清管器等功能。天然气是输气站主要的输送介质，属于易燃易爆气体，通过输气站的增压功能实现在管道中的长距离输送。由于输气站所输送介质具有易燃易爆、高压且输量大的特点使得输气站管理过程中存在很大的风险，对输气站管理过程中各种作业活动进行风险分析对风险控制及风险管理起着很重要的作用。

（1）作业活动危险性分析。输气站主要是由人、机、环、管理 4 个子系统集合组成的综合复杂系统，在整个综合复杂系统中人是系统的主体，通过对自身及其他几个系统的综合管理来实现输气站的平稳运行。要实现各个集合子系统的安全就必须通过一些日常的作业活动保证各个子系统的正常工作，因此管理好输气站的作业活动是实现输气站安全的必要条件。目前输气站存在的主要作业活动有挖掘作业、动火作业、进入受限空间、临时用电、脚手架作业、高处作业起重吊装等危险性较大的作业活动，也是各个企业容易出现事故的作业活动。

输气站工业生产伤亡事故主要集中在高处坠落、触电、机械伤害、物体打击、窒息、坍塌、中毒等方面，挖掘作业、动火作业、进入受限空间、临时用电和高处作业等是导致这些事故发生的主要作业活动，因此对这些作业活动进行危险性分析及评价是避免事故发生的有效途径。

（2）基于 LEC 法的作业条件危险性分析。

挖掘作业危险源分析：挖掘是在生产、作业区域使用人工、挖掘机等施工机械，通过移除泥土形成沟、槽、坑或凹地的挖土、打桩、地锚入土作业；或建筑物拆除以及在墙壁开槽打眼，并因此使某些市区支撑的作业。导致挖掘作业主要的危险源是土壤不稳定、掘出材料、地下公用设施、相邻结构、高架公用设施、附近区域的作业、交通、人员安全进入以及机械和操作人员。

动火危险源分析：动火是能直接或间接产生明火的临时作业。动火过程中主要的危险是火灾与爆炸、灼伤或烫伤、机械伤害、中毒或窒息、紫外线及红外线辐射、触电、噪声等。

进入受限空间危险源分析：有限空间是足够大到员工可以进入从事指定的工作，进入和撤离受到限制，不能自如进出，并非设计用来给员工长时间在内工作的。内部存在或可能出现有害气体，能掩埋进入者的物料，内部结构可能将进入者困在其中，存在任何其他已识别的严重安全或健康危害。其主要的危险是缺氧（空气中的含氧量低于 19.5%）、易燃易爆气体（沼气、氢气、乙炔气或汽油挥发物等）、有毒气体或蒸汽（一氧化碳、硫化氢、焊接烟气等）、物理危害（极端的温度、噪声、湿滑的作业面、坠落、尖锐锋利的物体）、吞没危险、腐蚀性化学品、带电、未知的其他危险等。

临时用电危险源分析：除按标准成套配置的，有插头、连线、插座的专用接线排和接线盘以外的，所有其他用于临时性用电的电缆、电线、电气开关、设备等。临时用电作业时，如果没有有效的个人防护装备和防护措施、设备，容易发生触电、电弧烧伤等，造成人员伤亡，同时还有可能造成火灾爆炸。

高处作业危险源分析：高处作业是坠落高度基准面 2 m 以上（含 2 m）位置进行的作业，基准面是可能坠落范围内最低处的水平面。在高处作业中危险隐患主要有以下 3 个方面。

①作业地点：临边地带、作业平台、高空吊篮、脚手架和梯子等。

②人的行为方面：高处作业人员未佩戴（或不规范佩戴）安全带，使用不规范的操作平台，使用不可靠立足点，冒险或认识不到危险的存在和身体或心理状况不健康等。

③管理方面：未及时为作业人员提供合格的个人防护用品，监督管理不到位或对危险源视而不见，教育培训（包括安全交底）未落实，不深入或教育效果不佳和未明示现场危险等。

（3）基于 LEC 法的天然气输气站危险性评估。结合以上挖掘作业、动火作业、进入受限空间、临时用电和高处作业的危险性因素分析情况，对照表 2-23、表 2-24 和表 2-25 分别确定各种作业的 L、E、C 取值，并计算出各种作业的危险性 D 值，对照表 2-26 确定各种作业的危险等级，结果见表 2-27 至表 2-31。

管理部门可以根据表 2-27 至表 2-31 中给出的各种作业危险级别采取针对性的措施防范事故的发生。

表 2-27 挖掘作业危险性评价表

序号	危险源	可导致的事故	涉及人员/相关方	危险性评价				危险级别
				L	E	C	D	
1	未办理动土作业票或方案措施不符合要求	爆炸、着火、人员伤亡、财产损失	作业票及方案	6	6	15	540	Ⅴ
2	没有配备可靠的安全防护设施	人身伤害	施工、运行人员	3	1	7	21	Ⅱ
3	没有明确的安全标识	人身伤害	施工、运行人员	3	1	7	21	Ⅱ
4	监护人员责任心不强、安全防护措施不到位、“三违作业”严重	爆炸、着火、人员伤亡、财产损失	现场作业监护	6	6	15	540	Ⅴ

表 2-28 动火作业危险性评价表

序号	危险源	可导致的事故	涉及人员/相关方	危险性评价				危险级别
				L	E	C	D	
1	未办理作业票或方案措施不符合要求	爆炸、着火、人员伤亡、财产损失	作业票及方案	6	6	30	1080	Ⅴ
2	没有配备可靠的安全防护设施	人身伤害	施工、运行人员	3	1	15	45	Ⅱ
3	没有明确的安全标识	人身伤害	施工、运行人员	3	1	7	21	Ⅱ
4	监护人员责任心不强、安全防护措施不到位、“三违作业”严重	爆炸、着火、人员伤亡、财产损失	现场作业监护	6	6	15	540	Ⅴ

表 2-29　进入受限空间危险性评价表

序号	危险源	可导致的事故	涉及人员/相关方	危险性评价				危险级别
				L	E	C	D	
1	危险的有限空间	窒息或中毒，导致全身或局部损伤，甚至死亡	操作、运行人员/维修队	3	3	20	120	Ⅲ
2	未佩戴及正确佩戴劳动防护用品	窒息或中毒，导致全身或局部损伤，甚至死亡	操作、运行人员/维修队	6	2	25	300	Ⅳ

表 2-30　临时用电危险性评价表

序号	危险源	可导致的事故	涉及人员/相关方	危险性评价				危险级别
				L	E	C	D	
1	接线、走线不规范	触电、人员伤亡及设备损伤	操作、运行人员/维修队	6	2	15	180	Ⅳ
2	违章作业	触电、人员伤亡及设备损伤	电气作业人员	6	3	30	540	Ⅴ

表 2-31　高处作业危险性评价表

序号	危险源	可导致的事故	涉及人员/相关方	危险性评价				危险级别
				L	E	C	D	
1	未佩戴安全带	高空坠落造成人员伤亡	操作、运行人员/维修队	6	2	15	180	Ⅳ
2	违反操作规程操作	重伤甚至死亡	电气作业人员	3	2	15	90	Ⅲ

第九节　网络隐患攻击图分析

网络系统中的漏洞之间往往存在一定的关联性，即当一个漏洞被成功利用后，可能为另一漏洞的利用创造有利条件，使得攻击者在攻击时能将分布在不同主机上的不同漏洞组合起来，以实现对网络系统造成更深层次、更加严重的影响。但是，消除所有的漏洞隐患是不切实际的，但对网络环境中遗留的漏洞隐患置之不理，可能会对关键资源造成重大危害。为了能够彻底找出所有关联关系，最有效的方法就是通过模拟攻击者对存在安全漏洞的网络攻击过程，找到所有能够到达目标的攻击路径，同时将这些路径以图的形式表现，这种图就是网络攻击图，简称攻击图。

攻击图是一种基于模型的网络隐患评估方法。典型的网络隐患攻击图由节点和连接节点的有向边组成，其中节点表示网络所处的状态，节点间的有向边表示网络状态间的转移关系。攻击图技术能够把网络中各主机上的隐患关联起来进行深入分析，发现威胁网络安全的攻击路径并用图的方式展现出来。安全管理人员利用攻击图可以直观地观察到网络中各隐患之间的关系，选择最小的代价对网络隐患采取相应措施。

一、攻击图相关定义

攻击图技术能够从入侵威胁的角度对网络系统建立网络风险分析模型，通过风险分析模型综合地分析网络系统中安全漏洞和安全漏洞之间的依赖关系，并且列举出攻击者利用不同漏洞实施组合攻击到达攻击目标的所有可能路径。基于攻击图的风险评估方法能够科学合理地评估系统的安全状态，找出系统中的潜在安全威胁，为实施安全防护措施提供科学的指导。因此，基于攻击图的风险分析模型需要对系统中的一些相关安全要素做出定义。

（1）主机 H：把被分析网络系统的拓扑结构中所有设备统一称为主机，包括工程师站、各种服务器及各种 PLC 控制器等，用一个三元元组表示（h_id，Vuls，Services）。其中，h_id 表示网络拓扑结构中的主机名称，用其所在 IP 地址编号表示；Vuls 表示该主机上具有的安全漏洞集合：Services 表示该主机上运行的服务集合。

（2）安全漏洞 Vul：安全漏洞可以用五元元组表示（v_id，range，type，service，port）。其中，v_id 表示安全漏洞的编号，一般根据安全漏洞与通用漏洞评分系统（CVSS）数据库的编号对其进行标识；range 表示该安全漏洞的利用范围；type 表示该安全漏洞的类型；service 表示该安全漏洞所在的服务名称；port 表示该安全漏洞所在服务的连接端口号。

（3）主机连接关系 C：在网络系统中，各主机之间主要是基于工业以太网的连接关系，用一个四元元组表示（src_host，dst-host，service，port）。其中，src_host 表示源主机的 IP 地址；dst_host 表示目的主机的 IP 地址；service 和 port 表示主机之间通过协议连接的服务名称和端口号。

（4）攻击图：攻击图是一个状态转移系统，用四元元组表示 $AG=(S, \tau, S_0, S_f)$。其中，S 是状态的集合，$\tau S \subseteq S$ 是状态转换关系的集合，即攻击者引起的主机状态转换的边集合，$S_0 \in S$ 是攻击者的初始状态集合，$S_f \in S$ 是攻击者要到达的目标状态集合。

（5）攻击路径：对于一个目标状态 $S_n \in S_f$，如果从初始状态 S_0 开始，存在一组状态序列 $S_1, S_2, \cdots, S_{n-1}$，使得 $(S_i, S_{i+1}) \in \tau$，$i=1、2、\cdots、n-1$，则称这样的状态序列是一条攻击路径。

（6）攻击路径成功概率 P：对于一条攻击路径 $S_1, S_2, \cdots, S_n$，$i=1、2、\cdots、n$，节点 S_i 的原子攻击发生概率为 p_i，则该攻击路径的成功概率为 $\prod_{i=1}^{n} p_i$。

二、攻击图分析方法

网络系统的隐患分析是从资产、脆弱性和威胁 3 个方面对存在于系统中的风险安全要素加以识别、评估及综合分析。

攻击图的隐患分析流程包括构建攻击图框架、生成算法、攻击路径分析及风险量化、网络资产损失量化、网络系统风险计算 5 个方面，其分析流程如图 2-10 所示。

1. 构建攻击图框架

攻击图是一种从攻击者的角度出发，对目标系统网络拓扑和系统中存在的漏洞进行研究，并且能够自动地列举出所有可能的攻击路径的评估方法，如图 2-11 所示。图中，灰

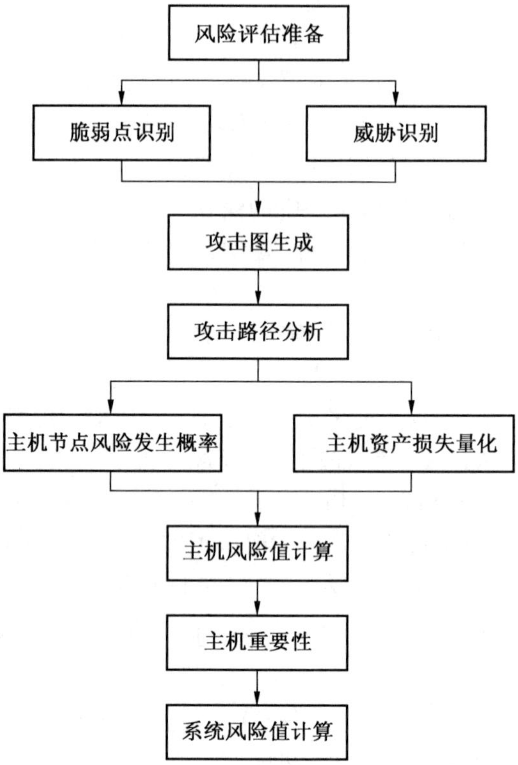

图 2-10　基于攻击图的 ICS 风险分析流程

色椭圆表示攻击者，椭圆内的数字表示状态节点，边上的信息表示攻击者的攻击信息以及攻击者利用的安全漏洞编号。

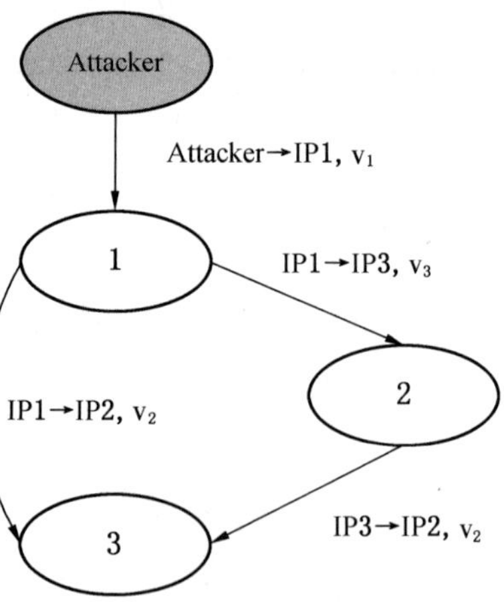

图 2-11　攻击图示例

攻击图不但可以帮助系统防御者直观地理解目标系统内各安全漏洞之间的关系，还可以分析系统的潜在威胁行为。图 2-12 是攻击图的构建框架。首先，利用漏洞扫描工具

（如 Nessus、Cops 等）获取目标系统网络的漏洞信息；其次，利用网络拓扑工具获得目标系统中主机之间的连接关系；然后，将这些从目标系统网络中获取的信息导入攻击图推理引擎；最后，根据相应的算法生成攻击图，并且在 Graphviz 软件实现攻击图的可视化输出。

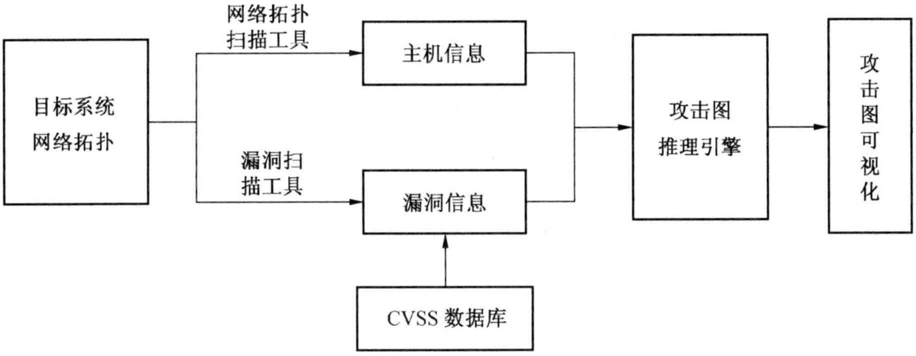

图 2-12　攻击图的构建框架

2. 生成算法

攻击图的生成算法是基于攻击行为和单调性假设的，通过这些约束条件可以去除攻击图中冗余的节点，避免循环路径的出现，从而实现控制攻击图生成的规模。算法主要是根据广度优先搜索算法从主机集合、安全漏洞集合和连接关系的集合中遍历所有可能的攻击路径。算法的基本描述如图 2-13 所示。

3. 攻击路径分析及风险量化

将扫描到安全漏洞与通用漏洞评分系统（Common Vulnerability Scoring System，CVSS）进行对比，得到 CVSS 的评分值，从而确定攻击者利用该安全漏洞对主机实施一次原子攻击的发生概率，并且评估此次原子攻击对系统主机所造成的资产损失，根据计算指标得到主机的风险值。

1）原子攻击发生概率的获取

原子攻击发生概率是攻击者利用系统的安全漏洞对系统主机成功实施一次攻击的风险发生概率。当前评估方法中衡量攻击者利用安全漏洞对系统主机实施攻击的可能性往往采用主观赋值的方式，本章参考 CVSS 的漏洞评价方式给出一种科学合理的赋值方式，使评估结果更加科学客观。CVSS 是一套开放通用的漏洞评分系统，受到美国国家漏洞数据库的支持，它从攻击途径 Access Vector（AV）、攻击复杂程度 Access Complexity（AC）和身份认证 Authentication（AU）3 个指标衡量漏洞被利用的可能性，如图 2-14 所示。

综合上述 3 个指标给出原子攻击发生概率 P 的计算公式为

$$P = AV \cdot AC \cdot AU \tag{2-3}$$

式中　AV——漏洞被利用的方式；

AC——漏洞被利用的攻击复杂度；

AU——漏洞被利用时，攻击者进行身份认证的次数。

AV、AC、AU 的取值详情见表 2-32。

```
Input：主机集合 H,
       安全漏洞集合 Vuls,
       主机连接关系集合 C
Output：边集合 E
  N←ϕ, E←ϕ, Queue←ϕ,
  初始节点集合 N。←ϕ, 目标节点集合 Nf←ϕ,
  根据 H, Vulst，C 构造所有可能的攻击状态节点→N;
  For each n∈N Do
       If(n 是否是初始状态节点)
            No ←n;
       end If
       else
            Nf←n;
       end else
  end For
  For each n∈No  Do
     Queue←n;
     While (Queue≠ϕ)Do
         no←Queue. DeQueue ();
         For each ni∈Nf, Do
            If(no!=ni)Then
                If (no 与 ni 之间存在攻击匹配模式 )Then
                     E←E∪{(no,ni)};
                     Queue←ni
                end If
            end If
         end For
     end While
  end For
  Return E;
```

图 2-13　攻击图生成算法

表 2-32　CVSS 中 *AV*、*AC*、*AU* 取值详情

输　入	等　级	输出
Access Vector（AV）	Local（L）	0. 395
	Adjacent（A）	0. 646
	Network（N）	1
Access Complexity（AC）	High（H）	0. 35
	Medium（M）	0. 64
	Low（L）	0. 71
Authentication（AU）	Multiple（M）	0. 45
	Single（S）	0. 56
	None（N）	0. 704

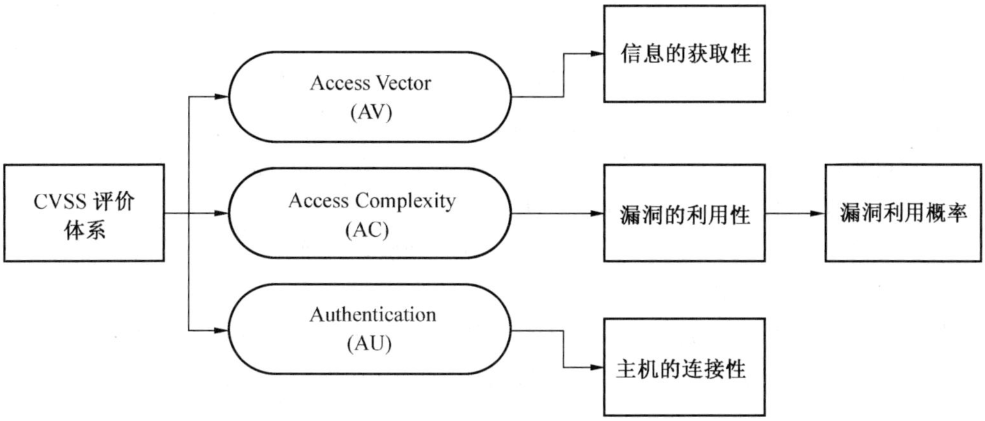

图 2-14　安全漏洞评价方式

2）主机节点风险发生概率计算

为正确衡量主机节点面临的风险情况，对主机节点发生风险概率从最大风险、发生概率和累计风险发生概率两方面进行综合分析。最大风险发生概率是指攻击图中的任意节点 S_i，从初始状态节点 S_0 出发到节点 S_i 所有的攻击路径中，攻击者成功执行原子攻击的风险发生概率中的最大值；累计风险发生概率是指攻击图中的任意节点 S_i，攻击者从初始状态节点 S_0 出发，能够成功到达节点 S_i 的风险发生概率。于是，对主机节点风险发生概率的计算转化为计算主机节点最大风险发生概率和主机节点累计风险发生概率。主机节点的最大风险发生概率和累计风险发生概率的正确计算，需要对攻击图中的所有攻击路径进行综合分析，列举出所有到达主机 H_i 的攻击路径集合，记为 AttPath = {Path1，Path2，…，Path$n$}。根据攻击路径成功概率得到主机 H_i 的某条攻击路径 j 的风险发生概率是该条攻击路径上的攻击路径成功概率 P_{pj}。所以主机 H_i 的最大风险发生概率为

$$P_{\max}(H_i) = \max\{P_{p1}, P_{p2}, \cdots, P_{pn}\} \tag{2-4}$$

累计风险发生概率为

$$P_{\text{total}}(H_i) = 1 - (1 - P_{p1})(1 - P_{p2})\cdots(1 - P_{pn}) \tag{2-5}$$

下面以图 2-11 中的主机 IP2 为例说明主机的最大风险发生概率和累计风险发生概率的计算方式。

从图 2-11 中可知，成功到达主机 IP2 的攻击路径一共有 2 条，记为 AttPath = {Path_1，Path_2} = {(v_1v_2)，($v_1v_3v_2$)}，各安全漏洞的原子攻击发生概率分别为 P_{v1}、P_{v2}和 P_{v3}，每条攻击路径成功概率组成攻击路径集的风险发生概率为 $P_p = \{P_{p1}, P_{p2}\} = \{(P_{v1}P_{v2}), (P_{v1}P_{v3}P_{v2})\}$，所以主机 IP2 的最大风险发生概率为 $P_{\max}(\text{IP2}) = \max(P_{p1}, P_{p2})$，累计风险发生概率为 $P_{\text{total}}(\text{IP2}) = 1-(1-P_{p1})(1-P_{p2})$。

4. 网络资产损失量化

因网络系统隐患可能造成的网络资产损失包括物理损失和信息损失两方面。物理损失需要综合考虑主机遭受破坏后对真实世界造成的影响。信息损失则需要考虑主机被破坏后对自身信息安全所造成的损失，可参考 GB/T 30976—2014 的相关标准，从信息的可用性（Availability，A）、完整性（Integrity，I）、机密性（Confidentiality，C）及业务连续性

（Business Continuity，BC）4 个方面进行衡量。

1）物理损失

工业控制系统中每台主机的自身价值因其在系统中承担的任务不同而价值也有所不同，但是任意一台主机一旦遭到破坏都会对真实的世界造成直接重大的风险影响。因此，衡量主机的物理损失主要从社会关联（Social Turmoil，ST）、环境关联（Environmental Pollution，EP）、人员关联（Human Injure，HI）及财产关联（Asset Loss，AL）4 个方面展开。其中，社会关联是工业控制系统中主机一旦遭到破坏或崩溃对广大群众生活的社会所造成的影响范围；环境关联是由于系统的主机被攻击者破坏后对土地、水源、空气等造成的污染程度；人员关联是系统主机被破坏对人员的人身安全造成的影响；财产关联是指系统的主机遭受攻击后对企业或组织带来的直接经济损失或间接经济损失，它们的具体量化值见表 2-33。

表 2-33　物理资产价值等级描述

等级	ST（范围）	EP	HI	AL/百万元
5	极大	重大	多人死亡	＞100
4	大	高	1 人死亡	10～100
3	中等	中等	残疾	1～10
2	小	较低	需要治疗	0.1～10
1	无	轻微	无伤亡	＜0.1

2）信息损失

工业控制系统中主机之间传输的数据或指令的正确性，是保障工业控制系统正常安全运行的基石。因此，这些数据或指令遭受攻击者的攻击，不仅会造成信息资产的损失，同时也会导致业务活动出现中断行为，故其造成的信息损失主要体现在可用性、完整性、机密性和业务连续性上。信息的机密性往往要求信息能够免于非授权的暴露，资源和数据不被泄露和窃取；完整性则通常保证信息能够免受非授权的更改或破坏，数据和信息必须是正确和完整的；可用性则要求信息或数据能够被授权的用户或实体正常地被访问和使用，不受干扰的获得相关信息和资源；业务连续性则要求业务活动不能出现中断行为，保护关键业务过程免受于系统重大失误或灾难的影响或出现中断行为能立即恢复，它们的量化值见表 2-34。

表 2-34　信息资产价值等级描述

等级	A	I	C	BC/d
5	灾难性	灾难性	灾难性	＞7
4	严重	严重	严重	5～7
3	较大	较大	较大	2～5
2	有限	有限	有限	1～2
1	无影响	无影响	无影响	＜1

5. 网络系统风险计算

如果只是从单一的指标对分析对象进行评估，评估结果会存在片面性，因此为使评估结果更准确地反映评估对象的实际情况，在主机风险值计算之前需要用灰色关联度的多指标归一方法对影响主机资产价值的多个指标进行多属性归一决策，得到一个综合的评估值替代多指标的评估值，使得量化结果能够客观和准确地反映主机的资产价值。

1）基于灰色关联度的多指标归一法

灰色关联度分析法是一种能够对多指标进行归一化的综合处理评估方法，且存在计算简单、无需大量样本和经典分布规律的优点。

基于灰色关联度分析法的多指标归一的评估步骤如下：

假设有 n 个评估对象，每个评估对象有 m 个评估指标，则第 i 个评估对象可以描述为 $x_i=(x_{i1}, x_{i2}, \cdots, x_{im})$。

（1）确定参考序列。从 n 个评估对象中选出各项指标的最优值组成参考序列为 x_0 为

$$x_0=(x_{01}, x_{02}, \cdots, x_{0m})$$

（2）确定两级差。评估对象序列 x_i 与参考序列 x_0 的绝对差序列 Δ_{ij} 为

$$\Delta_{ij}=|x_{ij}-x_{0j}| \tag{2-6}$$

在上述的基础上可以确定最大差 $\Delta_{\max}$ 和最小差 $\Delta_{\min}$ 分别为

$$\Delta_{\max}=\max_{1\leqslant i\leqslant n}\max_{1\leqslant j\leqslant m}(\Delta_{ij}) \tag{2-7}$$

$$\Delta_{\min}=\min_{1\leqslant i\leqslant n}\min_{1\leqslant j\leqslant m}(\Delta_{ij}) \tag{2-8}$$

其中，$i=1, 2, \cdots, n$，$j=1, 2, \cdots, m$。

（3）确定关联系数。评估对象序列 x_i 与参考序列 x_0 的关联系数 η_{ij} 为

$$\eta_{ij}=\frac{\Delta_{\min}+\alpha\Delta_m}{\Delta_{ij}+\alpha\Delta_{\max}} \tag{2-9}$$

其中，α 为分辨系数，一般满足 $\alpha\in(0, 1)$，可以削弱因最大差 $\Delta_{\max}$ 过大而导致关联系数失真的问题。

（4）确定关联度。各评估对象序列与参考序列 x_0 的关联关系 σ_{0i} 为

$$\sigma_{0i}=\frac{1}{m}\sum_{k=1}^{m}\eta_{ij} \tag{2-10}$$

2）基于攻击图的风险计算指标

计算网络系统中各主机的风险值，需要建立基于攻击图的风险安全指数计算模型，该模型是系统各主机风险计算的前提，如图 2-15 所示。该模型以主机的风险发生概率、主机资产的资产价值和主机在系统中的重要性为基础数据，计算网络系统的风险安全指数。

根据上述风险计算指标，主机的风险值可以划分为最大风险值和累计风险值的计算，如图 2-16 所示。同样，系统的风险值也可划分为计算系统最大风险和系统累计风险，如图 2-17 所示。

3）主机风险值计算

根据上述的风险计算指标，计算主机的风险值。由式（2-4）和式（2-5）求出主机 H_i 的最大风险发生概率 $P_{\max}(H_i)$ 和累计风险发生概率 $P_{\text{total}}(H_i)$，再采用灰色关联度分析

法得到主机的资产价值 $\sigma(H_i)$，然后分别计算出主机的最大风险值 $R_{max}(H_i)$ 和累计风险值 $R_{total}(H_i)$。主机的最大风险值为

$$R_{max}(H_i)=P_{max}(H_i)\sigma(H_i) \tag{2-11}$$

累计风险值为

$$R_{total}(H_i)=P_{total}(H_i)\sigma(H_i) \tag{2-12}$$

系统的风险值是由于工业控制系统中被入侵的各主机对系统的共同作用产生的风险。依据图 2-15 和图 2-17 给出的风险计算指标，系统最大风险值 SR_{max} 为

$$SR_{max}=\sum_{H_i\in\gamma}R_{max}(H_i)W(H_i) \tag{2-13}$$

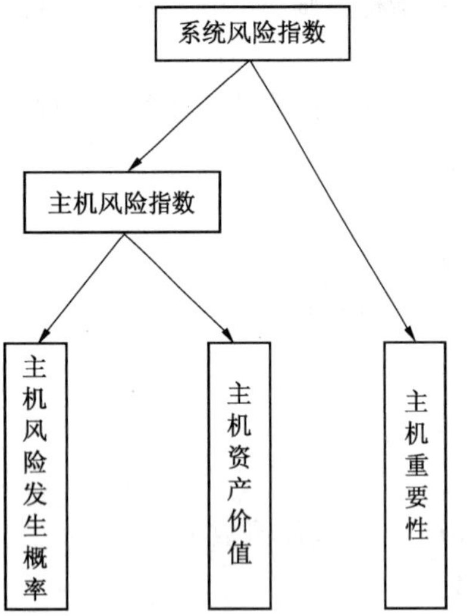

图 2-15 基于攻击图的风险计算指标

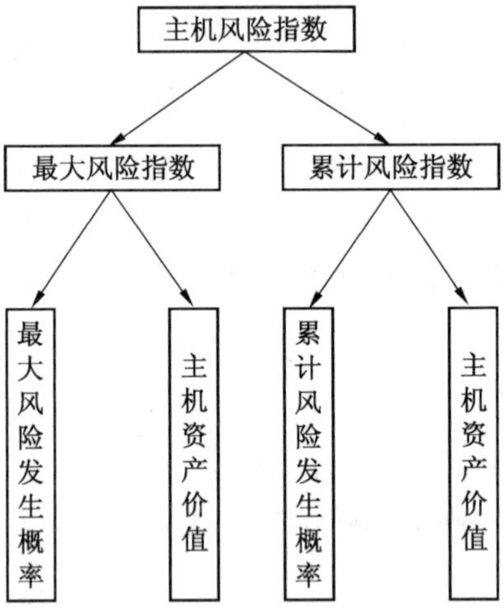

图 2-16 主机风险指标计算

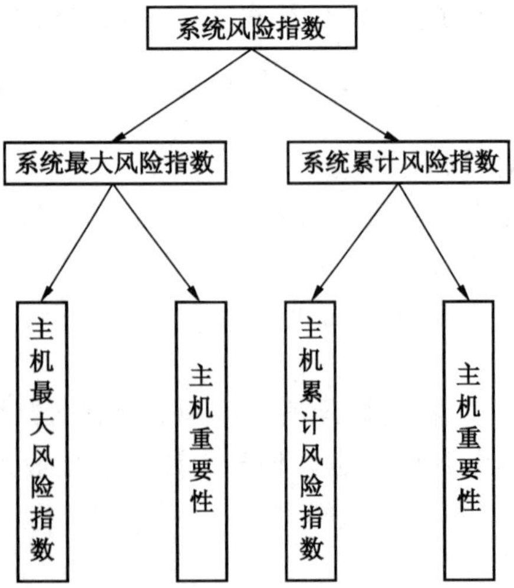

图 2-17 系统风险指数计算

累计风险值 SR_{total} 为

$$SR_{total} = \sum_{H_i \in \gamma} R_{total}(H_i) W(H_i) \tag{2-14}$$

其中，$Y=\{H_i \mid H_i$ 是系统中的各个主机$\}$，$W(H_i)$ 是主机 H_i 在系统中的重要性，满足 $\sum W(H_i)=1$。一般认为，当 $R>0.7$ 时，系统为高风险；当 $R<0.3$ 时，系统为低风险；介于两者之间时，系统为一般风险。

三、攻击图的应用分析

1. 应用过程分析

针对网络系统被攻击的可能性，使用攻击图技术对系统进行了建模分析，通过引入一种科学合理的赋值方式克服当前方法依赖专家经验主观赋值的问题；考虑风险的累计影响，从 CVSS 中获得主机被攻击的风险发生概率，分析了攻击图中所有到达主机的攻击路径，分别给出了最大风险发生概率和累计风险发生概率的计算公式，从最大风险发生概率和累计风险发生概率两方面衡量主机被攻击的可能性；为解决评估过程中攻击事件造成的后果难以量化问题，采用灰色关联度分析法对多指标进行归一化处理，结合主机重要性对系统的安全状态进行综合评估。

2. 应用范围分析

下面从 3 个方面介绍了网络攻击图分析应用范围。

（1）应用对象。网络攻击图分析可以用于普通的互联网络、无线网络、工业控制网络、电力网络以及对网络依赖性非常高的其他行业或领域。

（2）应用周期。从基于保护、检测、响应的网络安全周期 PDR（Protection Detection Response）来看，网络攻击图分析可以应用于网络安全设计、网络安全与漏洞管理、入侵检测系统、入侵响应等。

（3）应用角度。网络攻击图分析可以应用于网络渗透测试、网络安全防御、网络攻击模拟仿真等。

在计算机技术及网络环境不断变化的今天，虽然计算机网络为人们创造了良好的生活方式，但是计算机网络技术也是一把双刃剑，大量网络安全问题对网络系统的安全威胁越来越高。因此，进一步提高我国网络安全风险评估技术，在攻击图的应用基础上建立网络安全风险评估框架，全面消除传统网络安全风险评估中网络安全的脆弱性，降低计算机网路安全系统产生风险的概率，促进网络安全风险评估技术的良性发展，具有重要的意义。

四、应用实例

【例 2-7】 以火力发电厂的辅助车间集中控制系统作为实验模拟场景，用攻击图分析方法对其进行分析。

该实验模拟场景如图 2-18 所示。从图中可知，该实验场景中一共有 5 台主机设备，主要包括工程师站、SCADA 服务器、实时数据库服务器及两台 PLC 控制器，其中工程师站大多与企业信息网相互连接，也就是外部攻击者可以透过企业信息网实现对控制系统的攻击。因此，把该工程师站作为攻击者发起攻击的起点，攻击者往往追求的是对系统最大的破坏，而该系统中 PLC 控制器一旦遭到破坏，会对系统造成严重的损失，故把 PLC 控制器作为攻击者需要攻击的最终目标。表 2-35 列出了主机之间的安全漏洞信息，该系统中的主机及安全漏洞信息可以通过漏洞扫描工具来获取具体的详情，如 Nesuss、Mc Afee 等。

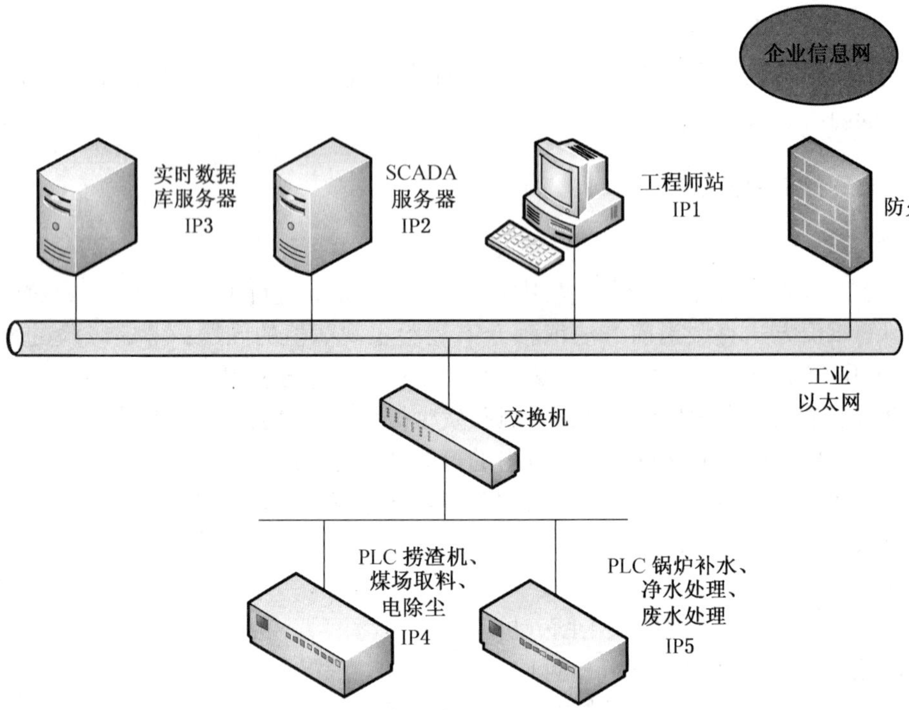

图 2-18 实验场景图

表 2-35 安全漏洞信息

主机编号	漏洞	vid	range	type	service	port
IP1	CVE-2010-0961	v_1	remote	特权提升	Qoslist	—
IP2	CVE-2016-1543	v_2	remote	特权提升	RPC	135
	CVE-2016-1984	v_3	remote	特权提升	Sshd	22
IP3	CVE-2016-5703	v_4	remote	特权提升	SQL Server	1433
	CVE-2016-0859	v_5	remote	特权提升	RPC	135
IP4	CVE-2014-2249	v_6	local	特权提升	Siemenc PLC	—
IP5	CVE-2015-2822	v_7	local	特权提升	SIMATIC WinCC	—

根据表 2-32 给出的取值详情，利用式（2-3）计算出各安全漏洞的原子攻击发生概率，见表 2-36。

表 2-36 原子攻击发生概率

主机编号	vid	CVSS 评分	原子攻击发生概率
IP1	v_1	AV：L/AC：L/AU：N	0.1974
IP2	v_2	AV：N/AC：L/AU：N	0.4998
	v_3	AV：N/AC：L/AU：N	0.4998

表 2-36（续）

主机编号	vid	CVSS 评分	原子攻击发生概率
IP3	v_4	AV：N/AC：L/AU：N	0.4998
	v_5	AV：N/AC：L/AU：N	0.4998
IP4	v_6	AV：N/AC：M/AU：N	0.4294
IP5	v_7	AV：N/AC：M/AU：N	0.4294

针对图 2-18 所示的实验场景生成攻击图，并在 Graphviz 软件中实现攻击图的可视化输出，如图 2-19 所示。

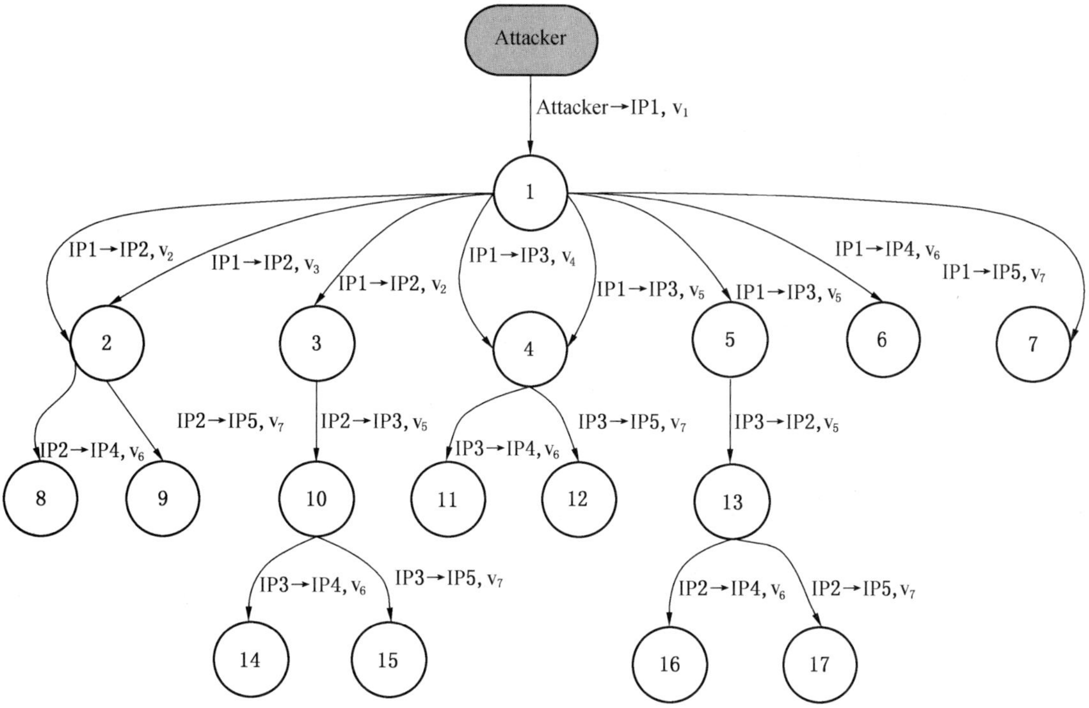

图 2-19　生成的攻击图

对上面生成的攻击图进行攻击路径分析，计算攻击路径集的风险发生概率 P_p，并通过式（2-4）和式（2-5）分别得到主机的最大风险发生概率 P_{max} 和累计风险发生概率 P_{total}，见表 2-37。

表 2-37　最大风险发生概率和累计风险发生概率

主机编号	路径序号	攻击路径集	P_p	P_{max}	P_{total}
IP1	T_1	(v_1)	0.1974	0.1974	0.1974
IP2	T_2	$(v_1 v_2)$	0.0987	0.0987	0.2277
	T_3	$(v_1 v_3)$	0.0987		
	T_4	$(v_1 v_5 v_2)$	0.0493		

表 2-37（续）

主机编号	路径序号	攻击路径集	P_p	P_{max}	P_{total}
IP3	T_5	$(v_1v_2v_5)$	0.0493	0.0987	0.2277
	T_6	(v_1v_4)	0.0987		
	T_7	(v_1v_5)	0.0987		
IP4	T_8	$(v_1v_2v_5v_6)$	0.0221	0.0848	0.2641
	T_9	$(v_1v_2v_6)$	0.0424		
	T_{10}	$(v_1v_3v_6)$	0.0424		
	T_{11}	$(v_1v_4v_6)$	0.0424		
	T_{12}	$(v_1v_5v_6)$	0.0424		
	T_{13}	$(v_1v_5v_2v_6)$	0.0221		
	T_{14}	(v_1v_6)	0.0848		
IP5	T_{15}	$(v_1v_2v_5v_7)$	0.0221	0.0848	0.2641
	T_{16}	$(v_1v_2v_7)$	0.0424		
	T_{17}	$(v_1v_3v_7)$	0.0424		
	T_{18}	$(v_1v_4v_7)$	0.0424		
	T_{19}	$(v_1v_5v_7)$	0.0424		
	T_{20}	$(v_1v_5v_2v_7)$	0.0221		
	T_{21}	(v_1v_7)	0.0848		

参考表 2-33 和表 2-34 对各主机资产价值从物理损失和信息损失两方面进行量化处理，并给出各主机在系统中所占的重要性 W，见表 2-38。

表 2-38　原子攻击发生概率

主机编号	W	物理损失				信息损失			
		ST	EP	HI	AL	A	I	C	BC
IP1	0.2	2	1	1	2	5	4	4	2
IP2	0.1	2	1	1	3	4	4	5	2
IP3	0.1	3	1	1	3	5	4	5	3
IP4	0.3	4	4	3	3	5	5	5	3
IP5	0.3	4	4	2	2	5	4	5	3

根据上述关联步骤对主机资产价值指标进行关联分析，确定参考序列为 $x_0=(4, 4, 3, 3, 5, 5, 5, 3)$，同时由式（2-6）、式（2-7）和式（2-8）确定最大差 $\Delta_{max}=4$ 和最小差 $\Delta_{min}=0$。再利用式（2-9）计算主机的关联系数 η_{ij}，其中 $\alpha=0.5$，再由式（2-10）得到主机的关联度 σ；结合式（2-11）和式（2-12）计算主机的最大风险值 R_{max} 和累计风险值 R_{total}，并利用式（2-13）和式（2-14）得到系统的最大风险值 SR_{max} 和累计风险值 SR_{total}，结果见表 2-39。

表 2-39 主机风险和系统风险

主机编号	σ	R_{max}	R_{total}	SR_{max}	SR_{total}
IP1	0.6125	0.1209	0.1209		
IP2	0.7167	0.0707	0.1632		
IP3	0.7792	0.0769	0.1774	0.0857	0.2038
IP4	0.9167	0.0816	0.2540		
IP5	0.8751	0.0742	0.2311		

根据表 2-37 和表 2-39 的相关数据对系统主机进行风险安全分析，如图 2-20 所示。图中从最大风险发生概率和累计风险发生概率两方面考虑，同处于下位机的 PLC 控制器 IP4 和 PLC 控制器 IP5 遭受攻击的风险发生概率是相同的，但在风险安全方面，下位机 IP4 比 IP5 更重要，IP4 的风险值比 IP5 的高，表明攻击 IP4 比攻击 IP5 对系统造成的危害更大。

在本实例中，工程师站 IP1 作为攻击的发起点，从最大方面考虑，其遭受攻击的风险发生概率是最大的，风险值也是最高的，说明攻击者可以通过篡改控制指令或发送错误数据直接作用于下位机 IP4 和 IP5，致使 PLC 控制器 IP4 或 IP5 崩溃，以达到对系统的最大程度破坏。但从累计方面考虑，其遭受攻击的风险发生概率是最小的，风险值也是最低的，说明随着攻击者攻击的不断深入，系统中其他主机承受的风险不断增加。

综上分析可知，工程师站 IP1 在分布控制和集中管理的工控系统中承担着重要的角色，因此 IP1 是系统的脆弱性所在，对 IP1 上的安全漏洞应及时加以修复。由表 2-39 所知，系统的最大风险值 $SR_{max}=0.0857<0.3$，系统为低风险；系统的累计风险值 $SR_{total}=0.2038<0.3$，系统同为低风险，所以系统的风险等级为低。

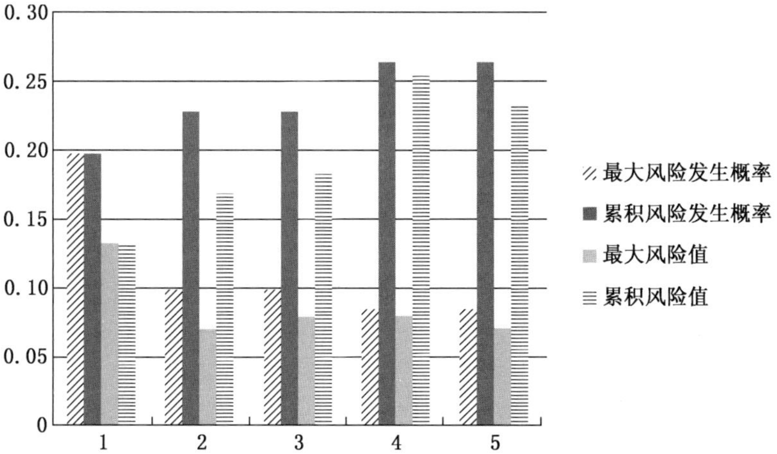

图 2-20 系统主机评估图

本章小结

(1) 本章共提出了 8 种事故隐患及危险性定性分析方法：检查表，预先危险性分析，危险性与可操作性研究，鱼刺图分析，作业危害分析，故障类型、影响和危险度分析，作业条件危险性分析，网络隐患攻击图分析。

（2）对实际运行的系统，往往不是只用一种分析方法就能发现所有不安全因素，上述分析方法之间具有互补性，选用几种分析方法进行分析的结果往往更有效。

复习思考题

1. 事故隐患和危险性分析的含义、目的和任务是什么？
2. 安全检查表的作用及优点有哪些？
3. 预先危险性分析的目的及程序是什么？
4. 什么是危险性和可操作性研究？其研究步骤有哪些？
5. 鱼刺图分析的优缺点是什么？
6. 鱼刺图分析的绘制步骤和注意事项是什么？
7. 简述在作业危害分析中，如何识别工作流程中每一步骤的危害。
8. 简述故障、故障类型概念以及故障类型和影响分析的基本原理和过程。
9. 简述故障类型和影响分析的适用条件。
10. 简述故障类型和影响、危险度分析的分析程序。
11. 对房间电气照明系统进行故障类型和影响分析。
12. 简述作业条件危险性评价法的评价过程及适用条件。
13. 什么是攻击图？简述攻击图工作步骤。

第三章　事件树和事故树分析

第一节　事 件 树 分 析

一、分析原理

事件树分析（Event Tree Analysis，ETA）是从一个初始事件开始，按顺序分析事件向前发展中各个环节成功与失败的过程和结果。任何一个事故都是由多环节事件发展变化形成的。在事件发展过程中出现的环节事件可能有成功或失败两种情况。如果这些环节事件都失败或部分失败，就会导致事故发生。

事件树分析是由决策树演化而来，最初是用于可靠性分析。它的原理是每个系统都是由若干个元件组成的，每一个元件对规定的功能都存在具有和不具有两种可能。元件具有其规定的功能，表明正常（成功）；不具有规定功能，表明失效（失败）。按照系统的构成顺序，从初始元件开始，由左向右分析各元件成功与失败两种可能，直到最后一个元件为止。分析的过程用图形表示出来，就得到似水平的树形图。

通过事件树分析，可以把事故发生发展的过程直观地展现出来，如果在事件（隐患）发展的不同阶段采取恰当措施阻断其向前发展，就可达到预防事故的目的。

事件树分析技术基于如下的定义：

（1）事故场景（Accident Scenario，AS）：最终导致事故的一系列事件。这些事件的后果是从一个初始事件开始，随后是按照时空顺序展开的环节事件，最终导致不期望的状态出现。

（2）初始事件（Initiating Event，IE）：触发事故序列开始的故障或者不期望事件。初始事件是否导致事故，依赖于系统中安全控制措施是否成功运行。

（3）环节事件（Link Event，LE）：介于初始事件和最终事故之间的中间事件，这些中间事件是系统中安全措施的成功或者失败事件。

（4）事件树（Event Tree，ET）：将某一初始事件可能导致的事故场景和产生的多个后果和其概率加以图形化的模型。

（5）事件树分析（Event TreeAnalysis，ETA）：通过建立事件树，利用逻辑思维的规律和形式分析事故的起因、发展和结果的过程。

如图 3-1 所示，一个事故场景包括一个初始事件和一个或多个环节事件，以及所导致的最终状态。

在事故隐患及危险性分析中，初始事件通常是防止不期望后果出现的需要操作人员或者安全措施响应的偏差，主要包括系统故障、人员误操作或者工艺过程异常等。环节事件是按照时空顺序动作的安全措施的响应成功或者失败，也可能是外部条件或者关键现象的出现与否。按照后果的类型和严重程度对最终状态进行分类，包括完全成功的状态和各种损失状态，如人员伤亡、设备和财产损失、环境污染、作为测试结果的不期望的或者附带的损失、任务失败、系统可用性降低等。

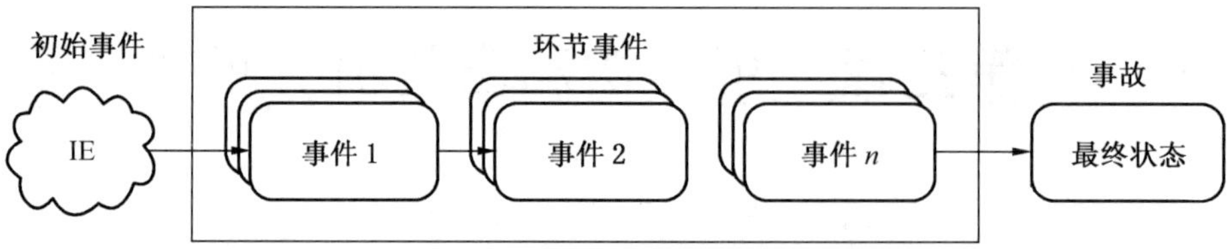

图 3-1　事故场景示意图

事件树是将环节事件场景加以浓缩并利用一个树状结构来表示这种信息，以便利用后果将各种事故场景进行分类。

事件树应有一个标题栏，首先是初始事件，随后是各个环节事件（按照时空排序），最后是最终状态。标题栏下面是树状结构，表明初始事件后可能发生的场景，也就是环节事件发生还是不发生。事件树中每个独立的路径均是一个场景。按照惯例，环节事件用来定义系统中安全措施的成功或者失败，上面的分支用来表示成功，下面的分支用来表示失败。事件树的树形结构如图 3-2 所示。

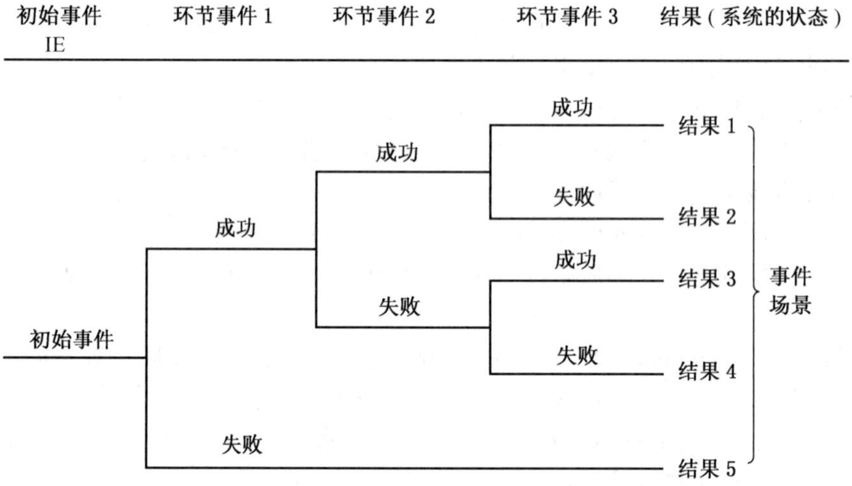

图 3-2　事件树的树形结构

在大多数事件树中，环节事件都具有两个分支，成功或者失败。实际上，这种二元特性并不是必需的，环节事件可以有多个分支，但是各个分支必须是互斥的。

图 3-3 是一个定量化的事件树分析示例。事件树模型在逻辑上将系统中所有的安全措施结合在一起，来防止初始事件所导致事故的发生。这种分析带来的好处在于可能发生不同的结果，并且能加以量化评估。

二、分析步骤

（1）确定初始事件。初始事件是事件树中在一定条件下造成事故后果的最初原因事件。它可以是系统故障、设备失效、人员误操作或工艺过程异常等。一般是选择分析人员

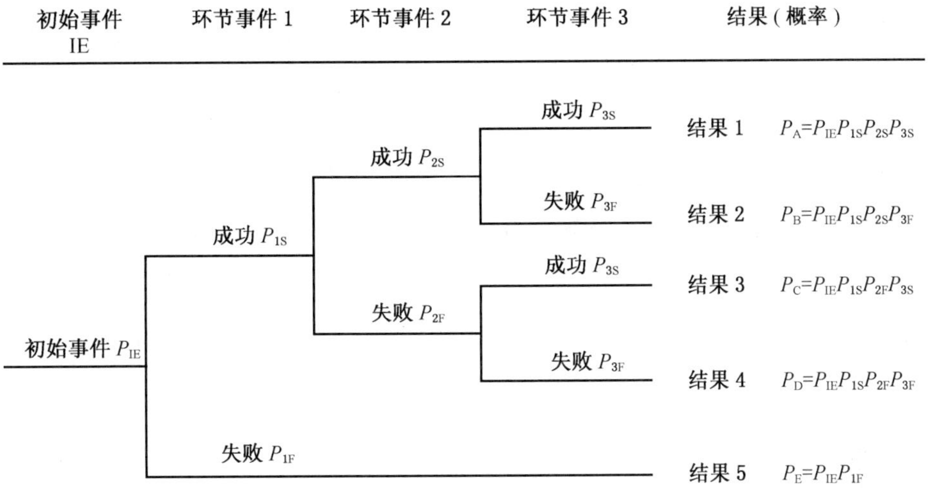

图 3-3　事件树定量分析示例

最感兴趣的异常事件作为初始事件。

(2) 找出与初始事件有关的环节事件。所谓环节事件就是出现在初始事件后一系列可能造成事故后果的其他原因事件。

(3) 画事件树。把初始事件写在最左边，各环节事件按顺序写在右面；从初始事件画一条水平线到第一个环节事件，在水平线末端画一垂直线段，垂直线段上端表示成功，下端表示失败；再从垂直线两端分别向右画水平线到下个环节事件，同样用垂直线段表示成功和失败两种状态；依次类推，直到最后一个环节事件为止。如果某一个环节事件不需要往下分析，则水平线延伸下去，不发生分支，如此便得到事件树。

(4) 说明分析结果。在事件树最后面写明由初始事件引起的各种事故结果或后果。

为清楚起见，对事件树的初始时间和各环节事件用不同字母加以标记。

三、应用举例

【例 3-1】 用事件树对某反应器的温度控制系统进行事故隐患分析。

某反应器的温度控制系统如图 3-4 所示。该反应是放热的，为此在反应器的夹套内通入冷冻盐水以移走反应热。如果冷冻盐水流量减少，会使反应器温度升高，反应速度加快，以致反应失控。在反应器上安装有温度测量控制系统，并与冷冻盐水入口阀门连接，根据温度控制冷冻盐水流量。为安全起见，安装了超温报警仪，当温度超过规定值时自动报警，以便操作者及时采取措施。

现以冷冻盐水流量减少作为初始事件进行事件树分析。如果这个系统出现冷冻盐水流量减少会按如下步骤进行控制：高温报警仪报警→操作者发现反应器超温→操作者恢复冷冻盐水流量→操作者紧急关闭反应器。每一步都可能出现成功与失败两种情况，将其画成事件树，结果如图 3-5 所示。

由图中所见，该反应器系统发生反应失控的途径有 3 种。如果知道每个环节的故障率还可以进行定量分析。高温报警仪报警、操作者发现超温、操作者恢复冷却剂流量、操作者紧急关闭反应器的概率分别是 0.99、0.75、0.75 和 0.9，其故障率分别为 0.01、0.25、

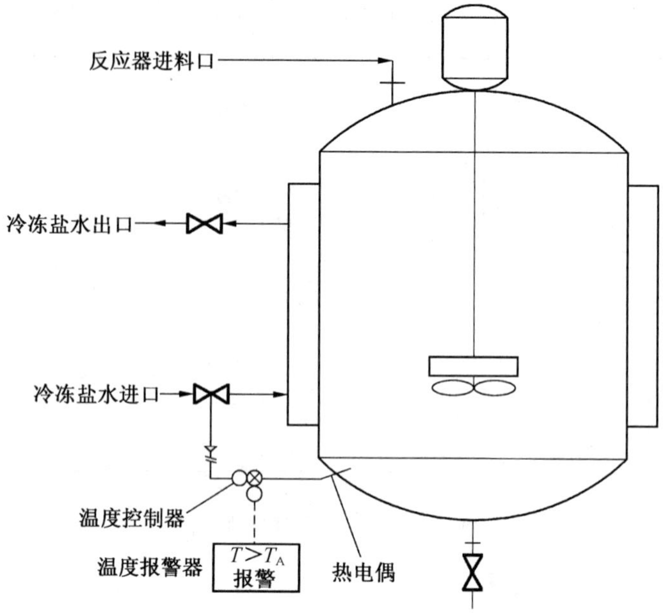

图 3-4　某反应器的温度控制系统

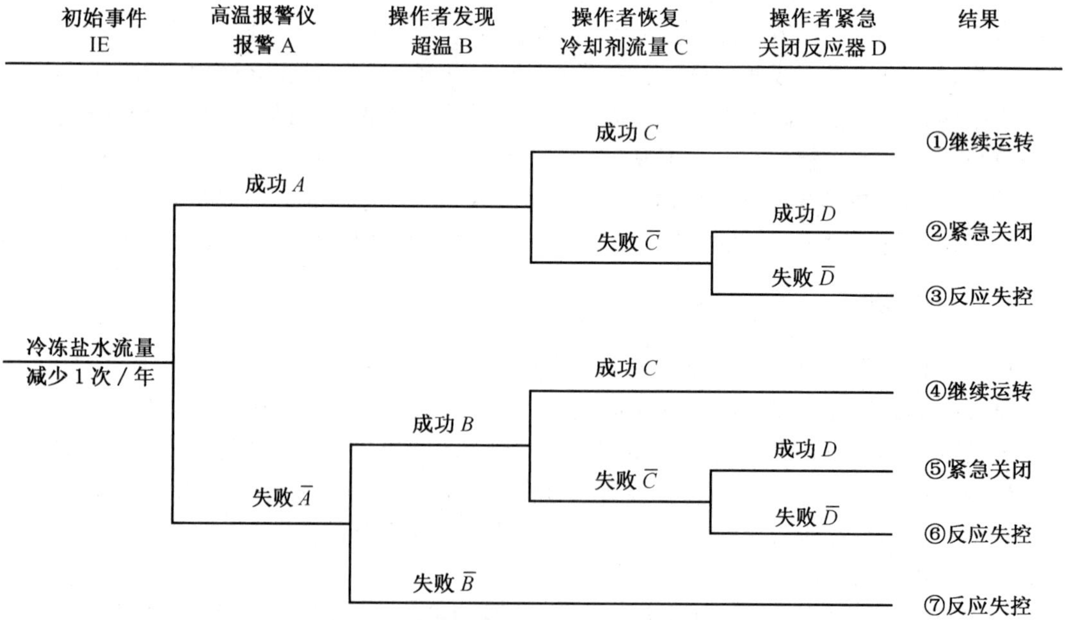

图 3-5　反应器冷冻盐水流量减少事件树

0.25 和 0.1。以冷冻盐水减少为初始事件画出事件树，然后计算出事故发生的概率，即反应失控的概率。

由上可知，系统状态为“反应失控”的有③、⑥、⑦，它们的概率分别为

$$P_3 = P(A) \times P(\bar{C}) \times P(\bar{D}) = 0.99 \times (1 - 0.75) \times (1 - 0.9)$$

$$=0.99 \times 0.25 \times 0.1 = 2.475 \times 10^{-2}$$

$$P_6 = P(\bar{A}) \times P(B) \times P(\bar{C}) \times P(\bar{D})$$

$$=(1 - 0.99) \times 0.75 \times (1 - 0.75) \times (1 - 0.9) = 1.875 \times 10^{-4}$$

$$P_7 = P(\bar{A}) \times P(\bar{B}) = (1 - 0.99) \times (1 - 0.75) = 2.500 \times 10^{-3}$$

由上可得，反应器发生“反应失控”事故的概率为

$$P_{失控} = P_3 \times P_6 \times P_7 = 2.743 \times 10^{-2}$$

第二节 事故树分析

一、事故树分析概述

1. 事故树分析的基本概念

事故树分析（Fault Tree Analysis，FTA）是事故隐患和危险性分析中常用的一种分析方法。1961 年，美国贝尔电话研究所的维森（H. A. Watson）首创了 FTA 并应用于研究民兵式导弹发射控制系统的安全性评价中，用它来预测导弹发射的随机故障概率。接着美国波音飞机公司的哈斯尔（Hassle）等人对这个方法又作了重大改进，并采用电子计算机进行辅助分析和计算。1974 年，美国原子能委员会应用 FTA 对商用核电站进行了风险评价，发表了拉斯姆逊报告（Rasmussen Report），引起世界各国的关注。目前事故树分析法已从宇航、核工业进入一般电子、电力、化工、机械、交通等领域，它可以进行故障诊断，分析系统的薄弱环节，指导系统的安全运行和维修，实现系统的优化设计。

事故树分析是一种演绎推理法，这种方法把系统可能发生的某种事故与导致事故发生的各种原因之间的逻辑关系用一种称为事故树的树形图表示，通过对事故树的定性与定量分析，找出事故发生的主要原因，为确定安全对策提供可靠依据，以达到预测与预防事故发生的目的。事故树分析法具有以下特点：

（1）事故树分析是一种图形演绎方法，是事故事件在一定条件下的逻辑推理方法。它可以围绕某特定的事故作层层深入的分析，因而在清晰的事故树图形下表达了系统内各事件间的内在联系，并指出单元故障与系统事故之间的逻辑关系，便于找出系统的薄弱环节。

（2）FTA 具有很大的灵活性，不仅可以分析某些单元故障对系统的影响，还可以对导致系统事故的特殊原因如人为因素、环境的影响进行分析。

（3）进行 FTA 的过程是一个对系统更深入认识的过程，它要求分析人员把握系统内各要素间的内在联系，弄清各种潜在因素对事故发生影响的途径和程度，因而许多问题在分析的过程中就被发现和解决了，从而提高了系统的安全性。

（4）利用事故树模型可以定量计算复杂系统发生事故的概率，为改善和评价系统安全性提供了定量依据。

事故树分析还存在许多不足之处：FTA 需要花费大量的人力、物力和时间；FTA 的难度较大，建树过程复杂，需要经验丰富的技术人员参加，即使这样也难免发生遗漏和错误；FTA 只考虑（0，1）状态的事件，而大部分系统存在局部正常、局部故障的状态，因而建立数学模型时，会产生较大误差；FTA 虽然可以考虑人的因素，但人的失误很难

量化。

事故树分析仍处在发展和完善中。目前，事故树分析在自动编制、多状态系统 FTA、相依事件的 FTA、FTA 的组合爆炸、数据库的建立及 FTA 技术的实际应用等方面尚待进一步的分析研究，以求新的发展和突破。

2. 事故树分析步骤

事故树分析是根据系统可能发生的事故或已经发生的事故所提供的信息，去寻找同事故发生有关的原因，从而采取有效的防范措施，防止事故（再次）发生。这种分析方法一般可按下述步骤进行（分析人员在具体分析某一系统时可根据需要和实际条件选取其中若干步骤）。

1）准备阶段

（1）确定所要分析的系统。在分析过程中，合理地处理好所要分析系统与外界环境及其边界条件，确定所要分析系统的范围，明确影响系统安全的主要因素。

（2）熟悉系统。这是事故树分析的基础和依据。对于已经确定的系统进行深入的调查研究，收集系统的有关资料与数据，包括系统的结构、性能、工艺流程、运行条件、事故类型、维修情况、环境因素等。

（3）调查系统发生的事故。收集、调查所分析系统曾经发生过的事故和将来有可能发生的事故，同时还要收集、调查本单位与外单位、国内与国外同类系统曾发生的所有事故。

2）事故树的编制

（1）确定事故树的顶事件。确定顶事件是指确定所要分析的对象事件。根据事故调查报告分析其损失大小和事故频率，选择易于发生且后果严重的事故作为事故的顶事件。

（2）调查与顶事件有关的所有原因事件。从人、机、环境和信息等方面调查与事故树顶事件有关的所有事故原因，确定事故原因并进行影响分析。

（3）编制事故树。把事故树顶事件与引起顶事件的原因事件，采用一些规定的符号，按照一定的逻辑关系，绘制反映因果关系的树形图。

3）事故树定性分析

事故树定性分析主要是按事故树结构，求取事故树的最小割集或最小径集，以及基本事件的结构重要度，根据定性分析的结果，确定预防事故的安全保障措施。

4）事故树定量分析

事故树定量分析主要是根据引起事故发生的各基本事件的发生概率，计算事故树顶事件发生的概率；计算各基本事件的概率重要度和关键重要度。根据定量分析的结果以及事故发生以后可能造成的危害，对系统进行风险分析，以确定安全投资方向。

5）事故树分析的结果总结与应用

必须及时对事故树分析的结果进行评价、总结，提出改进建议，整理、储存事故树定性和定量分析的全部资料与数据，并注重综合利用各种安全分析的资料，为系统安全性评价与安全性设计提供依据。

目前已经开发了多种功能的软件包（如美国的 SETS 和德国的 RISA）进行 FTA 的定性与定量分析，有些 FTA 软件已经通用和商品化。

3. 事故树的符号及其意义

事故树采用的符号包括事件符号、逻辑门符号和转移符号三大类。

1）事件及事件符号

在事故树分析中各种非正常状态或不正常情况皆称事故事件，各种完好状态或正常情况皆称成功事件，两者均简称为事件，事故树中的每一个节点都表示是一个事件。

（1）结果事件。它是由其他事件或事件组合所导致的事件，总是位于某个逻辑门的输出端。用矩形符号表示结果事件，用如图 3-6a 所示符号表示。结果事件分为顶事件和中间事件。

顶事件：事故树分析中所关心的结果事件，位于事故树的顶端，它总是所讨论事故树中逻辑门的输出事件而不是输入事件，即系统可能发生的或实际已经发生的事故结果。

中间事件：位于事故树顶事件和底事件之间的结果事件。它既是某个逻辑门的输出事件，又是其他逻辑门的输入事件。

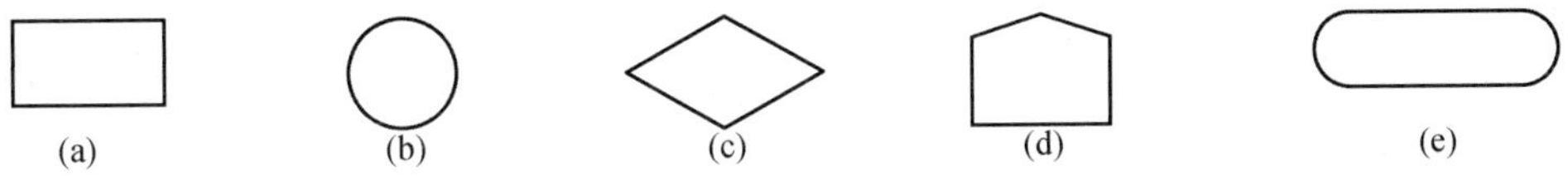

图 3-6　事件符号

（2）底事件。它是导致其他事件的原因事件，位于事故树的底部，总是某个逻辑门的输入事件而不是输出事件。底事件又分为基本原因事件和省略事件。

基本原因事件：导致顶事件发生的最基本的或不能再向下分析的原因或缺陷事件，用如图 3-6b 所示符号表示。

省略事件：没有必要进一步向下分析或其原因不明确的原因事件。另外，省略事件还表示二次事件，即不是本系统的原因事件，而是来自系统之外的原因事件，用如图 3-6c 所示符号表示。

（3）特殊事件。在事故树分析中需要表明其特殊性或引起注意的事件。特殊事件又分为开关事件和条件事件。

开关事件（又称正常事件）：在正常工作条件下必然发生或必然不发生的事件，用如图 3-6d 所示符号表示。

条件事件：限制逻辑门开启的事件，用如图 3-6e 所示符号表示。

2）逻辑门及逻辑门符号

逻辑门符号是连接各事件并表示其逻辑关系的符号。

（1）与门。可以连接数个输入事件 E_1、E_2、…、E_n 和一个输出事件 E，表示仅当所有输入事件都发生时，输出事件 E 才发生的逻辑关系。与门符号如图 3-7a 所示。

（2）或门。可以连接数个输入事件 E_1、E_2、…、E_n 和一个输出事件 E，表示至少一个输入事件发生时，输出事件 E 就发生。或门符号如图 3-7b 所示。

（3）非门。表示输出事件是输入事件的对立事件。非门符号如图 3-7c 所示。

（4）特殊门。该门可以分为以下 5 种。

表决门：仅当输入事件有 $m(m \leq n)$ 个或 m 个以上事件同时发生时，输出事件才发生。表决门符号如图 3-8a 所示。显然，或门和与门都是表决门的特例。或门是 $m=1$ 时的

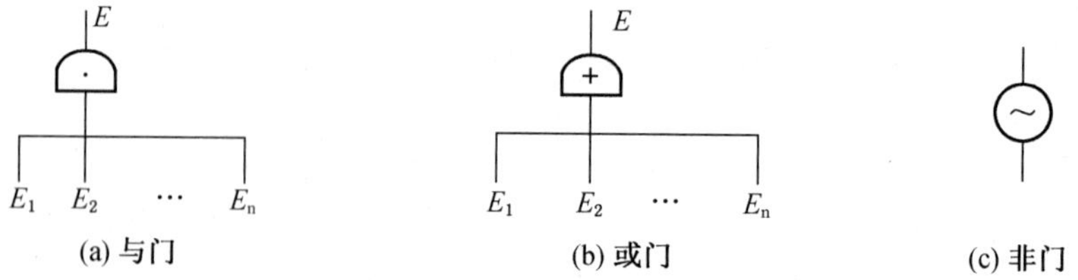

图 3-7　逻辑门符号

表决门，与门是 $m=n$ 时的表决门。

异或门：仅当单个输入事件发生时，输出事件才发生。异或门符号如图 3-8b 所示。

禁门：仅当条件事件发生时，输入事件的发生方导致输出事件的发生。禁门符号如图 3-8c 所示。

条件与门：输入事件不仅同时发生，而且还必须满足条件 A，才会有输出事件发生。条件与门符号如图 3-8d 所示。

条件或门：输入事件中至少有一个发生，在满足条件 A 的情况下，输出事件才发生。条件或门符号如图 3-8e 所示。

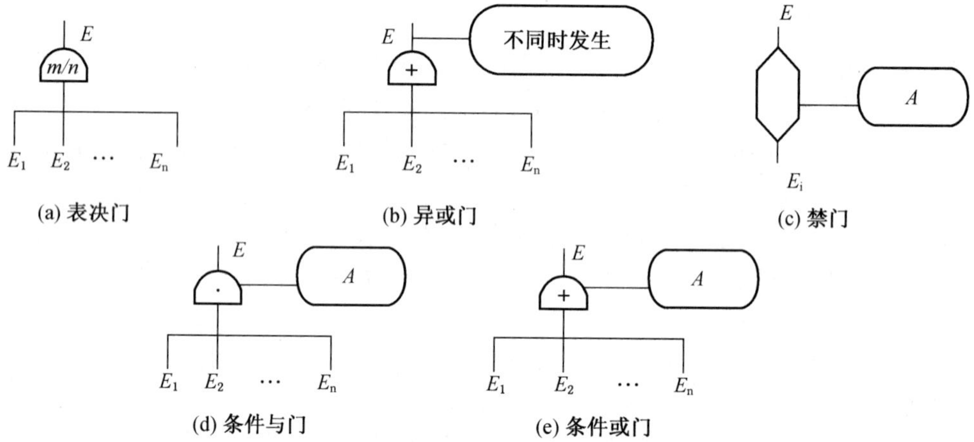

图 3-8　特殊门符号

3）转移符号

转移符号的作用是表示部分事故树图的转入和转出。当事故树规模很大或整个事故树中多处包含有相同的部分树图时，为了简化整个树图，便可用转入（图 3-9a）和转出符号（图 3-9b）。

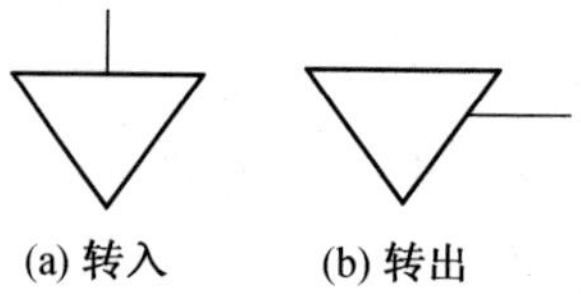

图 3-9　转移符号

二、事故树的编制

事故树的编制是 FTA 中最基本、最关键的环节。编制工作一般应有系统设计人员、操作人员与可靠性分析人员组成编制小组，经过反复研究，不断深入，才能趋于完善。通过编制过程能使小组人员深入了解系统，发现系统中的薄弱环节，这是编制事故树的首要目的。事故树的编制是否完善直接影响到定性分析与定量分析的结果是否正确，关系到运用 FTA 的成败，所以及时进行编制实践中有效的经验总结是非常重要的。

编制方法一般分为两类：一类是人工编制，另一类是计算机辅助编制。

1. 人工编制

1）编制事故树的规则

事故树的编制过程，是一个严密的逻辑推理过程，应遵循以下规则：

（1）确定顶事件应优先考虑风险大的事故事件。能否正确选择顶事件，直接关系到分析结果，是事故树分析的关键。在系统危险分析的结果中，不希望发生的事件远不止一个。但是，应当把易于发生且后果严重的事件优先作为分析的对象，即顶事件，也可以把发生频率不高但后果很严重，以及后果虽不严重但发生非常频繁的事故作为顶事件。

（2）合理确定边界条件。在确定了顶事件后，为了不致使事故树过于烦琐、庞大，应明确规定被分析系统与其他系统的界面，并作一些必要的合理的假设。

（3）保持门的完整性，不允许门与门直接相连。事故树编制时应逐级进行，不允许跳跃；任何一个逻辑门的输出都必须有一个结果事件，不允许不经过结果事件而将门与门直接相连，否则，将很难保证逻辑关系的准确性。

（4）确切描述顶事件。明确地给出顶事件的定义，即确切地描述出事故的状态，什么时候在何种条件下发生。

（5）编制过程及编成后，需注意及时进行合理的简化。

2）编制事故树的方法

人工编制的常用方法为演绎法，它是通过人的思考去分析顶事件是怎样发生的。演绎法编制时首先确定系统的顶事件，找出直接导致顶事件发生的各种可能因素或因素的组合即中间事件。在顶事件与其紧连的中间事件之间，根据其逻辑关系相应地画上逻辑门。然后再对每个中间事件进行类似的分析，找出其直接原因，逐级向下演绎，直到不能分析的基本事件为止。这样就可得到用基本事件符号表示的事故树。

2. 计算机辅助编制

由于系统的复杂性使系统所含部件越来越多，使人工编制事故树的费时费力问题日益突出，必须采用相应的程序，由计算机辅助进行。计算机辅助编制是借助于计算机程序在已有系统部件模式分析的基础上，对系统的事故过程进行编辑，从而达到在一定范围内迅速准确地自动编制事故树的目的。计算机编制的主要缺点是分析人员不能通过分析系统而对系统进行透彻了解。目前计算机编制的应用还有一定困难，主要是目前还没有规范化、系统化的算法。

计算机辅助编制主要可分为两类：一类是 1973 年 Fussell 提出的合成法（Synthetic

Tree Method，STM），主要用于解决电路系统的事故树编制问题；另一类是由 Apostolakis 等人提出的判定表法（Decision Table，DT）。

1）合成法（STM）

合成法是建立在部件事故模式分析的基础上，用计算机程序对子事故树（MFT）进行编辑的一种形式方法。合成法与演绎法的不同点是只要部件事故模式所决定子事故树一定，由合成法得到的事故树就唯一，所以它是一种规范化的编制方法。部件的 MFT 与所分析系统是独立考虑的，由这些部件组成的任何系统都可以借助已确定的事故树重新组合该系统的事故树，因此建立系统典型的子事故树库是合成的关键。但合成法不能像演绎法那样有效地考虑人为因素和环境条件的影响，它是针对系统硬件事故而编制事故树的。

2）判定表法（DT）

判定表法是根据部件的判定表（DT）来合成的。判定表法要求确定每个事件的输入/输出事件，即输入/输出的某种状态。把每个部件的这种输入/输出事件的关系列成表，该表称作判定表。一格判定表上只允许有一个输出事件，如果事件不止一个输出事件，则必须建立多格判定表。编制时将系统按节点（输入与输出的连接点）划分开，并确定顶事件及其相关的边界条件。一般认为来自系统环境的每一个输入事件属于基本事件，来自部件的输出事件属于中间事件。在判定表都已齐备后，从顶事件出发根据判定表中间事件追踪到基本事件为止，这样就制成所需要的事故树。

判定表的优点是可以任意地确定部件的状态数目、多态系统以及有关的参量，因此特别适用于带反馈和自动控制的系统。

3. 编制举例

【例 3-2】 用演绎法编制“油库燃爆”事故树。

油库燃烧并爆炸是危害性极大的事故，因而可以将“油库燃爆”事故作为事故树的顶事件并编制其事故树。

编制事故树从顶事件开始，逐级分析导致顶事件发生的中间事件和基本事件，按照逻辑关系，用逻辑门符号连接上下层事件。例如，“油气达到可燃浓度”与存在“火源”两个中间事件同时存在并且达到爆炸极限时，顶事件才能发生，因而两个中间事件与顶事件之间用与门连接起来，“达到爆炸极限”可以作为与门的条件记入椭圆内。“油气泄漏”和“库内通风不良”是使油气达到可燃浓度缺一不可的先决条件，因而也用与门连接。而任一种火源、任一种油气泄漏方式或任一种通风不良原因都是上方事件发生的条件，因此上下层事件必须用或门连接。以此逐级向下演绎成如图 3-10 所示的事故树。

为了不使事故树太复杂，树中引用了省略事件：“作业中与导体接近”“避雷器设计缺陷”和“油罐密封不良”。

【例 3-3】 用判定表法编制事故树。

图 3-11 所示为一个具有反馈调节功能的硝酸热交换系统简图。由化学反应产生的热硝酸通过热交换器将热量释放给冷却水而得到冷硝酸。冷却水经水泵打入，其流率取决于阀门开启度和冷却水压力。阀门开启度随自动跟踪硝酸入口温度的阀门控制器确定，硝酸的出口温度依赖于硝酸入口温度和进入热交换器的冷却水流率。

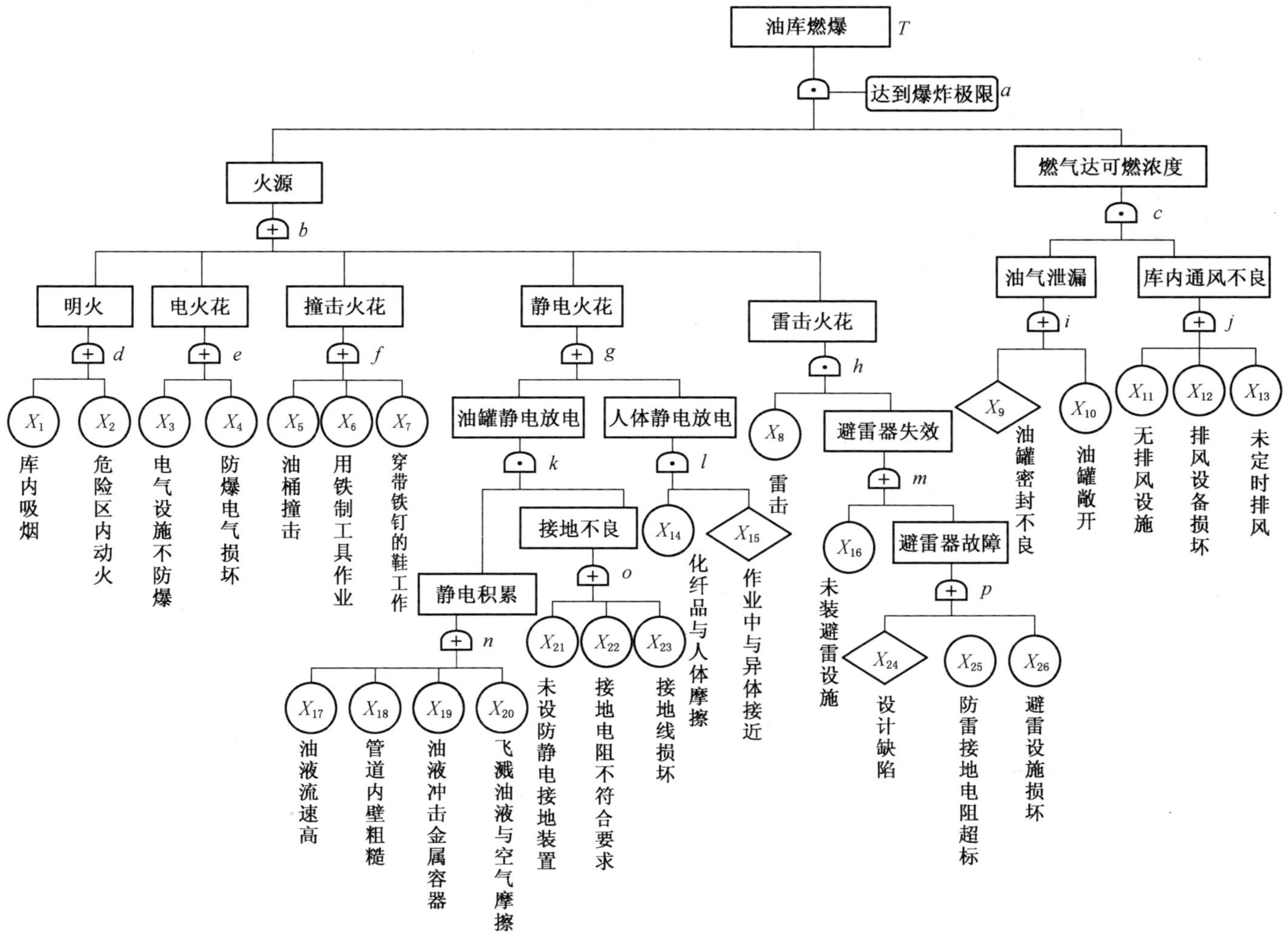

图3-10 油库燃爆事故树图

硝酸热交换系统的输入/输出关系如图3-12所示，泵的输入事件是泵的运行状态（正常，停转），是来自系统环境的输入事件，属于基本事件。冷却水压力（正常，零）是泵的输出事件又是阀门的输入事件。阀门的另一个输入事件是阀门的开启度（正常，零），又是阀门控制器的输出事件。阀门的冷却水出口流率（正常，零）是热交换器的输入事件，属于基本事件。

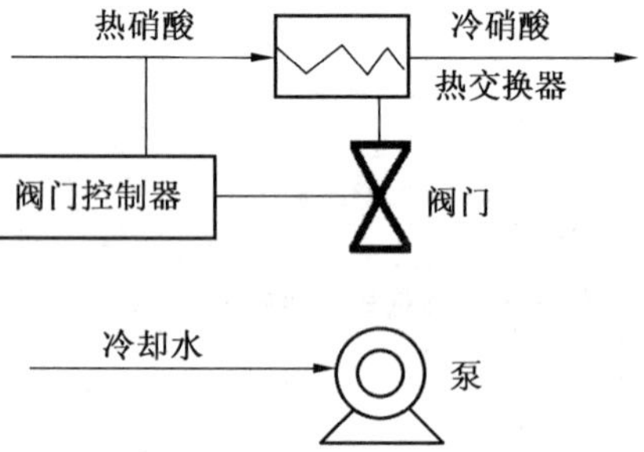

图3-11　硝酸热交换器系统简图

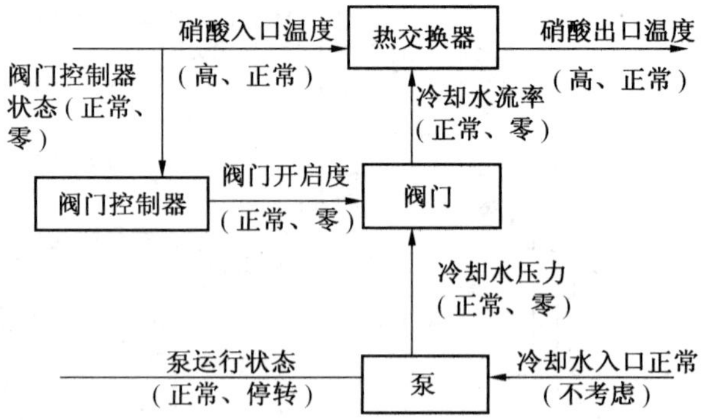

图3-12　硝酸热交换系统输入/输出关系图

为方便计算机输入，用字母和数字代替各种状态：

$$(\text{高}，\text{正常}，\text{零})=(+1，0，-1)$$

$$(\text{正常}，\text{故障}，\text{停转})=(N，F，B)$$

把顶事件取为热交换器硝酸出口温度高于允许值，由输入/输出关系可建立系统各有关部件的判定表，见表3-1至表3-4。

表3-1　泵的判定表

输　入		输　出
序号	泵运行状态	加于阀门的冷却水压力
F	*N*	0
G	*B*	−1

表3-2　阀门控制器的判定表

输　入		输　出
序号	阀门控制器状态	阀门开启度
H	*N*	0
I	*B*	−1

表3-3　阀门的判定表

输　入			输　出
序号	阀门开启度	阀门的冷却水压力	进入热交换器的冷却水流率
J	0	0	0
K	−1	0	−1
L	—	−1	−1

表 3-4　热交换器的判定表

输入			输出
序号	冷却水流率	硝酸入口温度	硝酸出口温度
A	0	+1	0
B	0	0	0
C	-1	+1	+1
D	-1	0	+1
E	-1	—	+1

下面从上述判定表出发建立以“硝酸出口温度过高”为顶事件的事故树。

表 3-4 中 *E* 行为 *C*、*D* 两行合并而来，“—”表示不管硝酸入口温度高或正常其后果都一样。所以只有“进入热交换器的冷却水流率为零”事件才会导致顶事件发生。而表 3-4 中的 *A* 行，当热交换器硝酸入口温度高时，热交换器硝酸的出口温度仍正常是因为阀门开启度可随入口温度的高低自动调节，这是引入反馈的作用。

由表 3-3 得“进入热交换器的冷却水流率为零”是 *K*、*L* 行，用或门将两行连接起来。从 *L* 行查得使其发生的是“加于阀门的冷却水压力为零”这一中间事件，查表 3-1 中 *G* 行可知引起它发生的为输入事件“泵停转”，这是基本事件。*K* 行有两个输入事件，用与门将它们连接起来，这两个事件均为中间事件，查表 3-2 可知“阀门开启度为零”的输入事件是“阀门控制器故障”为基本事件；“加于阀门的冷却水压力正常”的输入事件是“泵正常运转”这一基本事件。按上述逻辑建立事故树如图 3-13 所示。

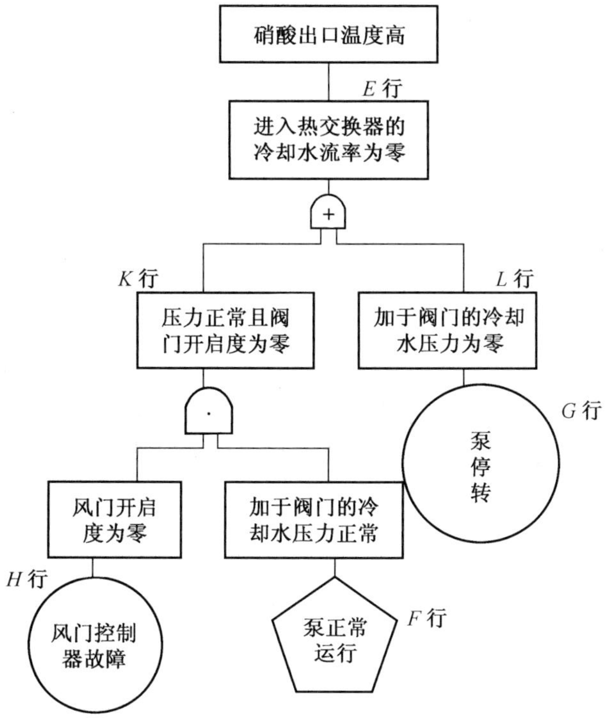

图 3-13　有反馈控制的热交换系统的事故树

初步画成的事故树千差万别，给事故树的定性分析和定量计算带来诸多不便。因此，对这种事故树一般都要进行规范化处理。其原则是：

（1）按照对特殊事件的处理规则和对特殊门进行逻辑等效变换的规则，将事故树变换成仅含基本事件、结果事件以及“与”“或”“非”3种逻辑门的规范化事故树。

（2）除去明显的多余事件，即把那些不经过逻辑门直接相连的一串事件除去，只保留最下面的一个事件（即最直接、最基本的事件）。

（3）除去明显多余的逻辑门。凡上下相邻的两级逻辑门相同时，可将中间事件和一个逻辑门除去，只保留下层的输入事件。

依据以上规则，将图3-13所示的事故树变换为相应的规范化事故树，如图3-14所示。

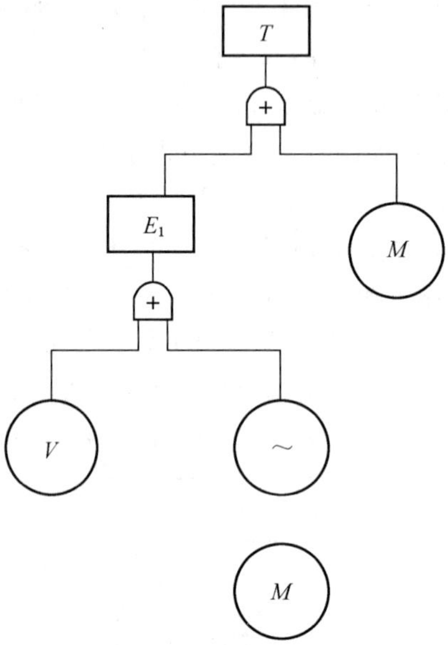

T—热交换器硝酸出口温度高；E_1—加于阀门的冷却水压力正常且阀门开启度为零；

M—泵停转；V—阀门控制器故障

图3-14　图3-13的规范化事故树

三、事故树定性分析

事故树定性分析，是根据事故树求取其最小割集或最小径集，确定顶事件发生的事故模式、原因及其对顶事件的影响程度，为经济有效地采取预防对策和控制措施、防止同类事故发生提供科学依据。

1. 结构函数

1）结构函数的定义

若事故树有 n 个相互独立的基本事件，X_i 表示基本事件的状态变量，X_i 仅取1或0两种状态。Φ 表示事故树顶事件的状态变量，Φ 也仅取1或0两种状态，则有如下定义：

$$X_i = \begin{cases} 1 & \text{基本事件 } X_i \text{ 发生} \\ 0 & \text{基本事件 } X_i \text{ 不发生} \end{cases} \quad (i = 1, 2, \cdots, n)$$

$$\Phi = \begin{cases} 1 & \text{顶事件发生} \\ 0 & \text{顶事件不发生} \end{cases} \quad (i = 1, 2, \cdots, n)$$

因为顶事件的状态 Φ 完全取决于基本事件的状态变量 $X_i(i=1, 2, \cdots, n)$，所以 Φ 是 X 的函数，即

$$\Phi = \Phi(X)$$

其中，$X=(X_1, X_2, \cdots, X_n)$，称 $\Phi(X)$ 为事故树的结构函数。

2）结构函数的性质

结构函数 $\Phi(X)$ 具有如下性质：

（1）当事故树中基本事件都发生时，顶事件必然发生；当所有基本事件都不发生时，顶事件必然不发生。

（2）当基本事件 X_i 以外的其他基本事件固定为某一状态，基本事件 X_i 由不发生转变为发生时，顶事件可能维持不发生状态，也有可能由不发生状态转变为发生状态。

（3）由任意事故树描述的系统状态，可以用全部基本事件做成“或”结合的事故树表示系统的最劣状态（顶事件最易发生）。也可以用全部基本事件做成“与”结合的事故树表示系统的最佳状态（顶事件最难发生）。

（4）由 n 个二值状态变量 X_i 构成的事故树，其结构函数 $\Phi(X)$ 对所有状态变量 X_i $(i=1, 2, \cdots, n)$ 都可以展开为

$$\Phi(X_i, X_j) = X_i\Phi(1_i, X_j) + (1 - X_i)\Phi(0_i, X_j) \tag{3-1}$$

$$X_j = \{X_1, X_2, \cdots, X_{i-1}, X_{i+1}, \cdots, X_n\}$$

式中 1_i——$X_i=1$；

0_i——$X_i=0$。

3）事故树结构函数

若取尽所有状态变量 $X_i(i=1, 2, \cdots, n)$ 的所有状态 $Y_i=0$ 或 $1(i=1, 2, \cdots, n)$，则利用数学归纳法，含有 n 个基本事件的事故树的结构函数可展开为

$$\Phi(X) = \sum_{P=1}^{2^n} \Phi_P(X) \prod_{i=1}^{n} X_i^{Y_i}(1 - X_i)^{1-Y_i} \tag{3-2}$$

式中 X_i——第 i 个基本事件的状态变量；

Y_i——第 i 个基本事件的状态值（0 或 1）；

2^n——n 个基本事件构成的状态组合数；

P——基本事件的状态组合序号（$P=1, 2, \cdots, 2^n$）；

$\Phi_P(X)$——第 P 个事件的状态组合所对应的顶事件的状态值（0 或 1）。

任意事故树的结构函数，处于由与门结合的事故树的结构函数和由或门结合的事故树的结构函数之间。

由与门结合的事故树如图 3-15 所示，其结构函数可表达为

$$\Phi(X) = \prod_{i=1}^{n} X_i = \min\{X_1, X_2, \cdots, X_n\} \tag{3-3}$$

式（3-3）表明，由 n 个独立事件用与门结合的事故树，只要 n 个基本事件中有一个不发生（状态值为 0），则顶事件就不会发生（状态值为 0）。所以，函数 $\Phi(X)$ 决定于基本事件 X_i 中的最小状态值。

由或门结合的事故树如图 3-16 所示，其结构函数表达式为

$$\Phi(X)=\coprod_{i=1}^{n}X_i=\max\{X_1,\ X_2,\ \cdots,\ X_n\} \tag{3-4}$$

$$\coprod_{i=1}^{n}X_i=1-\prod_{i=1}^{n}(1-X_i)$$

式（3-4）表明，由 n 个独立事件用或门结合构成的事故树，只要 n 个基本原因事件中有一个发生（状态值为 1），顶上事件就会发生（状态值为 1）。所以，函数 $\Phi(X)$ 决定于基本事件 X_i 中的最大状态值。

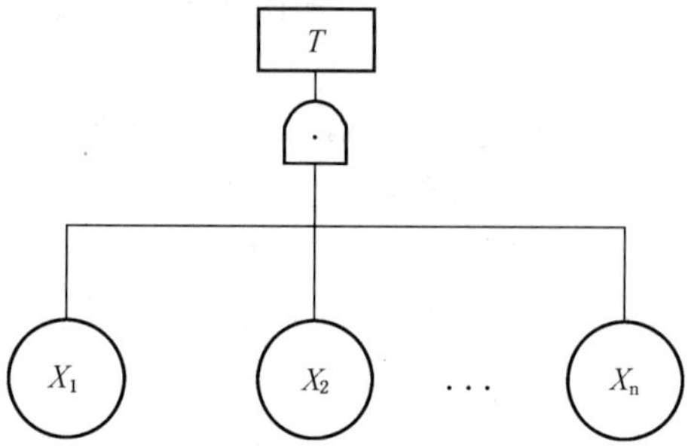

图 3-15　与门连接的事故树

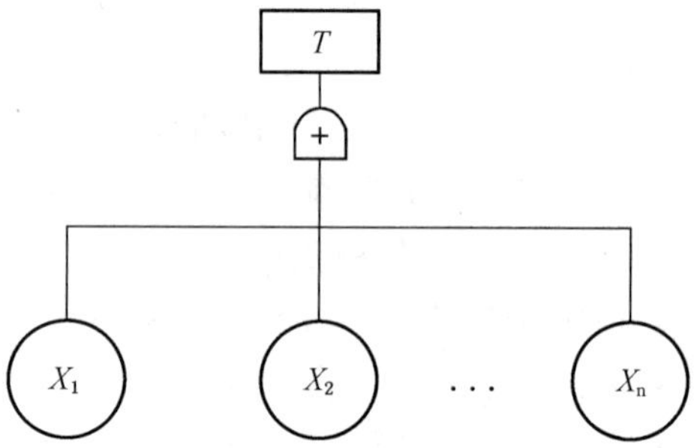

图 3-16　或门连接的事故树

2. 最小割集

1）割集和最小割集

事故树顶事件发生与否是由构成事故树的各种基本事件的状态决定的。很显然，所有基本事件都发生时，顶事件肯定发生。然而，在大多数情况下，并不是所有基本事件都发生时顶事件才发生，而只要某些基本事件发生就可导致顶事件发生。

在事故树中，我们把引起顶事件发生的基本事件的集合称为割集，也称截集或截止集。一个事故树中的割集一般不止一个，在这些割集中，凡不包含其他割集的，叫做最小割集。换言之，如果割集中任意去掉一个基本事件后就不是割集，那么这样的割集就是最小割集。所以，最小割集是引起顶事件发生的充分必要条件。

图 3-17 所示是事故树，顶事件的发生状态完全由 5 个基本事件的状态所决定，可应用真值表列出顶事件发生状态与基本事件发生状态的关系，见表 3-5。

表 3-5　基本事件状态值与顶事件状态值

$X_1\ X_2\ X_3\ X_4\ X_5$	$\Phi(0_i,\ X_j)$	$X_1\ X_2\ X_3\ X_4\ X_5$	$\Phi(1_i,\ X_j)$
0 0 0 0 0	0	1 0 0 0 0	0
0 0 0 0 1	0	1 0 0 0 1	0
0 0 0 1 0	0	1 0 0 1 0	1
0 0 0 1 1	0	1 0 0 1 1	1
0 0 1 0 0	0	1 0 1 0 0	0
0 0 1 0 1	1	1 0 1 0 1	1
0 0 1 1 0	0	1 0 1 1 0	1

表 3-5（续）

X_1 X_2 X_3 X_4 X_5	$\Phi(0_i, X_j)$	X_1 X_2 X_3 X_4 X_5	$\Phi(1_i, X_j)$
0 0 1 1 1	1	1 0 1 1 1	1
0 1 0 0 0	0	1 1 0 0 0	0
0 1 0 0 1	0	1 1 0 0 1	0
0 1 0 1 0	0	1 1 0 1 0	1
0 1 0 1 1	0	1 1 0 1 1	1
0 1 1 0 0	0	1 1 1 0 0	1
0 1 1 0 1	1	1 1 1 0 1	1
0 1 1 1 0	0	1 1 1 1 0	1
0 1 1 1 1	1	1 1 1 1 1	1

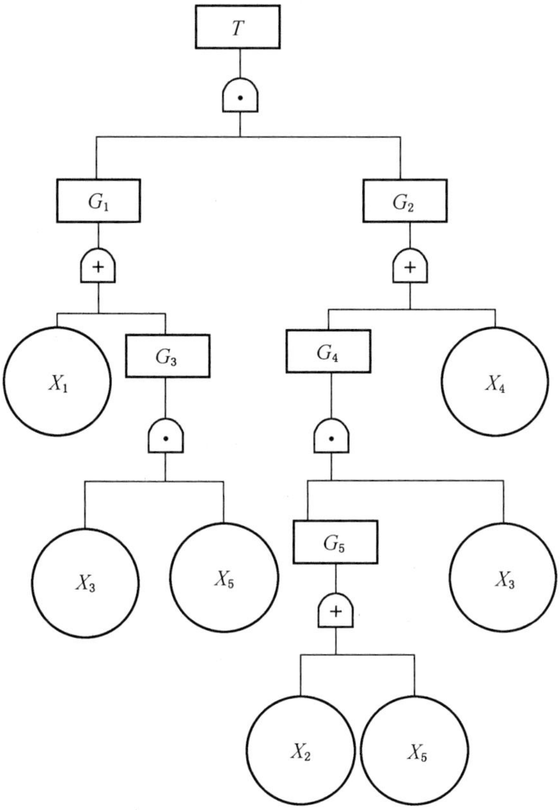

图 3-17　事故树

若用 1 表示事件发生，用 0 表示事件不发生，则 5 个基本事件有 32（$2^5=32$）种状态组合，对应于 32 种状态中任何一种状态，是否引起顶事件发生，应根据如图 3-17 所示事故树的结构及其布尔代数运算来确定。

如果布尔函数 Φ 的变元是仅取 0 与 1 两个值的变量，根据布尔代数运算规则计算每种状态下的布尔函数，并用表格形式给出，这种表称为真值表。

由表 3-5 可知，导致顶事件发生［$\Phi(X)=1$］的基本事件组合共有 15 种，即该事故树有 15 个割集。15 个割集中，有的割集包含在其他割集中，如割集｛X_1，X_4｝包含在割集｛X_1，X_2，X_3，X_4，X_5｝中。只要事件 X_1 和事件 X_4 发生，顶事件必然发生，且在事件 X_1 和事件 X_4 中任一个不发生，顶事件就不会发生。因此，割集｛X_1，X_4｝是最小割集，而割集｛X_1，X_2，X_3，X_4，X_5｝不是最小割集。

2）求最小割集的方法

简单的事故树，可以直接观察出它的最小割集。但是，对一般的事故树来说，就不易做到，对于大型复杂的事故树来说，就更难了。这时，就需要借助于某些算法，并需要应用计算机进行计算。求最小割集的常用方法有布尔代数法、行列法、矩阵法等。

（1）布尔代数法。任何一个事故树都可以用布尔函数来描述。化简布尔函数，其最简析取标准式中每个最小项所属变元构成的集合，便是最小割集。若最简析取标准式中含有 m 个最小项，则该事故树有 m 个最小割集。

根据布尔代数的性质，可把任何布尔函数化为析取和合取两种标准形式。析取标准形式为

$$f = A_1 + A_2 + \cdots + A_n = \sum_{i=1}^{n} A_i$$

合取标准形式为

$$f = B_1 \cdot B_2 \cdot \cdots \cdot B_n = \prod_{i=1}^{n} B_i$$

可以证明 A_i 和 B_i 分别是事故树的割集和径集。如果定义析取标准式的布尔项之和 A_i 中各项之间不存在包含关系，即其中任意一项基本事件布尔积不被其他基本事件布尔积所包含，则该析取标准式为最简析取标准式，那么 A_i 为结构函数 f 的最小割集。同理，可以直接利用最简合取标准式求取事故树的最小径集。

用布尔代数法计算最小割集，通常分 3 个步骤进行。

第一，建立事故树的布尔表达式。一般从事故树的顶事件开始，用下一层事件代替上一层事件，直至顶事件被所有基本事件代替为止。

第二，将布尔表达式化为析取标准式。

第三，化析取标准式为最简析取标准式。

化简最普通的方法是，当求出割集后对所有割集逐个进行比较，使之满足最简析取标准式的条件。但当割集的个数及割集中的基本事件个数较多时，这种方法不但费时，而且效率低。所以常用素数法或分离重复事件法进行化简。

①素数法。将每一个割集中的基本事件用一个素数表示，该割集用所属基本事件对应的素数的乘积表示，则一个事故树若有 N 个割集，就对应有 N 个数。把这 N 个数按数值从小到大排列，按以下顺序求最小割集：

素数表示的割集是最小割集，与该素数成倍的数所表示的割集不是最小割集。

在 N 个割集中去掉上面确定的最小割集和非最小割集后，再找素数乘积的最小数，该数表示的割集为最小割集，与该最小数成倍的数所表示的割集不是最小割集。

重复上述步骤，直至在 N 个割集中找到 N_1 个最小割集（$N_1 \neq 0$，$N_1 \leqslant N$），N_2 个非最小割集（$0 \leqslant N_2 \leqslant N-N_1$），直到 $N_1+N_2=N$ 为止。

②分离重复事件法。该法是 1986 年由法国学者利姆尼斯（N. Limnios）和齐安尼（R. Ziani）提出的。其基本根据是若某一事故树中无重复的基本事件，则求出的割集为最小割集。若树中有重复的基本事件，则不含重复基本事件的割集就是最小割集，仅对含有重复基本事件的割集化简即可。这里用 N 表示事故树的全部割集，N_1 表示含有重复基本事件的割集，N_2 表示不含重复基本事件的割集，N'表示全部最小割集。其步骤为：求出 N，若事故树没有重复的基本事件，则 $N'=N$；检查全部割集，将 N 分成 N_1 和 N_2 两组；化简含有重复基本事件的割集 N_1 为最小割集 N_1'；$N'=N_1'\cup N_2$。

【例 3-4】 用布尔代数法求图 3-17 所示事故树的最小割集。

解 ①写出事故树的布尔表达式：

$$T=G_1G_2=(X_1+G_3)(G_4+X_4)=(X_1+X_3X_5)(G_5X_3+X_4)$$
$$=(X_1+X_3X_5)[(X_2+X_5)X_3+X_4]$$

②化布尔表达式为析取标准式：

$$T=X_1X_2X_3+X_1X_3X_5+X_1X_4+X_2X_3X_3X_5+X_3X_5X_5X_3+X_3X_4X_5$$
$$=X_1X_2X_3+X_1X_3X_5+X_1X_4+X_2X_3X_5+X_3X_5+X_3X_4X_5$$

③用素数法或分离重复法求最简析取标准式：

$$T=X_1X_2X_3+X_1X_4+X_3X_5$$

即该事故树有 3 个最小割集：$\{X_1, X_2, X_3\}$、$\{X_1, X_4\}$、$\{X_3, X_5\}$。

根据最小割集的定义，原事故树可以化简为一个新的等效事故树，如图 3-18 所示。在以后计算顶事件发生概率时，必须按化简后的布尔代数表达式进行计算。

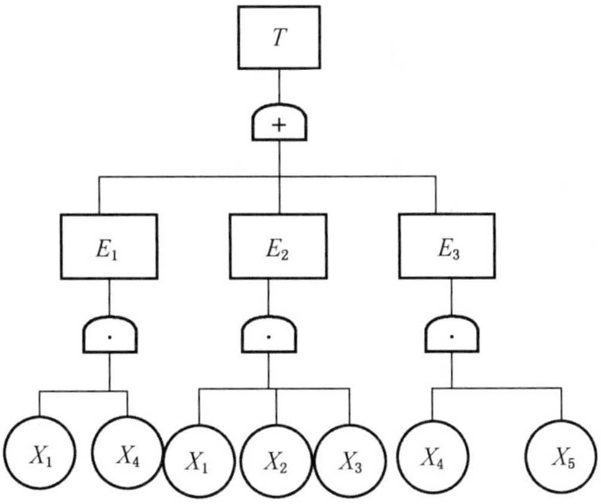

图 3-18 图 3-17 的等效事故树

（2）行列法。该法是富塞尔（J. B. Fussell）和文西利（W. E. Vssely）于 1972 年提出的，又称下行法或富塞尔算法。该法的理论依据是事故树或门使割集的数量增加，而不改变割集内所含事件的数量；与门使割集内所含事件的数量增加，而不改变割集的数量。求取最小割集时，首先从顶事件开始，顺序用下一事件代替上一层事件。在代换过程中，凡是用或门连接的输入事件，按列排列；用与门连接的输入事件，按行排列。这样，逐层向下代换下去，直到顶事件全部为基本事件表示为止。最后列写的每一行基本事件集合，经过简化，若集合内元素不重复出现，且各集合间没有包含的关系，这些集合便是最小割集。

【例 3-5】 用行列法求图 3-17 所示事故树的最小割集。

解 定义顶事件为 T，具体步骤（表 3-6）如下：

表 3-6 行列法求解步骤

顶事件	步骤					
	一	二	三	四	五	六
T	G_1，G_2	X_1，G_2 G_3，G_2	X_1，G_4 X_1，X_4 G_3，G_4 G_3，X_4	X_1，X_3，G_5 X_1，X_4 X_3，X_5，G_5，X_3 X_3，X_5，X_4	X_1，X_3，X_2 X_1，X_3，X_5 X_1，X_4 X_3，X_5，X_2，X_3 X_3，X_5，X_5，X_3 X_3，X_5，X_4	X_1，X_2，X_3 X_1，X_4 X_3，X_5

①将用与门连接的 T 的输入事件 G_1、G_2 按行排列。

②事件 G_1 是用或门连接的输入，将输入事件 X_1、G_3 按列排列置换 G_1。

③事件 G_2 是用或门连接的输入，将输入事件 G_4、X_4 按列排列分别置换 G_2。

④X_1、X_4 为基本事件不再分解。事件 G_4、G_3 均是用与门连接的输入，将输入事件 G_5、X_3 与 X_3、X_5 按行排列分别置换 G_4 与 G_3。

⑤X_1、X_3、X_5 为基本事件不再分解。事件 G_5 是用或门连接的输入，将输入事件 X_2、X_5 按列排列置换 G_5。

⑥进行布尔等幂、吸收运算，求得最小割集。

运算结果表明，有 3 个最小割集：$\{X_1, X_2, X_3\}$、$\{X_1, X_4\}$、$\{X_3, X_5\}$。

（3）矩阵法。1974 年富赛尔（J. B. Fussell）、亨利（E. B. Henry）和马斯鲍尔（N. H. Marsball）提出了一种求最小割集的程序——MOCUS，该程序采用的算法原理上与行列法相似。为了能在计算机上实现，将行列代换过程用一个二维表——矩阵的变换来代替，矩阵法的解题步骤是首先求出割集矩阵，然后利用布尔代数化简求出最小割集并上机计算。

①矩阵大小的确定。用计算机求矩阵，首先计算矩阵的大小，即矩阵包含的行列数。

现定义矩阵为 $CM_{m\times n}$，这个矩阵的每一行就是事故树的一个割集或径集。假定第 i 个门的第 j 个输入用变量 $X_{i,j}$ 表示，则根据第 i 个门的类型，如果求割集矩阵 $CM_{m\times n}$ 的行数 m 可按式（3-5）计算：

$$X_i = \begin{cases} X_{i,1} \times X_{i,2} \times \cdots \times X_{i,\lambda_i} & (i\text{ 为与门}) \\ X_{i,1} + X_{i,2} + \cdots + X_{i,\lambda_i} & (i\text{ 为或门}) \end{cases} \tag{3-5}$$

如果求径集矩阵，则

$$X_i = \begin{cases} X_{i,1} + X_{i,2} + \cdots + X_{i,\lambda_i} & (i\text{ 为与门}) \\ X_{i,1} \times X_{i,2} \times \cdots \times X_{i,\lambda_i} & (i\text{ 为或门}) \end{cases} \tag{3-6}$$

式中 i——门的编号或代码；

λ_i——第 i 个门输入事件的数量；

$X_{i,j}$——第 i 个门的第 j 个输入变量（$j=1, 2, \cdots, \lambda_i$）。当输入变量是基本事件时，$X_{i,j}=1$；当输入变量是第 K 个门时，$X_{i,j}=X_k$；

X_i——第 i 个门的变量，如果第 i 个门是紧接顶事件 T 的门，则 $X_i=X_T$ 即为矩阵 $CM_{m\times n}$ 的行数 m。

矩阵的列数就是某个割集或径集所含事件的最多数目。设第 i 个门的第 j 个输入变量用 $Y_{i,j}$ 表示，根据第 i 个门的类型，按式（3-7）计算割集矩阵 $CM_{m\times n}$ 列数 n：

$$Y_i=\begin{cases}Y_{i,1}+Y_{i,2}+\cdots+Y_{i,\lambda_i} & (i\text{ 为与门})\\ \max\{Y_{i,1}, Y_{i,2}, \cdots, Y_{i,\lambda_i}\} & (i\text{ 为或门})\end{cases} \tag{3-7}$$

如果求径集矩阵，则

$$Y_i=\begin{cases}\max\{Y_{i,1}, Y_{i,2}, \cdots, Y_{i,\lambda_i}\} & (i\text{ 为与门})\\ Y_{i,1}+Y_{i,2}+\cdots+Y_{i,\lambda_i} & (i\text{ 为或门})\end{cases} \tag{3-8}$$

式中 $Y_{i,j}$——第 i 个门的第 j 个输入变量（$j=1, 2, \cdots, \lambda_i$），当输入变量是基本事件时，$Y_{i,j}=1$；当输入是第 K 个门时，$Y_{i,j}=Y_K$；

Y_i——第 i 个门的变量，如果第 i 个门是紧接顶事件 T 的门，则 $Y_i=Y_T$ 即为矩阵 $CM_{m\times n}$ 的列数 n。

②求割集矩阵 $CM_{m\times n}$。为了运算方便，现规定以下符号：

W——事故树中门的名称；

λ_w——第 W 个门的输入门或基本事件的数量；

$P_{w,i}$——第 W 个门的第 i 个输入（$i=1, 2, \cdots, \lambda_W$）；

$CM(X, Y)$——矩阵第 X 行第 Y 列的元素的变量；

$X_{\max}$——代换过程中前面已用过的最大的行数；

$Y_{\max}$——当前被代换的门或事件所在行中已用过的最大的列数。

这样用以上规定的符号就可完全表达计算事故树割集所需的输入信息。

求割集矩阵的步骤：首先在矩阵的第一行第一列，即 $CM(1, 1)$ 位置上写上顶事件 T 下的第一个门的名称；然后按下述规则代换，直到全部基本事件代换了顶事件为止，这时，矩阵中的每一行即为所求的割集。其替换规则如下。

规则 1：设在割集矩阵 $CM(X, Y)$ 位置上是第 W 个门，则在该位置上以第 W 个门的第一个输入替代，即

$$CM(X, Y)=P_{W,1} \tag{3-9}$$

该输入可以是门，也可以是基本事件，第 W 个门下的第 2，3，…，λ_w 个输入的位置，由第 W 个门的类型决定。

规则 2：当第 W 个门是与门时，在矩阵 $CM(X, Y)$ 的（X, $Y_{\max}+1$）位置上依次写上第 W 个门的第 2，3，…，λ_w 个输入，即

$$CM(X, Y_{\max}+1)=P_{W,n}(n=2, 3, \cdots, \lambda_W) \tag{3-10}$$

规则 3：当第 W 个门是或门时，在矩阵 $CM(X, Y)$ 的（$X_{\max}+1$, n）位置上按式（3-11）规定的符号输入，即

$$CM(X_{\max}+1, t)=\begin{cases}CM(X, t) & (t\neq Y, t=1, 2, \cdots, Y_{\max})\\ P_{W,n} & (t=Y, n=2, 3, \cdots, \lambda_W)\end{cases} \tag{3-11}$$

根据以上规则逐步进行，最后得到以基本事件为元素的矩阵，其各行基本事件将作为元素构成一个割集，对这些割集进行化简，即可求得最小割集。

【例 3-6】 用矩阵法求如图 3-17 所示事故树的割集和最小割集。

解 由图 3-17 可得事故树的输入信息见表 3-7。

表3-7 事故树的输入信息

W	门的形式	λ_W	$P_{W,1}$	$P_{W,2}$
A	AND	2	B	C
B	OR	2	X_1	D
C	OR	2	E	X_4
D	AND	2	X_3	X_5
E	AND	2	F	X_3
F	OR	2	X_2	X_5

（1）确定割集矩阵 $CM_{m\times n}$的行列数，由式（3-5）得

$$X_F = X_{F,\ 1} + X_{F,\ 2} = 1 + 1 = 2$$

$$X_E = X_{E,\ 1} \times X_{E,\ 2} = X_F \times X_{E,\ 2} = 2 \times 1 = 2$$

$$X_D = X_{D,\ 1} \times X_{D,\ 2} = 1 \times 1 = 1$$

$$X_C = X_{C,\ 1} + X_{C,\ 2} = X_E + X_{C,\ 2} = 2 + 1 = 3$$

$$X_B = X_{B,\ 1} + X_{B,\ 2} = X_{B,\ 1} + X_D = 1 + 1 = 2$$

$$X_A = X_{A,\ 1} \times X_{A,\ 2} = X_B \times X_C = 2 \times 3 = 6$$

由式（3-7）得

$$Y_F = \max(Y_{F,\ 1},\ Y_{E,\ 2}) = 1$$

$$Y_E = Y_{E,\ 1} + Y_{E,\ 2} = 1 + 1 = 2$$

$$Y_D = Y_{D,\ 1} + Y_{D,\ 2} = 1 + 1 = 2$$

$$Y_C = \max(Y_C,\ 1,\ Y_C,\ 2) = 2$$

$$Y_B = \max(Y_{B,\ 1},\ Y_{B,\ 2}) = 2$$

$$Y_A = Y_{A,\ 1} + Y_{A,\ 2} = Y_B + Y_C = 4$$

所以矩阵 $CM_{m\times n}$的行数为 6，列数为 4，即矩阵 $CM_{m\times n}$为 6×4 的矩阵，记为 $CM_{6\times 4}$。

（2）根据代换规则求矩阵 $CM_{6\times 4}$。

①顶事件下是第 A 个门，有 $CM(1,\ 1)=A$。

②第 A 个门为与门，按规则 1、规则 2 进行代换运算，即

$$CM(1,\ 1) = P_{A,\ 1} = B$$

$$X_{\max} = 1 \qquad Y_{\max} = 1 \qquad \lambda_A = 2$$

$$CM(X,\ Y_{\max} + 1) = CM(1,\ 2) = P_{A,\ 2} = C$$

③第 B 个门为或门，按规则 1、规则 3 进行替换运算，即

$$CM(1,\ 1) = P_{B,\ 1} = X_1$$

$$X_{\max} = 1 \qquad Y_{\max} = 2 \qquad \lambda_B = 2$$

$$CM(X_{\max} + 1,\ 1) = CM(2,\ 1) = P_{B,\ 2} = D$$

$$CM(X_{max}+1, 2)=CM(2, 2)=CM(1, 2)=C$$

④第 C 个门为或门，按规则 1、规则 3 进行替换运算，即

$$CM(1, 2)=P_{C,1}=E \qquad CM(2, 2)=P_{C,1}=E$$

$$X_{max}=2 \qquad Y_{max}=2 \qquad \lambda_C=2$$

$$CM(X_{max}+1, 1)=CM(3, 1)=CM(1, 1)=X_1$$

$$CM(X_{max}+1, 2)=CM(3, 2)=P_{C,2}=X_4$$

这时 $X_{max}=3$

$$CM(X_{max}+1, 1)=CM(4, 1)=CM(2, 1)=D$$

$$CM(X_{max}+1, 2)=CM(4, 2)=P_{C,2}=X_4$$

⑤第 D 个门为与门，按规则 1、规则 2 进行替换运算，即

$$CM(2, 1)=P_{D,1}=X_3 \qquad CM(4, 1)=P_{D,1}=X_3$$

$$X_{max}=4 \qquad Y_{max}=2 \qquad \lambda_D=2$$

$$CM(X, Y_{max}+1)=CM(2, 3)=P_{D,2}=X_5$$

$$CM(X, Y_{max}+1)=CM(4, 3)=P_{D,2}=X_5$$

⑥第 E 个门为与门，按规则 1、规则 2 进行替换运算，即

$$CM(1, 2)=P_{E,1}=F \qquad CM(2, 2)=P_{E,1}=F$$

对 $X=1$、$Y_{max}=2$ 有

$$CM(X, Y_{max}+1)=CM(1, 3)=P_{E,2}=X_3$$

对 $X=2$、$Y_{max}=3$ 有

$$CM(X, Y_{max}+1)=CM(2, 4)=P_{E,2}=X_3$$

⑦第 F 个门为或门，按规则 1、规则 3 进行替换运算，即

$$CM(1, 2)=P_{F,1}=X_2 \qquad CM(2, 2)=P_{F,1}=X_2$$

对 $X_{max}=4$，$Y_{max}=3$，$\lambda_F=2$ 有

$$CM(X_{max}+1, 1)=CM(5, 1)=CM(1, 1)=X_1$$

$$CM(X_{max}+1, 2)=CM(5, 2)=P_{F,2}=X_5$$

$$CM(X_{max}+1, 3)=CM(5, 3)=CM(1, 3)=X_3$$

这时 $X_{max}=5$，$Y_{max}=4$ 有

$$CM(X_{max}+1, 1)=CM(6, 1)=CM(2, 1)=X_5$$

$$CM(X_{max}+1, 2)=CM(6, 2)=P_{F,2}=X_3$$

$$CM(X_{max}+1, 3)=CM(6, 3)=CM(2, 3)=X_5$$

$$CM(X_{max}+1, 4)=CM(6, 4)=CM(2, 4)=X_3$$

各替换过程见表 3-8，表中的每一行就是一个割集，对这些割集进行化简，得最小割集为 $\{X_1, X_2, X_3\}$、$\{X_1, X_4\}$、$\{X_3, X_5\}$。

3. 最小径集

1）径集与最小径集

在事故树中，当所有基本事件都不发生时，顶事件肯定不会发生。然而，顶事件不发生常常并不要求所有基本事件都不发生，而只要某些基本事件不发生顶事件就不会发生。这些不发生的基本事件的集合称为径集，也称通集或路集。在同一事故树中，不包含其他径集的径集称为最小径集。如果径集中任意去掉一个基本事件后就不再是径集，那么该径

集就是最小径集。所以，最小径集是保证顶事件不发生的充分必要条件。

表3-8 割集矩阵表

A			

(a)

B	C		

(b)

X_1	C		
D	C		

(c)

X_1	E		
D	E		
X_1	X_4		
D	X_4		

(d)

X_1	E		
X_3	E	X_5	
X_1	X_4		
X_3	X_4	X_5	

(e)

X_1	F	X_3	
X_3	F	X_5	X_3
X_1	X_4		
X_3	X_4	X_5	

(f)

X_1	X_2	X_3	
X_3	X_2	X_5	X_3
X_1	X_4		
X_3	X_4	X_5	
X_1	X_5	X_3	
X_3	X_5	X_5	X_3

(g)

2）求最小径集的方法

（1）对偶树法。根据对偶原理，成功树顶事件发生，就是其对偶树（事故树）顶事件不发生。因此，求事故树最小径集的方法是首先将事故树变换成其对偶的成功树，然后求出成功树的最小割集，即是所求事故树的最小径集。

将事故树变为成功树的方法是将原事故树中的逻辑或门改成逻辑与门，将逻辑与门改成逻辑或门，并将全部事件符号加上“′”，变成事件补的形式，这样便可得到与原事故树对偶的成功树。

【例 3-7】 用对偶树法求如图 3-17 所示事故树的最小径集。

首先将如图 3-17 所示的事故树变换为如图 3-19 所示的成功树。

求图 3-19 成功树的最小割集为 $\{X_1', X_3'\}$、$\{X_1', X_5'\}$、$\{X_3', X_4'\}$、$\{X_2', X_4', X_5'\}$，所以，图 3-17 所示事故树的最小径集为 $\{X_1, X_3\}$、$\{X_1, X_5\}$、$\{X_3, X_4\}$、$\{X_2, X_4, X_5\}$。

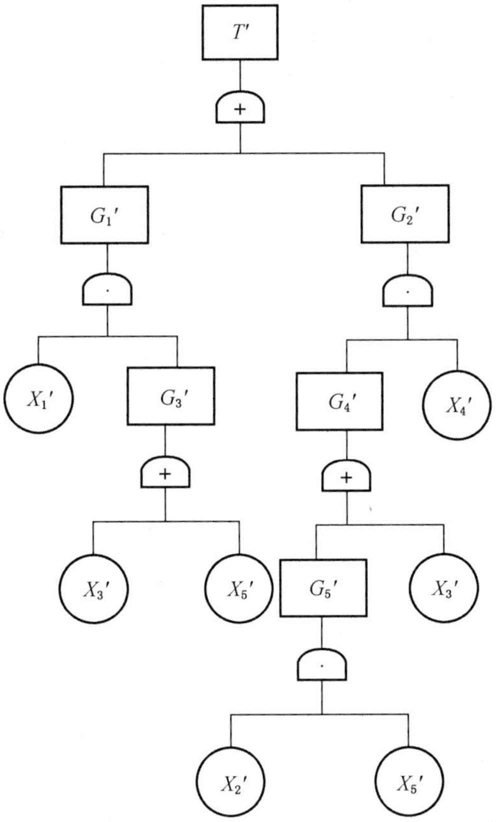

图 3-19　图 3-17 事故树的对偶树——成功树

（2）布尔代数法。将事故树的布尔代数式化简成最简合取标准式，式中最大项便是最小径集。若最简合取标准式中含有 m 个最大项，则该事故树便有 m 个最小径集。该方法的计算过程与计算最小割集的计算方法类似。

图 3-17 所示事故树的布尔表达式为

$$T = G_1G_2 = (X_1 + X_3X_5)[(X_2 + X_5)X_3 + X_4]$$

化布尔表达式为合取标准式：

$$T = (X_1 + X_3X_5)(X_2X_3 + X_3X_5 + X_4)$$

$$=(X_1 + X_3)(X_1 + X_5)(X_2 + X_3X_5 + X_4)(X_3 + X_3X_5 + X_4)$$

$$=(X_1 + X_3)(X_1 + X_5)(X_2 + X_3 + X_4)(X_2 + X_5 + X_4)(X_3 + X_3 + X_4)(X_3 + X_5 + X_4)$$

求最简合取标准式：

$$T=(X_1+X_3)(X_1+X_5)(X_3+X_4)(X_2+X_4+X_5)$$

即事故树有 4 个最小径集：$\{X_1, X_3\}$、$\{X_1, X_5\}$、$\{X_3, X_4\}$、$\{X_2, X_4, X_5\}$。

（3）行列法。用行列法计算事故树最小径集，与计算事故树最小割集的方法类似。其方法仍是从顶上事件开始，按顺序用逻辑门的输入事件代替其输出事件。代换过程中凡用与门连接的输入事件，按列排列，凡用或门连接的输入事件按行排列，直至顶上事件全部为基本事件代替为止。最后得到的每一行基本元素的集合，都是事故树的径集。根据最小径集的定义，将径集化为不包含其他径集的集合，即可得到最小径集。

用行列法求如图 3-17 所示事故树的最小径集步骤，见表 3-9。

表 3-9　行列法求最小径集步骤

顶事件	步骤			
	一	二	三	四
T	G_1 G_2	X_1，G_3 G_4，X_4	X_1，X_3 X_1，X_5 G_5，X_4 X_3，X_4	X_1，X_3 X_1，X_5 X_2，X_5，X_4 X_3，X_4

从表 3-9 中可知，如图 3-17 所示事故树的最小径集为 $\{X_1, X_3\}$、$\{X_1, X_5\}$、$\{X_3, X_4\}$、$\{X_2, X_4, X_5\}$。

以上对同一事故树采用了 3 种方法求其最小径集，结果相同。

4. 最小割集和最小径集在事故树分析中的作用

1）最小割集在事故树分析中的作用

最小割集在事故树分析中起着非常重要的作用，归纳起来有以下 4 个方面：

（1）表示系统的危险性。最小割集的定义明确指出，每一个最小割集都表示顶事件发生的一种可能，事故树中有几个最小割集，顶事件发生就有几种可能。从这个意义上讲，最小割集越多，说明系统的危险性越大。

（2）表示顶事件发生的原因组合。事故树顶事件发生，必然是某个最小割集中基本事件同时发生的结果。一旦发生事故，就可以方便地知道所有可能发生事故的途径，并可以逐步排除非本次事故的最小割集，而较快地查出本次事故的最小割集，这就是导致本次事故的基本事件的组合。显而易见，掌握了最小割集，对于掌握事故的发生规律，调查事故发生的原因有很大的帮助。

（3）为降低系统的危险性提出控制方向和预防措施。每个最小割集都代表了一种事故模式。由事故树的最小割集可以直观地判断哪种事故模式最危险，哪种次之，哪种可以忽略，以及如何采取措施使事故发生概率下降。

若某事故树有 3 个最小割集，如果不考虑每个基本事件发生的概率，或者假定各基本事件发生的概率相同，则只含一个基本事件的最小割集比含有两个基本事件的最小割集容易发生；含有两个基本事件的最小割集比含有 5 个基本事件的最小割集容易发生。依此类推，少事件的最小割集比多事件的最小割集容易发生。由于单个事件的最小割集只要一个基本事件发生，顶事件就会发生，两个事件的最小割集必须两个基本事件同时发生，才能引起顶事件发生。这样，两个基本事件组成的最小割集发生的概率比一个基本事件组成的最小割集发生的概率要小得多，而5个基本事件组成的最小割集发生的可能性相比之下可以忽略。由此可见，为了降低系统的危险性，对含基本事件少的最小割集应优先考虑采取安全措施。

（4）利用最小割集可以判定事故树中基本事件的结构重要度和方便地计算顶事件发生的概率。

2）最小径集在事故树分析中的作用

最小径集在事故树分析中的作用与最小割集同样重要，主要表现在以下3个方面。

（1）表示系统的安全性。最小径集表明，一个最小径集中所包含的基本事件都不发生，就可防止顶事件发生。可见，每一个最小径集都是保证事故树顶事件不发生的条件，是采取预防措施、防止发生事故的一种途径。从这个意义上来说，最小径集表示了系统的安全性。

（2）选取确保系统安全的最佳方案。每一个最小径集都是防止顶事件发生的一个方案，可以根据最小径集中所包含的基本事件个数的多少、技术上的难易程度、耗费的时间以及投入的资金数量，来选择最经济、最有效地控制事故的方案。

（3）利用最小径集同样可以判定事故树中基本事件的结构重要度和计算顶事件发生的概率。在事故树分析中，根据不同的具体情况，有时应用最小径集更为方便。就某个系统而言，如果事故树中与门多，则其最小割集的数量就少，定性分析最好从最小割集入手；反之，如果事故树中或门多，则其最小径集的数量就少，此时定性分析最好从最小径集入手，从而可以得到更为经济、有效的结果。

四、事故树的定量分析

事故树的定量分析首先是确定基本事件的发生概率，然后求出事故树顶事件的发生概率。求出顶事件的发生概率之后，可与系统安全目标值进行比较和评价，当计算值超过目标值时，就需要采取防范措施，使其降至安全目标值以下。

在进行事故树定量计算时，一般作以下几个假设：

（1）基本事件之间相互独立。

（2）基本事件和顶事件都只考虑两种状态。

（3）假定故障分布符合指数函数分布。

1. 基本事件的发生概率

基本事件的发生概率包括系统的单元（部件或元件）故障概率及人的失误概率等，在工程计算时，往往用基本事件发生的频率来代替其概率值。

1）系统的单元故障概率

（1）可修复系统的单元故障概率定义为

$$q = \frac{\lambda}{\lambda + \mu} \tag{3-12}$$

式中 q——单元故障概率；

λ——单元故障率，是指单位时间内故障发生的频率；

μ——单元修复率，是指单位时间内元件修复的频率。

一般情况下，单元故障率为

$$\lambda = k\lambda_0 \tag{3-13}$$

式中　k——修正系数，一般 $k=1\sim10$；

λ_0——单元故障率的实验值，一般可根据实验或统计求得，等于元件平均故障间隔期（$MTBF$）的倒数，即

$$\lambda_0 = \frac{1}{\tau} \tag{3-14}$$

式中　τ——平均故障间隔期，是指相邻两故障间隔期内正常工作的平均时间，一般可按下式计算获得

$$\tau = \frac{1}{n}\sum_{i=1}^{n} t_i \tag{3-15}$$

式中　n——各单元发生故障的总次数；

t_i——第 $i-1$ 次到第 i 次故障间隔时间。

故障率是通过实验测定得到的，实施应用时受到环境因素的不良影响，如温度、湿度、振动、腐蚀等。故需进行修正，即考虑一定的修正系数（严重系数）。部分环境下严重系数的取值见表 3-10。

表 3-10　严重系数举例

使用场所	k	使用场所	k
实验室	1	火箭试验台	60
普通室内	1.1~10	飞机	80~150
船舶	10~18	火箭	400~1000
铁路车辆、牵引式公共汽车	13~30		

单元修复率 μ 一般可根据统计分析用下式求得

$$\mu = \frac{1}{MTTR} \tag{3-16}$$

式中　$MTTR$——平均修复时间，是指系统单元出现故障，从开始维修到恢复正常工作所需的平均时间。

一般，$\tau \gg MTTR$，所以 $\lambda \ll \mu$，则其故障概率为

$$q = \frac{\lambda}{\lambda + \mu} \approx \frac{\lambda}{\mu}$$

（2）不可维修系统的单元故障概率为

$$q = 1 - e^{-\lambda t} \tag{3-17}$$

式中　t——元件的运行时间。

如果把 $e^{-\lambda t}$ 按级数展开，略去后面的高阶无穷小，则可近似为

$$q \approx \lambda t$$

式（3-17）只适用于故障率 λ 稳定的情况。许多元件的故障率是随时间变化而变化的，变化规律如图 3-20 所示的曲线。

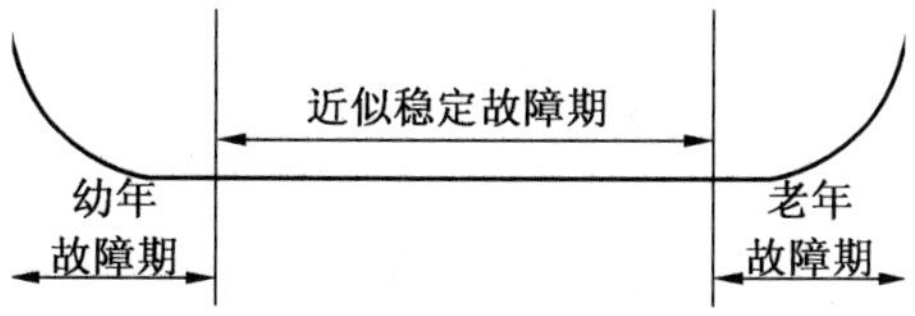

图 3-20 故障率曲线图

由图 3-20 可见，元件故障率随时间变化有 3 个时期，即幼年故障期（早期故障期）、近似稳定故障期（偶然故障期）和老年故障期（损耗故障期）。元件在幼年故障期和老年故障期时的故障率都很高，但很快就下降了。当使用时间长了，由于老化、磨损，功能下降，故障率又会迅速提高。如果设备或元件在老年故障期之前，更换或修理即将失效部分，则可延长使用寿命。在幼年和老年两个周期之间（偶然故障期）的故障率低且稳定。表 3-11 列出了部分元件的故障率，在进行元件和系统故障分析时可以作为参考。

表 3-11 部分元件的故障率

元件	故障/(次·a^{-1})	元件	故障/(次·a^{-1})
控制阀	0.06	pH 计	5.88
控制器	0.29	压力测量	1.41
流量测量（液体）	1.14	泄压阀	0.022
流量测量（固体）	3.75	压力开关	0.14
流量开关	1.12	电磁阀	0.42
气液色谱	30.6	步进电动机	0.044
手动阀	0.13	长纸条记录仪	0.22
指示灯	0.044	热电偶温度测量	0.52
液位测量（液体）	1.70	温度计温度测量	0.027
液位测量（固体）	6.86	阀动定位器	0.44
氧分析仪	5.65		

目前，许多工业发达国家都建立了故障率数据库，用计算机存储和检索，使用非常方便，为系统安全和可靠性分析提供了良好的条件。在我国已有少数行业开始进行建库工作，但数据还相当缺乏。为此，在工程实践中可以通过系统长期的运行情况统计其正常工作时间、修复时间及故障发生次数等原始数据，就可近似求得系统的单元故障概率。表 3-12 列出了若干单元、部件的故障率数据。

2）人的失误概率

人的失误是另一种基本事件，系统运行中人的失误是导致事故发生的一个重要原因。人的失误通常是指作业者实际完成的功能与系统所要求的功能之间的偏差。人的失误概率通常是指作业者在一定条件下和规定时间内完成某项规定功能时出现偏差或失误的概率，它表示人的失误的可能性大小，因此人的失误概率也就是人的不可靠度。一般根据人的不可靠度与人的可靠度互补的规则，获得人的失误概率。

表3-12 故障率数据举例

项目	故障率/h^{-1}	
	观测值	建议值
机械杠杆、链条、托架等	$10^{-6}\sim10^{-9}$	10^{-6}
电阻、电容、线圈等	$10^{-6}\sim10^{-9}$	10^{-6}
固体晶体管、半导体	$10^{-6}\sim10^{-9}$	10^{-6}
电气焊接连接	$10^{-7}\sim10^{-9}$	10^{-8}
电气螺纹连接	$10^{-4}\sim10^{-6}$	10^{-5}
电子管	$10^{-4}\sim10^{-6}$	10^{-5}
热电偶	—	10^{-6}
三角带	$10^{-4}\sim10^{-6}$	10^{-4}
摩擦制动器	$10^{-4}\sim10^{-5}$	10^{-4}
管路焊接连接破裂	—	10^{-9}
管路法兰连接爆裂	—	10^{-7}
管路螺口连接破裂	—	10^{-5}
管路胀接破裂	—	10^{-5}
冷标准容器破裂	—	10^{-9}
电（气）动调节阀等	$10^{-4}\sim10^{-7}$	10^{-5}
继电器、开关等	$10^{-4}\sim10^{-7}$	10^{-5}
断路器（自动防止故障）	$10^{-5}\sim10^{-6}$	10^{-5}
配电变压器	$10^{-5}\sim10^{-8}$	10^{-5}
安全阀（自动防止故障）	—	10^{-6}
安全阀（每次过压）	—	10^{-4}
仪表传感器	$10^{-4}\sim10^{-7}$	10^{-5}
离心泵、压缩机、循环机	$10^{-3}\sim10^{-6}$	10^{-4}
往复泵、比例泵	$10^{-3}\sim10^{-6}$	10^{-4}
柴油内燃机	$10^{-3}\sim10^{-6}$	10^{-4}
汽油内燃机	$10^{-3}\sim10^{-4}$	10^{-4}
蒸汽透平机	$10^{-3}\sim10^{-6}$	10^{-4}
电动机、发电机	$10^{-3}\sim10^{-6}$	10^{-4}
气动仪表指示器、记录器、控制器等	$10^{-2}\sim10^{-5}$	10^{-4}
电动仪表指示器、记录器、控制器等	$10^{-4}\sim10^{-6}$	10^{-5}
真空阀未能启动	$10^{-4}\sim10^{-5}$	10^{-5}
溢流阀未能打开	$3\times10^{-5}\sim3\times10^{-6}$	10^{-5}
熔断器未能断开	$3\times10^{-5}\sim3\times10^{-6}$	10^{-5}

影响人的失误的因素很复杂，很多专家、学者对此做过专门研究，提出了不少关于人的失误概率估算方法，但都不很完善。现在能被大多数人接受的是 1961 年斯温（Swain）

和罗克（Rock）提出的“人的失误率预测方法（T-HERP）”。这种方法的分析步骤如下：

（1）调查被分析者的作业程序。

（2）把整个程序分解成单个作业。

（3）把每一单个作业分解成单个动作。

（4）根据经验和实验，适当选择每个动作的可靠度（常见的人的行为可靠度见表3-13）。

（5）用单个动作的可靠度之积表示每个操作步骤的可靠度。如果各个动作中存在非独立事件，则用条件概率计算。

（6）用各操作步骤可靠度之积表示整个程序的可靠度。

（7）用可靠度之补数（1-可靠度）表示每个程序的不可靠度，这就是该程序人的失误概率。

表3-13 人的行为可靠度举例

人的行为类型	可靠度	人的行为类型	可靠度
阅读技术说明书	0.9918	上紧螺母、螺钉和销子	0.9970
读取时间（扫描记录仪）	0.9921	连接电缆（安装螺钉）	0.9972
读取电流计或流量针	0.9945	阅读记录	0.9966
确定多位置电气开关的位置	0.9957	确定双位置开关	0.9985
在元件位置上标注符号	0.9958	关闭手动阀门	0.9983
分析缓变电压或电平	0.9955	开启手动阀门	0.9985
安装垫圈	0.9962	拆除螺母、螺钉和销子	0.9988
分析锈蚀	0.9963	对一个报警器的响应能力	0.9999
把阅读信息记录下来	0.9966	读取数字显示器	0.9990
分析凹陷、裂纹或划伤	0.9967	读取大量参数的打印记录	0.9500
读取压力表	0.9969	安装安全锁线	0.9961
安装O形环状物	0.9965	安装鱼形夹	0.9961
分析老化的防护罩	0.9969		

人在人机系统中的功能主要是接受信息（输入）、处理信息（判断）和操纵控制机器将信息输出。因此，就某一动作而言，作业者的基本可靠度为

$$R = R_1 R_2 R_3 \tag{3-18}$$

式中 R_1——与输入有关的可靠度；

R_2——与判断有关的可靠度；

R_3——与输出有关的可靠度。

R_1、R_2、R_3 的参考值见表3-14。

表 3-14 R_1、R_2、R_3 的参考值

类别	影 响 因 素	R_1	R_2	R_3
简单	变量不超过几个人机工程上考虑全面	0.9995~0.9999	0.9990	0.9995~0.9999
一般	变量不超过 10 个	0.9990~0.9995	0.9950	0.9990~0.9995
复杂	变量超过 10 个人机工程上考虑不全面	0.9900~0.9990	0.9900	0.9900~0.9990

由于受作业条件、作业者自身因素及作业环境的影响，基本可靠度还会降低。例如，有研究表明，人的舒适温度一般是 19~22 ℃。当人在作业时，环境温度超过 27 ℃时，人体失误概率大约会上升 40%。因此，还需要用修正系数 K 加以修正，从而得到作业者单个动作的失误概率为

$$q = k(1 - R) \tag{3-19}$$

$$k = abcde$$

式中 k——修正系数；

a——作业时间系数；

b——操作频率系数；

c——危险状况系数；

d——心理、生理条件系数；

e——环境条件系数。

a、b、c、d、e 的取值见表 3-15。

表 3-15 a、b、c、d、e 的取值范围

符号	项 目	内 容	取值范围
a	作业时间	有充足的富余时间	1.0
		没有充足的富余时间	1.0~3.0
		完全没有富余时间	3.0~10.0
b	操作频率	频率适当	1.0
		连续操作	1.0~3.0
		很少操作	3.0~10.0
c	危险状况	即使误操作也安全	1.0
		误操作时危险性大	1.0~3.0
		误操作时产生重大灾害的危险	3.0~10.0
d	心理、生理条件	综合条件较好	1.0
		综合条件不好	1.0~3.0
		综合条件很差	3.0~10.0
e	环境条件	综合条件较好	1.0
		综合条件不好	1.0~3.0
		综合条件很差	3.0~10.0

2. 顶事件的发生概率

事故树定量分析，是在已知基本事件发生概率的前提条件下，定量地计算出在一定时间内发生事故的可能性大小。如果事故树中不含有重复的或相同的基本事件，各基本事件又都是相互独立的，顶事件发生概率可根据事故树的结构，用下列公式求得。

用与门连接的顶事件的发生概率为

$$P(T)=\prod_{i=1}^{n}q_i \tag{3-20}$$

用或门连接的顶事件的发生概率为

$$P(T)=1-\prod_{i=1}^{n}(1-q_i) \tag{3-21}$$

式中　q_i——第 i 个基本事件的发生概率（$i=1,2,\cdots,n$）。

如图 3-21 所示，已知各基本事件的发生概率 $q_1=q_2=q_3=0.1$，顶事件的发生概率为

$$P(T)=q_1[1-(1-q_2)(1-q_3)]=0.1[1-(1-0.1)(1-0.1)]=0.019$$

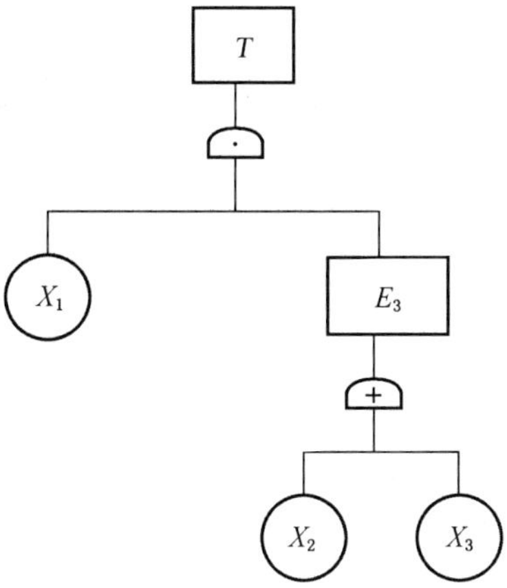

图 3-21　简单与或门结构事故树

但当事故树中含有重复出现的基本事件时，或基本事件可能在几个最小割集中重复出现时，最小割集之间是相交的，这时应按以下几种方法计算。

1）状态枚举法

设某事故树有 n 个基本事件，这 n 个基本事件两种状态的组合数为 2^n 个。根据事故树模型的结构分析可知，所谓顶事件的发生概率，是指结构函数 $\Phi(x)=1$ 的概率。因此，顶事件的发生概率 $P(T)$ 可用下式定义：

$$P(T)=\sum_{p=1}^{2^n}\Phi_p(X)\prod_{i=1}^{n}q_i^{Y_i}(1-q_i)^{1-Y_i} \tag{3-22}$$

式中　P——基本事件状态组合序号；

$\Phi_p(X)$——第 p 种组合的结构函数值（1 或 0）；

q_i——第 i 个基本事件的发生概率；

Y_i——第 i 个基本事件的状态值（1 或 0）。

从式（3-22）可看出：在 n 个基本事件两种状态的所有组合中，只有当 $\Phi_p(X)=1$

时，该组合才对顶事件的发生概率产生影响。所以在用式（3-22）计算时，只需考虑 $\Phi_p(X)=1$ 的所有状态组合。首先列出基本事件的状态值表，在根据事故树的结构求得结构函数 $\Phi_p(X)$ 值，最后求出使 $\Phi_p(X)=1$ 的各基本事件对应状态的概率积的代数和，即为顶事件的发生概率。

【例 3-8】 试用式（3-22）计算图 3-21 所示事故树的顶事件发生概率。

解 基本事件的状态组合及顶事件的状态值见表 3-16，并列出每一种状态所对应的 $q_p(q)$ 和 q_p，因而得

$$p(T)=\sum_{p=1}^{8} q_p = 0.019$$

状态枚举法规律性强，适于编制程序上机计算，可用来计算较复杂系统事故发生概率。但当 n 值较大时，计算中要涉及 2^n 个状态组合，并需求出相应顶事件的状态。因而计算工作量很大，花费时间较长。

表 3-16 事故树 $P(T)$ 计算表

X_1 X_2 X_3	$\Phi(X)$	$q_p(q)$	q_p
000 001 010 011 100	0 0 0 0 0	0 0 0 0 0	0 0 0 0 0
101	1	$q_1(1-q_2)\ q_3$	0.009
110	1	$q_1q_2(1-q_3)$	0.009
111	1	$q_1q_2q_3$	0.001
$P(T)$			0.019

2）最小割集法

事故树可以用其最小割集的等效树来表示。这时，顶事件等于最小割集的并集。

设某事故树有 k 个最小割集：E_1、E_2、…、E_r、…、E_k，则有

$$T=\bigcup_{r=1}^{k} E_r$$

顶事件的发生概率为

$$P(T)=P\left\{\bigcup_{r=1}^{k} E_r\right\}$$

根据容斥定理得并事件的概率公式：

$$P\left\{\bigcup_{r=1}^{k} E_r\right\}=\sum_{r=1}^{k} P\{E_r\}-\sum_{1\leqslant r<s<t\leqslant k} P\{E_r\cap E_s\}+$$

$$\sum P\{E_r\cap E_s\cap E_t\}+\cdots+(-1)^{k-1}P\left\{\bigcap_{r=1}^{k} E_r\right\}$$

设各基本事件的发生概率为 q_1、q_2、…、q_n，则有

$$P\{E_r\}=\prod_{X_i\in E_r} q_i$$

$$P\{E_r\cap E_s\}=\prod_{X_i\in E_r\cup E_s} q_i$$

$$P\left\{\bigcap_{r=1}^{k} E_r\right\}=\prod_{\substack{r=1\\ x_i\in E_i}}^{k} q_i$$

故顶事件的发生概率为

$$P(T)=\sum_{r=1}^{k}\prod_{X_i\in E_r}q_i-\sum_{1\leqslant r<s\leqslant k}\prod_{X_i\in E_r}q_i+\cdots+(-1)^{k-1}P\left\{\bigcap_{r=1}^{k}E_r\right\} \tag{3-23}$$

式中 r、s、t——最小割集的序数，$r<s<t$；

i——基本事件的序号，$X_i\in E_r$；

k——最小割集数；

$1\leqslant r<s\leqslant k$——$k$ 个最小割集中第 r、s 个最小割集的组合顺序；

$X_i\in E_r$——属于第 r 个最小割集的第 i 个基本事件；

$X_i\in E_r\cup E_s$——属于第 r 个或第 s 个最小割集的第 i 个基本事件。

3）最小径集法

根据最小径集与最小割集的对偶性，利用最小径集同样可求出顶事件的发生概率。

设某事故树有 k 个最小径集：P_1、P_2、…、P_r、…、P_k。

用 $D_r(r=1,2,\cdots,k)$ 表示最小径集不发生的事件，用 T' 表示顶事件不发生。由最小径集的定义可知，只要 k 个最小径集中有一个不发生，顶事件就不会发生，则

$$T'=\bigcup_{r=1}^{k}D_r$$

即

$$1-P(T)=P\{\bigcup_{r=1}^{k}D_r\}$$

根据容斥定理得并事件的概率公式：

$$1-P(T)=\sum_{r=1}^{k}P\{D_r\}-\sum_{1\leqslant r<s\leqslant k}P\{D_r\cap D_s\}+\cdots+(-1)^{k-1}P\{\bigcap_{r=1}^{k}D_r\}$$

其中：

$$P\{D_r\}=\prod_{X_i\in P_r}(1-q_i)$$

$$P\{D_r\cap D_s\}=\prod_{X_i\in P_r\cup P_s}(1-q_i)$$

$$P\{k\bigcap_{r=1}D_r\}=\prod_{\substack{r=1\\X_i\in E_r}}^{k}(1-q_i)$$

故顶事件的发生概率为

$$P(T)=1-\sum_{r=1}^{k}\prod_{X_i\in P_r}(1-q_i)+\sum_{1\leqslant r<s\leqslant k}\prod_{X_i\in P_r\cup P_s}(1-q_i)+\cdots+(-1)^{k-1}\prod_{\substack{r=1\\X_i\in P_r}}^{k}(1-q_i) \tag{3-24}$$

式中 P_r——最小径集（$r=1,2,\cdots,k$）；

r、s——最小径集的序数，$r<s$；

k——最小径集数；

$(1-q_i)$——第 i 个基本事件不发生的概率；

$X_i\in P_r$——属于第 r 个最小径集的第 i 个基本事件；

$X_i\in P_r\cup P_s$——属于第 r 个或第 s 个最小径集的第 i 个基本事件。

【例 3-9】 以图 3-17 所示事故树为例，试用最小割集法、最小径集法计算顶事件的发生概率。

解 该事故树有 3 个最小割集：

$$E_1=\{X_1, X_2, X_3\} \qquad E_2=\{X_1, X_4\} \qquad E_3=\{X_3, X_5\}$$

事故树有 4 个最小径集：

$$P_1=\{X_1, X_3\} \qquad P_2=\{X_1, X_5\} \qquad P_3=\{X_3, X_4\} \qquad P_4=\{X_2, X_4, X_5\}$$

设各基本事件的发生概率为

$$q_1=0.01 \qquad q_2=0.02 \qquad q_3=0.03 \qquad q_4=0.04 \qquad q_5=0.05$$

由式（3-23）得顶事件的发生概率：

$$P(T)=q_1q_2q_3+q_1q_4+q_3q_5-q_1q_2q_3q_4-q_1q_3q_4q_5-q_1q_2q_3q_5+q_1q_2q_3q_4q_5$$

代入各基本事件的发生概率得 $P(T)=0.001904872$。

由式（3-24）得顶事件的发生概率：

$$\begin{aligned}P(T)=1-[&(1-q_1)(1-q_3)+(1-q_1)(1-q_5)+(1-q_3)(1-q_4)+\\&(1-q_2)(1-q_4)(1-q_5)]+(1-q_1)(1-q_3)(1-q_5)+\\&(1-q_1)(1-q_3)(1-q_4)+(1-q_1)(1-q_2)(1-q_4)(1-q_5)+\\&(1-q_2)(1-q_3)(1-q_4)(1-q_5)-(1-q_1)(1-q_2)(1-q_3)(1-q_4)(1-q_5)\\=&0.001904872\end{aligned}$$

在上述 3 种顶时间发生概率的精确算法中，后两种相对较简单。一般来说，事故树的最小割集往往多于最小径集，所以最小径集法的实用价值更大些。但在基本事件发生概率非常小的情况下，由于计算机有效位有限，（$1-q_i$）的结果会出现较大误差，对此应引起注意。从后两种方法的计算项数看，两式的和差项数分别为 2^k-1 与 2^k 项。当 k 足够大时，就会产生“组合爆炸”问题。如 $k=40$，则计算 $P(T)$ 的公式共有 $2^{40}-1=1.1\times10^{12}$，每一项又是许多数的连乘积，即使计算机也难以胜任。解决的办法就是化相交和为不交和再求顶事件发生概率的精确解。

4）化相交集为不交集求顶事件发生概率

某事故树有 k 最小割集：E_1、E_2、…、E_r、…、E_k，一般情况下它们是相交的，即最小割集之间可能含有相同的基本事件。由文氏图可以看出，$E_r\cup E_s$ 为相交集合，$E_r+E_r'E_s$ 为不相交集合，如图 3-22 所示。

(a) $E_r\cup E_s$　　(b) $E_r+E_r'E_s$

图 3-22　文氏图表示相交集合与不交集合

亦即

$$E_r\cup E_s=E_r+E_r'E_s \tag{3-25}$$

式中　∪——集合并运算；

　　+——交和运算。

所以有

$$P(E_r\cup E_s)=P(E_r)+P(E_r'E_s)$$

由式（3-25）可以推广到一般式：

$$T=\bigcup_{r=1}^{k}E_r=E_1+E'_1E_2+E'_1E'_2E_3+\cdots+E'_1E'_2E'_3+\cdots+E'_{k-1}E_k \qquad (3-26)$$

当求出一个事故树的最小割集后，可直接运用布尔代数的运算定律及式（3-26）将相交和化为不交和。但当事故树的结构比较复杂时，利用这种直接不交化算法还是相当烦琐。而用以下不交积之和定理可以简化计算，特别是当事故树的最小割集彼此间有重复事件时更具优越性。

不交积之和定理：

命题 1　集合 E_r 和 E_s 如不包含共同元素，则 E'_rE_s 可用不交化规则直接展开。

命题 2　若集合 E_r 和 E_s 包含共同元素，则

$$E'_rE_s=E'_{r\leftarrow s}E_s$$

式中　$E'_{r\leftarrow s}$——E_r 中有的而 E_s 中没有的元素的布尔积。

命题 3　若集合 E_r 和 E_t 包含共同元素，E_s 和 E_t 也包含共同元素，则

$$E'_rE'_sE_t=E'_{r\leftarrow t}E'_{s\leftarrow t}E_t$$

命题 4　若集合 E_r 和 E_t 包含共同元素，E_s 和 E_t 也包含共同元素，而且 $E_{r\leftarrow t}\subset E_{s\leftarrow t}$，则

$$E'_rE'_sE_t=E'_{s\leftarrow t}E_t$$

【例 3-10】 以图 3-17 所示事故树为例，用不交积之和定理进行不交化运算，计算顶事件的发生概率。

解　该事故树的最小割集为

$$E_1=\{X_1,\ X_4\}\qquad E_2=\{X_3,\ X_5\}\qquad E_3=\{X_1,\ X_2,\ X_3\}$$

$$E_{1\leftarrow 3}=X_4\qquad E_{2\leftarrow 3}=X_5$$

根据式（3-26）和命题 1、命题 3，得

$$\begin{aligned}T=\bigcup_{r=1}^{3}E_r&=E_1+E'_1E'_2E_3=E_1+E'_1E_2+E'_{1\leftarrow 3}E'_{2\leftarrow 3}E_3\\&=X_1X_4+(X_1X_4)'X_3X_5+X'_4X'_5X_1X_2X_3\\&=X_1X_4+(X'_1+X_1X'_4)X_3X_5+X'_4X'_5X_1X_2X_3\\&=X_1X_4+'X'_1X_3X_5+X_1X_3X'_4X_5+X_1X_2X_3X'_4X'_5\end{aligned}$$

设各基本事件的发生概率同前，则顶事件的发生概率为

$$P(T)=q_1q_4+(1-q_1)q_3q_5+q_1q_3(1-q_4)q_5+q_1q_2q_3(1-q_4)(1-q_5)=0.001904872$$

与前面介绍的 3 种精确算法相比，该法要简单得多。读者也可与直接不交化算法比较其运算过程。

5）顶事件发生概率的近似计算

如前所述，按式（3-23）和式（3-24）计算顶事件发生概率的精确解，当事故树中的最小割集较多时会发生组合爆炸问题。即使用直接不交化算法或不交积之和定理将相交和化为不交和，计算量也是相当大的。但在许多工程问题中，这种精确计算是不必要的，这是因为统计得到的基本数据往往是不很精确的，因此用基本事件的数据计算顶事件发生概率值时精确计算没有实际意义。所以，实际计算中多采用近似算法。

（1）最小割集逼近法。

在式（3-23）中，设

$$\sum_{r=1}^{k}\prod_{X_i\in E_r}q_i = F_1$$

$$\sum_{1\leqslant r<s\leqslant k}\prod_{X_i\in E_r\cup E_s}q_i = F_2$$

$$\vdots$$

$$\prod_{\substack{r=1\\X_i\in E_r}}^{k}q_i = F_k$$

则得到用最小割集求顶事件发生概率的逼近公式，即

$$\begin{aligned}&P(T)\leqslant F_1\\&P(T)\geqslant F_1-F_2\\&P(T)\leqslant F_1-F_2+F_3\\&\vdots\end{aligned}\qquad(3-27)$$

式（3-27）中的 F_1、F_1-F_2、$F_1-F_2+F_3\cdots$依此给出了顶事件发生概率 $P(T)$ 的上限和下限，可根据需要求出任意精确度的概率上、下限。

用最小割集逼近法求解【例 3-9】。

由式（3-27）可得

$$F=\sum_{r=1}^{k}\prod_{X_i\in E_r}q_i=q_1q_2q_3+q_1q_4+q_3q_5=1.906\times10^{-3}$$

$$F_2=\sum_{1\leqslant r<s\leqslant k}\prod_{X_i\in E_r\cup E_r}q_i=q_1q_2q_3q_4+q_1q_3q_4q_5+q_1q_2q_3q_5=0.00114\times10^{-3}$$

$$F_3=\prod_{\substack{r=1\\X_i\in E_r}}^{k}q_i=q_1q_2q_3q_4q_5=0.000012\times10^{-3}$$

则有

$P(T)\leqslant1.906\times10^{-3}$　　$P(T)\geqslant1.90486\times10^{-3}$　　$P(T)\leqslant1.904872\times10^{-3}$

从中可取任意近似区间。

近似计算结果与精确计算结果的相对误差列于表 3-17 中。

由表 3-17 可知，当以 F_1 作为顶事件发生概率时，误差只有 0.059‰；以 F_1-F_2 作为顶事件发生概率时，误差仅有 0.0006299‰。实际应用中，以 F_1（称作首项近似法）或 F_1-F_2 作为顶事件发生概率的近似值，就可达到基本精度要求。

表 3-17　顶事件发生概率近似计算及相对误差

计算项目		顶事件发生概率的近似计算		
项目	数值	取值范围	计算值 $P(T)$	相对误差/‰
F_1	1.906×10^{-3}	F_1	0.001906	0.059
F_2	0.00114×10^{-3}	F_1-F_2	0.00190486	0.0006299
F_3	0.000012×10^{-3}	$F_1-F_2+F_3$	0.001904872	0

（2）最小径集逼近法。与最小割集法相似，利用最小径集也可以求得顶事件发生概率的上、下限。

在式（3-24）中，设

$$\sum_{r=1}^{k}\prod_{X_i\in P_r}(1-q_i)=S_1$$

$$\sum_{1\leqslant r<s\leqslant k}\prod_{X_i\in P_r\cup P_s}(1-q_i)=S_2$$

$$\vdots$$

$$\prod_{\substack{r=1\\X_i\in P_r}}^{k}(1-q_i)=S_k$$

则

$$P(T)\geqslant 1-S_1$$

$$P(T)\leqslant 1-S_1+S_2$$

$$\vdots$$

即

$$1-S_1\leqslant P(T)\leqslant 1-S_1+S_2 \tag{3-28}$$

$$1-S_1+S_2\leqslant P(T)\leqslant 1-S_1+S_2-S_3$$

$$\vdots$$

式（3-28）依次给出了顶事件发生概率的上、下限。从理论上讲，式（3-27）和式（3-28）的上、下限数列都是单调无限收敛于 $P(T)$ 的，但是在实际应用中，因基本事件的发生概率较小，而应当采用最小割集逼近法，以得到较精确的计算结果。

（3）平均近似法。为了使近似算法接近精确值，计算时保留式（3-23）中第一、二项，并取第二项的 1/2 值，即

$$P(T)=\sum_{r=1}^{k}\prod_{X_i\in E_r}q_i-\frac{1}{2}\sum_{1\leqslant r<s\leqslant k}\prod_{X_i\in E_r\cup E_s}q_i \tag{3-29}$$

这种算法称为平均近似法。

（4）独立事件近似法。若最小割集 $E_r(r=1,2,\cdots,k)$ 相互独立，可以证明其对立事件 E'_r 也是独立事件。则有

$$P(T)=P\left\{\bigcup_{r=1}^{k}E_r\right\}=1-P\left\{\prod_{r=1}^{k}E'_r\right\}=1-\prod_{r=1}^{k}P\{E'_r\}$$

$$=1-\prod_{r=1}^{k}(1-P\{E_r\})=1-\prod_{r=1}^{k}\left[1-\prod_{X_i\in E_r}q_i\right] \tag{3-30}$$

对于式（3-30），由于 $X_i=0$（不发生）的概率接近于 1，故不适用于最小径集的计算，否则误差较大。

五、基本事件的重要度分析

一个基本事件对顶事件发生的影响大小称为该基本事件的重要度。重要度分析在系统的事故预防、事故评价和安全性设计等方面有着重要的作用。事故树中各基本事件的发生对顶事件的发生有着程度不同的影响，这种影响主要取决于两个因素，即各基本事件发生概率的大小以及各基本事件在事故树模型结构中处于何种位置。为了明确最易导致顶事件发生的事件，以便分出轻重缓急采取有效措施，控制事故的发生，必须对基本事件进行重

要度分析。

1. 基本事件的结构重要度

如不考虑各基本事件发生的难易程度，或假设各基本事件的发生概率相等，仅从事故树的结构上研究各基本事件对顶事件的影响程度，称为结构重要度分析，并用基本事件的结构重要度系数、基本事件割集重要度系数判定其影响大小。

1）基本事件的结构重要度系数

事故树分析中，只考虑对顶事件有影响的情况，即当事故树中某个基本事件 X_j 的状态由不发生变为发生，除基本事件 X_j 以外的其余基本事件 $X_j'(j=1, 2, \cdots, i-1, i+1, \cdots, n)$ 的状态保持不变时，顶事件状态也由不发生变为发生的情况。用结构函数表示为

$$\Phi(0_i, X_j)=0 \qquad \Phi(1_i, X_j)=1 \qquad \Phi(1_i, X_j)-\Phi(0_i, X_j)=1$$

此时，基本事件 X_i 发生直接引起顶事件发生，基本事件 X_i 这一状态所对应的割集叫“危险割集”。若改变除基本事件 X_i 以外的所有基本事件的状态，并取不同的组合时，基本事件 X_i 的危险割集的总数为

$$n_\Phi(i)=\sum_{p=1}^{2^{n-1}}[\Phi(1_i, X_{jp})-\Phi(0_i, X_{jp})] \tag{3-31}$$

式中 n——事故树中基本事件的个数；

2^{n-1}——基本事件 $X_i(i\neq j)$ 状态组合数；

p——基本事件的状态组合序号；

X_{jp}——2^{n-1}状态组合中第 p 个状态；

0_i——基本事件不发生的状态值；

1_i——基本事件发生的状态值。

显然，$n_\Phi(i)$ 的值越大，说明基本事件 X_i 对顶事件发生的影响越大，其重要度越高。

基本事件 X_i 的结构重要度系数 $I_\Phi(i)$ 定义为基本事件的危险割集的总数 $n_\Phi(i)$ 与 2^{n-1}个状态组合数的比值，即

$$I_\Phi(i)=\frac{n_\Phi(i)}{2^{n-1}}=\frac{1}{2^{n-1}}\sum_{p=1}^{2^{n-1}}[\Phi(1_i, X_{jp})-\Phi(0_i, X_{jp})] \tag{3-32}$$

2）基本事件的割集重要度系数

用事故树的最小割集可以表示其等效事故树。在最小割集所表示的等效事故树中，每一个最小割集对顶事件发生的影响同样重要，而且同一个最小割集中的每一个基本事件对该最小割集发生的影响也同样重要。

设某一事故树有 k 个最小割集，每个最小割集记作 $E_r(r=1, 2, \cdots, k)$，则 $1/k$ 表示单位最小割集的重要度系数；第 r 个最小割集 E_r 中含有 $m_r(X_i\in E_r)$ 个基本事件，则 $\frac{1}{m_r(X_i\in E_r)}$表示基本事件 X_i 的单位割集重要度系数。

记基本事件 X_i 的割集重要度系数为 $I_k(i)$，则

$$I_k(i)=\frac{1}{k}\sum_{r=1}^{k}\frac{1}{m_r(X_i\in E_r)} \quad (i=1, 2, \cdots, n) \tag{3-33}$$

利用基本事件的结构重要度系数可以较准确地判定基本事件的结构重要度顺序，但较烦琐。一般可以利用事故树的最小割集或最小径集，按以下准则定性判断基本事件的结构

重要度。

（1）单事件最小割（径）集中的基本事件结构重要度最大。

（2）仅在同一最小割（径）集中出现的所有基本事件结构重要度相等。

（3）两个基本事件仅出现在基本事件个数相等的若干最小割（径）集中，这时在不同最小割（径）集中出现次数相等的基本事件其结构重要度相等；出现次数多的结构重要度大，出现次数少的结构重要度小。

（4）两个基本事件仅出现在基本事件个数不等的若干最小割（径）集中。在这种情况下，基本事件结构重要度大小依下列不同条件而定：

①若它们重复出现在各最小割（径）集中的次数相等，则少事件最小割（径）集中出现的基本事件结构重要度大。

②在少事件最小割（径）集中出现次数少的，与多事件最小割（径）集中出现次数多的基本事件比较，应用式（3-34）计算近似判别值。

$$I(i)=\sum_{X_i \in E_r}\frac{1}{2^{n_i-1}} \tag{3-34}$$

式中 $I(i)$——基本事件 X_i 结构重要度系数的近似判别值；

n_i——基本事件 X_i 所属最小割（径）集包含的基本事件数。

2. 基本事件的概率重要度

基本事件的结构重要度分析只是按事故树的结构分析各基本事件对顶事件的影响程度，所以，还应考虑各基本事件发生概率对顶事件发生概率的影响，即对事故树进行概率重要度分析。

事故树的概率重要度分析是依靠各基本事件的概率重要系数大小进行定量分析。所谓概率重要度分析，它表示第 i 个基本事件发生概率的变化引起顶事件发生概率变化的程度。由于顶事件发生概率函数是 n 个基本事件发生概率的多重线性函数，所以，对自变量 q_i 求一次偏导，即可得到该基本事件的概率重要度系数 $I_g(i)$ 为

$$I_g(i)=\frac{\partial P(T)}{\partial q_i}\quad (i=1,\ 2,\ \cdots,\ n) \tag{3-35}$$

式中 $I_g(i)$——第 i 个基本事件的概率重要度系数；

$P(T)$——顶事件发生概率；

q_i——第 i 个基本事件的发生概率。

利用式（3-35）求出各基本事件的概率重要度系数，可确定降低哪个基本事件的概率能迅速有效地降低顶事件的发生概率。

概率重要度有一个重要性质：若所有基本事件的发生概率都等于 1/2，则基本事件的概率重要度系数等于其结构重要度系数，即

$$I_g(i)\mid_{q_i=\frac{1}{2}}=I_\Phi(I)\quad (i=1,\ 2,\ \cdots,\ n) \tag{3-36}$$

这样，在分析结构重要度时，可用概率重要度系数的计算公式求取结构重要度系数。

3. 基本事件的关键重要度

当各基本事件发生概率不等时，一般情况下，改变概率大的基本事件比概率小的基本事件容易，但基本事件的概率重要度系数并未反映这一事实，因而它不能从本质上反映各基本事件在事故树中的重要程度。关键重要度分析，它表示第 i 个基本事件发生概率的变

化率引起顶事件发生概率的变化率，因此，它比概率重要度更合理更具有实际意义。其表达式为

$$I_g^c(i)=\lim_{\Delta q_i\to 0}\frac{\Delta P(T)/P(T)}{\Delta q_i/q_i}=\frac{q_i}{P(T)}\lim_{\Delta q_i\to 0}\frac{\Delta P(T)}{\Delta q_i}=\frac{q_i}{P(T)}I_g(i) \tag{3-37}$$

式中 $I_g^c(i)$——第 i 个基本事件的关键重要度系数；

$I_g(i)$——第 i 个基本事件的概率重要度系数；

$P(T)$——顶事件发生概率；

q_i——第 i 个基本事件的发生概率。

【例 3-11】 以图 3-17 所示事故树模型为例，计算各基本事件的结构重要度系数、割集重要系数、概率重要度系数、关键重要度系数。假设各基本事件的发生概率同前述例 3-9。

解 （1）基本事件的结构重要度系数。

事故树中有 5 个基本事件，必有 $2^5=32$ 种状态，查表 3-5，并由式（3-25）得

$$I_\Phi(1)=\frac{1}{2^{n-1}}\sum_{p=1}^{2^{n-1}}[\Phi(1_1,\ X_{jp})-\Phi(0_1,\ X_{jp})]=\frac{1}{2^{5-1}}\{[\Phi(1,\ 0000)-\Phi(0,\ 0000)]+[\Phi(1,\ 0001)-\Phi(0,\ 0001)]+\cdots+[\Phi(1,\ 1111)-\Phi(0,\ 1111)]\}=\frac{7}{16}$$

当然，也可从表 3-5 中查得 $n_\Phi(1)=7$，则基本事件 X_1 的结构重要度系数为

$$I_\Phi(1)=\frac{n_\Phi(1)}{2^{n-1}}=\frac{7}{2^4}=\frac{7}{16}$$

同理，可求得其余各基本事件的结构重要度系数为

$$I_\Phi(2)=\frac{1}{16}\qquad I_\Phi(3)=\frac{7}{16}\qquad I_\Phi(4)=\frac{5}{16}\qquad I_\Phi(5)=\frac{5}{16}$$

（2）已知该事故树有 3 个最小割集（图 3-18）。

$$E_1=\{X_1,\ X_4\}\qquad E_2=\{X_3,\ X_5\}\qquad E_3=\{X_1,\ X_2,\ X_3\}\quad (k=3)$$

每个最小割集中的基本事件的个数分别为 $m_1=2$，$m_2=2$，$m_3=3$。所以由式（3-33）得基本事件 X_1 的割集重要度系数为

$$I_k(1)=\frac{1}{k}\left(\frac{1}{m_1}+\frac{1}{m_3}\right)=\frac{5}{18}$$

同理：

$$I_k(2)=\frac{1}{k}\left(\frac{1}{m_3}\right)=\frac{1}{9}\qquad I_k(3)=\frac{1}{k}\left(\frac{1}{m_2}+\frac{1}{m_3}\right)=\frac{5}{18}$$

$$I_k(4)=\frac{1}{k}\left(\frac{1}{m_1}\right)=\frac{1}{6}\qquad I_k(5)=\frac{1}{k}\left(\frac{1}{m_2}\right)=\frac{1}{6}$$

（3）基本事件的概率重要度。

由例 3-7 可得

$$P(T)=q_1q_2q_3+q_1q_4+q_3q_5-q_1q_2q_3q_4-q_1q_3q_4q_5-q_1q_2q_3q_5+q_1q_2q_3q_4q_5$$

所以，由式（3-30）得

$$I_g(1)=\frac{\partial P(T)}{\partial q_1}=q_2q_3+q_4-q_2q_3q_4-q_3q_4q_5-q_2q_3q_5+q_2q_3q_4q_5$$

$$=0.02\times0.03+0.04-0.02\times0.03\times0.04-0.03\times0.04\times0.05-0.02\times0.03\times0.05+0.02\times0.03\times0.04\times0.05$$

$$=0.0404872$$

$$I_g(2)=\frac{\partial P(T)}{\partial q_2}=q_1q_3-q_1q_3q_4-q_1q_3q_5+q_1q_3q_4q_5$$

$$=0.01\times0.03-0.01\times0.03\times0.04-0.01\times0.03\times0.05+0.01\times0.03\times0.04\times0.05$$

$$=0.0002736$$

$$I_g(3)=\frac{\partial P(T)}{\partial q_3}=q_1q_2+q_5-q_1q_2q_4-q_1q_4q_5-q_1q_2q_5+q_1q_2q_4q_5$$

$$=0.01\times0.02+0.05-0.01\times0.02\times0.04-0.01\times0.04\times0.05-0.01\times0.02\times0.05+0.01\times0.02\times0.04\times0.05$$

$$=0.0501624$$

$$I_g(4)=\frac{\partial P(T)}{\partial q_4}=q_1-q_1q_2q_3-q_1q_3q_5+q_1q_2q_3q_5$$

$$=0.01-0.01\times0.02\times0.03-0.01\times0.03\times0.05+0.01\times0.02\times0.03\times0.05$$

$$=0.0099793$$

$$I_g(5)=\frac{\partial P(T)}{\partial q_5}=q_3-q_1q_3q_4-q_1q_2q_3+q_1q_2q_3q_4$$

$$=0.03-0.01\times0.03\times0.04-0.01\times0.02\times0.03+0.01\times0.02\times0.03\times0.04$$

$$=0.02998224$$

（4）基本事件的关键重要度。

由式（3-37）得

$$I_g^c(1)=\frac{q_1}{P(T)}I_g(1)=\frac{0.01}{0.001904872}\times0.0404872=0.212545514$$

$$I_g^c(2)=\frac{q_2}{P(T)}I_g(2)=\frac{0.02}{0.001904872}\times0.0002736=0.002872633$$

$$I_g^c(3)=\frac{q_3}{P(T)}I_g(3)=\frac{0.03}{0.001904872}\times0.0501624=0.790012137$$

$$I_g^c(4)=\frac{q_4}{P(T)}I_g(4)=\frac{0.04}{0.001904872}\times0.0099793=0.209553187$$

$$I_g^c(5)=\frac{q_5}{P(T)}I_g(5)=\frac{0.05}{0.001904872}\times0.02998224=0.786988312$$

从以上计算结果可知，基本事件割集重要度系数与结构重要度系数顺序相同，其基本事件结构重要度顺序为

$$I_\Phi(1)=I_\Phi(3)>I_\Phi(4)=I_\Phi(5)>I_\Phi(2)$$

基本事件概率重要度顺序为

$$I_g(3) > I_g(1) > I_g(5) > I_g(4) > I_g(2)$$

基本事件的关键重要度顺序为

$$I_g^c(3) > I_g^c(5) > I_g^c(1) > I_g^c(4) > I_g^c(2)$$

对此，分析如下：

①从结构重要度分析可知，基本事件 X_1、X_3 对顶事件发生的影响最大，基本事件 X_4、X_5 的影响次之，而基本事件 X_2 的影响最小。

②从概率重要度分析知，降低基本事件 X_3 的发生概率，能迅速有效地降低顶事件的发生概率，其次是基本事件 X_1、X_5、X_4，而最不重要、最不敏感的是基本事件 X_2。

③从关键重要度分析知，基本事件 X_3 不仅敏感性强，而且本身发生概率较大，所以它的重要度仍然最高；由于基本事件 X_1 发生概率较低，对它作进一步改善有一定困难；基本事件 X_5 敏感性较强，本身发生概率又大，所以它的重要度提高了。

3 种重要度系数中，结构重要度系数是从事故树结构上反映基本事件的重要程度，这给系统安全设计者选用部件可靠性及改进系统的结构提供了依据；概率重要度系数是反映基本事件发生概率的变化对顶事件发生概率的影响，为降低基本事件发生概率对于顶事件发生概率的贡献大小提供了依据；关键重要度系数从敏感度和基本事件发生概率大小反映对顶事件发生概率大小的影响。所以，关键重要度比概率重要度和结构重要度更能准确地反映基本事件对顶事件的影响程度，为找出最佳的事故诊断和确定防范措施的顺序提供了依据。

六、事故树的模块分割和早期不交化

一般的事故树分析可用布尔代数化简法化简后进行计算。但对于一个大型复杂的事故树，无论是编制事故树，还是求最小割集、计算顶事件的发生概率，其工作量都非常巨大，即产生所谓“组合爆炸”问题。为了减少事故树的计算量，能利用计算机顺利进行事故树分析，对于规模较大的事故树常采用以下方法进行化简。

1. 事故树的模块分割

所谓模块是至少包含两个基本事件的集合，这些事件向上可以到达同一逻辑门（称为模块的输出或模块的顶点），且必须通过此门才能达到顶事件。模块没有来自其余部分的输入，也没有与其余部分重复的事件。

事故树的模块可以从整个事故树中分割出来，单独地计算最小割集和事故概率。这些模块的最小割集是众多基本事件最小割集的分组代表。在原事故树中可用一个“准基本事件”代替分割出来的模块，“准基本事件”的概率为这个模块的概率。这样经过模块分解后，其规模比原事故树小，从而减少了计算量，提高了分析效率。

简而言之，模块分割就是将一复杂完整的事故树分割成数个模块和基本事件的组合，这些模块中所含的基本事件不会在其他模块中重复出现，也不会在分割后剩余的基本事件中出现。若分离出的模块仍然较复杂的话，则可对模块重复上述模块分割步骤。一般地说，没有重复事件的事故树可以任意分解模块以减少规模，简化计算。当存在重复事件时可采用分割顶点的方法，最有效的方法是进行事故树的早期不交化。

2. 事故树的早期不交化

重复事件对于事故树分析有很大的破坏性，使模块分割无能为力。但是，早期不交化恰恰有利于消除重复事件的影响。所以将布尔化简、模块分割、早期不交化相结合，在大多数情况下可以显著减少事故树分析的组合爆炸。

所谓事故树的早期不交化，就是对给定的任一事故树在求解之前先进行不交化，得到与原事故树对应的不交事故树。不交事故树反映在结构上，就是对原事故树的结构函数不交化，得到不交化的结构函数式，这种分析方法称为事故树的早期不交化。而常规途径的事故树分析方法是一种晚期不交化，晚期不交化是建立在事故树的最小割集求解之后进行不交化，求解工作量很大，尤其是当最小割集个数很多时，不仅手工难以完成，计算机运算也很困难。两种事故树分析方法的比较如图 3-23 所示。

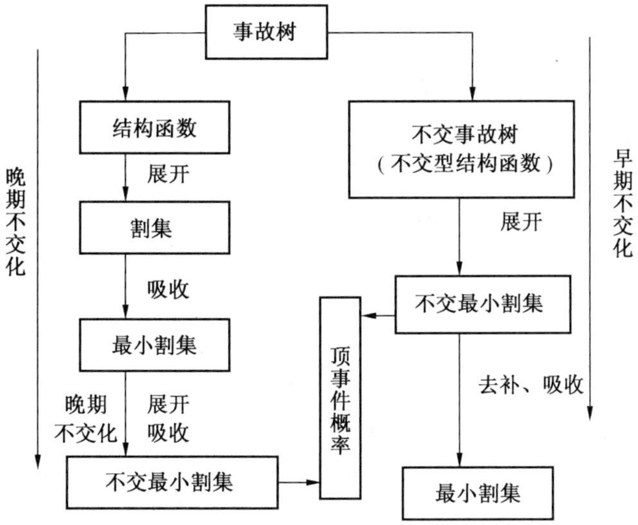

图 3-23　求解事故树的两种途径比较

1）不交事故树的编制规则

不交事故树的编制规则是遇到原事故树中的与门，其输入、输出均不变；遇到或门则对其输入进行不交化。

设某一或门为 $G_i(i=1, 2, \cdots, m)$，G_i 下有 n 个输入，其中有 K 个基本事件，$n-K$ 个门。

对 G_i 的输入实行不交化后，G_i 的输入仍然为 n 个，但除第 1 个输入 X_{i_1} 保持不变外，其余 $n-1$ 个输入变为新加的 $n-1$ 个与门，这些“与门”的输入分别为

$$(X'_{i_1}X_{i_2}),\ (X'_{i_1}X'_{i_2}X_{i_3}),\ \cdots,\ (X'_{i_1}\cdots X'_{i_{k-1}}X_{i_k}),\ (X'_{i_1}\cdots X'_{i_k},\ G_{i_{k+1}})$$
$$(X'_{i_1}\cdots X'_{i_k},\ G'_{i_{k+1}},\ G_{i_{k+2}}),\ \cdots,\ (X'_{i_1}\cdots X'_{i_k},\ G'_{i_{k+1}},\ \cdots,\ G'_{i_{n-1}},\ G_{i_n})$$

这样：

$$G_i = X_{i_1} \cup X_{i_2} \cup \cdots X_{i_k} \cup G_{i_{k+1}} \cup \cdots \cup G_{i_n}$$
$$=X_{i_1} \cup X'_{i_1}X_{i_2} \cup \cdots \cup X'_{i_1}X'_{i_2}\cdots X'_{i_{k-1}}X_{i_k} \cup X'_{i_1}\cdots X'_{i_k}G_{i_{k+1}} \cup \cdots \cup X'_{i_1}\cdots X'_{i_k}G'_{i_{k+1}}\cdots G'_{i_{n-1}}G_{i_n}$$

上式右端共有 n 项，这样变换后得到的就是不交事故树，或称为不交型结构函数。

2）不交事故树的性质

(1) 顶事件与基本事件的逻辑关系及其概率特征与原事故树等价。

(2) 展开不交事故树后，所得到的割集即为原事故树的不交集之和，这些不交项的概率之和就是顶事件发生的概率。

(3) 将所得到的割集去补、吸收化简后，即可得到原事故树的最小割集。

3) 不交事故树的特点

图 3-23 所示的两种求解事故树的方法，不同之处在于不交化的位置，表面看来，仅仅先后次序不同，但给计算工作量带来很大的变化。不交事故树具有以下明显特点：

(1) 不管事故树多么复杂，事故树的不交化（即事故树结构函数不交化）只是一种简单的逻辑门的替换，即与门不变，仅或门按上述准则变换。反映在结构函数上，只对结构函数中所有的布尔和按上述准则实现不交化，并不需要展开、归并为不交集之和，这就实现了不交化。

(2) 晚期不交化要先展开，求割集，吸收化简求最小割集，再对最小割集不交化展开，归并为不交积之和，这时才完成不交化。后者比前者多一次展开过程，这个过程的计算工作量很大，所以早期不交化省时省工。

(3) 早期不交化可以有效地处理重复事件，当重复事件出现在与门、或门的情况下，由于早期不交化引入了补事件，使 $XX'=0$，就等效于消除了重复事件的影响。这种早期消除重复事件影响的方法，在重复事件很多时效果最好。

(4) 采用不交事故树，并非真的画出不交事故树，只是将其中的布尔和变成不交布尔积即可，方法简单，适宜手算。若用计算机计算，只需对原输入表按或门不交化准则补充修改即可。

当然，如果完全没有重复事件时进行早期不交化，引入补事件，特别是遇到门取补时，反而更麻烦，这时可以通过模块分割来简化计算。所以，一般要把布尔化简、模块分割、早期不交化结合起来使用，可以显著改善事故树分析的组合爆炸问题。

【例 3-12】 以如图 3-17 所示事故树为例，用不交事故树法计算顶事件的发生概率。

解 由图 3-17 得

$$
\begin{aligned}
T &= (X_1 + X_3X_5)[X_4 + (X_2 + X_5)X_3] \\
&= (X_1 + X_1'X_3X_5)[X_4 + X_4'(X_2 + X_5)X_3] \\
&= (X_1 + X_1'X_3X_5)[X_4 + X_4'(X_2 + X_2'X_5)X_3] \\
&= (X_1 + X_1'X_3X_5)(X_4 + X_2X_3X_4' + X_2'X_3X_4'X_5) \\
&= X_1X_4 + X_1X_2X_3X_4' + X_1X_2'X_3X_4'X_5 + X_1'X_3X_4X_5 + X_1'X_2X_3X_4'X_5 + X_1'X_2'X_3X_4'X_5
\end{aligned}
$$

以上得到不交积之和表达式，可以直接计算顶事件概率 $P(T)$，其结果与常规途径相同。从上面的不交型结构函数去补、吸收得到最小割集为 $\{X_1, X_4\}$、$\{X_1, X_2, X_3\}$、$\{X_3, X_5\}$。结果与常规途径完全相同。

七、事故树分析的应用实例

预防蒸汽锅炉爆炸是人们长期探讨的重要课题之一，下面就对锅炉超压引起爆炸用事故树分析法进行分析。

锅炉超压事故树分析如图 3-24 所示。基本事件发生概率取值见表 3-18。

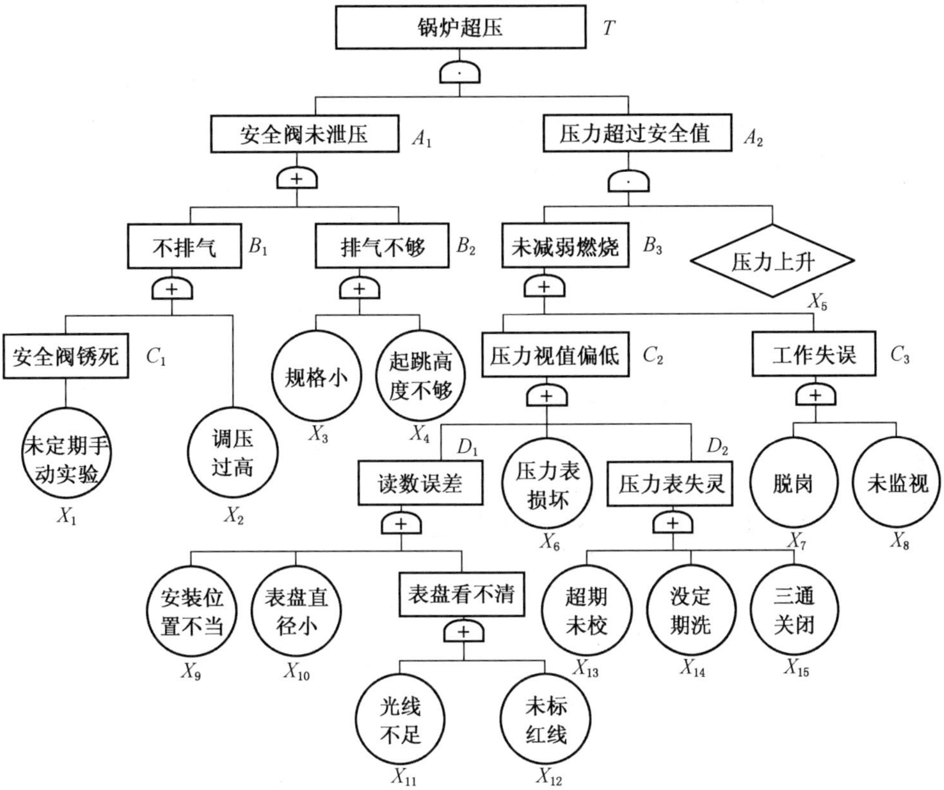

图 3-24　锅炉超压事故树分析图

表 3-18　基本事件发生概率取值表

代号	基本事件名称	q_i	$1-q_i$
X_1	未定期手动试验	10^{-2}	0. 99
X_2	调压过高	10^{-4}	0. 9999
X_3	安全阀规格小	10^{-3}	0. 999
X_4	安全阀起跳高度不够	10^{-3}	0. 999
X_5	压力上升	5×10^{-2}	0. 95
X_6	压力表损坏	10^{-5}	0. 99999
X_7	脱岗	5×10^{-2}	0. 95
X_8	未监视	10^{-2}	0. 99
X_9	安装位置不当	10^{-3}	0. 999
X_{10}	表盘直径小	10^{-4}	0. 9999
X_{11}	光线不足	10^{-3}	0. 999
X_{12}	未标红线	5×10^{-2}	0. 95
X_{13}	超期未校（压力表）	10^{-6}	0. 999999
X_{14}	没定期冲洗	10^{-3}	0. 999
X_{15}	三通关闭	10^{-4}	0. 9999

1. 事故树的定性分析

1）求最小割集（径集）

根据式（3-5）、式（3-6），计算图 3-24 所示事故树的最小割集最多 40 个，最小径集最多 3 个，所以用最小径集进行分析较为方便。

锅炉超压事故树的成功树如图 3-25 所示。

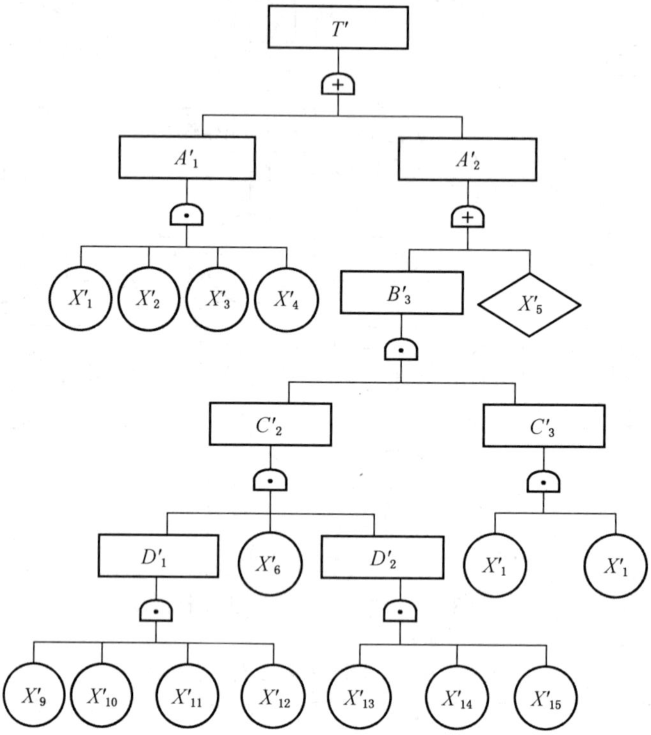

图 3-25　图 3-24 的成功树

结构函数为

$$T' = X'_1X'_2X'_3X'_4 + X'_5 + X'_6X'_7X'_8X'_9X'_{10}X'_{11}X'_{12}X'_{13}X'_{14}X'_{15}$$

从而得到最小径集为

$$P_1 = \{X_5\}$$

$$P_2 = \{X_1,\ X_2,\ X_3,\ X_4\}$$

$$P_3 = \{X_6,\ X_7,\ X_8,\ X_9,\ X_{10},\ X_{11},\ X_{12},\ X_{13},\ X_{14},\ X_{15}\}$$

2）结构重要度分析

由于 3 个最小径集中均不含共同元素，所以得到

$$I_\Phi(5) > I_\Phi(1) = I_\Phi(2) = I_\Phi(3) = I_\Phi(4) > I_\Phi(6) = I_\Phi(7) = I_\Phi(8)$$
$$= I_\Phi(9) = I_\Phi(10) = I_\Phi(11) = I_\Phi(12) = I_\Phi(13) = I_\Phi(14) = I_\Phi(15)$$

2. 事故树的定量分析

1）求顶事件概率

根据式（3-24），得到

$$P(T) = [1 - (1 - q_5)][1 - (1 - q_1)(1 - q_2)(1 - q_3)(1 - q_4)]$$
$$[1 - (1 - q_6)(1 - q_7)(1 - q_8) \times (1 - q_9)(1 - q_{10})$$
$$(1 - q_{11})(1 - q_{12})(1 - q_{13})(1 - q_{14})(1 - q_{15})]$$

将表 3-16 所列各基本事件发生概率数值代入，得

$$P(T) = 6.61 \times 10^{-5}$$

2）求概率重要度系数

根据式（3-35），得到

$$I_g(1) = \frac{\partial P(T)}{\partial q_1} = [1 - (1 - q_5)](1 - q_2)(1 - q_3)(1 - q_4)$$
$$[1 - (1 - q_6)(1 - q_7) \times (1 - q_8)(1 - q_9)(1 - q_{10})$$
$$(1 - q_{11})(1 - q_{12})(1 - q_{13})(1 - q_{14})(1 - q_{15})]$$

代入表 3-16 数值得

$$I_g(1) = 5.46 \times 10^{-3}$$

同理可得

$I_g(2) = 5.40 \times 10^{-3}$　　$I_g(3) = 5.41 \times 10^{-3}$　　$I_g(4) = 5.41 \times 10^{-3}$

$I_g(5) = 1.32 \times 10^{-3}$　　$I_g(6) = 5.38 \times 10^{-4}$　　$I_g(7) = 5.66 \times 10^{-4}$

$I_g(8) = 5.43 \times 10^{-4}$　　$I_g(9) = 5.38 \times 10^{-4}$　　$I_g(10) = 5.38 \times 10^{-4}$

$I_g(11) = 5.38 \times 10^{-4}$　　$I_g(12) = 5.66 \times 10^{-4}$　　$I_g(13) = 5.38 \times 10^{-4}$

$I_g(14) = 5.38 \times 10^{-4}$　　$I_g(15) = 5.38 \times 10^{-4}$

3）求关键重要度系数

根据式（3-37），得到

$$I_g^c(1) = \frac{q_1}{P(T)} I_g(1) = 0.83$$

同理可得

$I_g^c(2) = 8.17 \times 10^{-3}$　　$I_g^c(3) = 8.18 \times 10^{-3}$　　$I_g^c(4) = 8.18 \times 10^{-3}$

$I_g^c(5) = 0.998$　　$I_g^c(6) = 8.14 \times 10^{-5}$　　$I_g^c(7) = 0.428$

$I_g^c(8) = 8.21 \times 10^{-2}$　　$I_g^c(9) = 8.14 \times 10^{-3}$　　$I_g^c(10) = 8.14 \times 10^{-4}$

$I_g^c(11) = 8.14 \times 10^{-3}$　　$I_g^c(12) = 0.428$　　$I_g^c(13) = 8.14 \times 10^{-6}$

$I_g^c(14) = 8.14 \times 10^{-3}$　　$I_g^c(15) = 8.14 \times 10^{-4}$

由此可得关键重要度顺序为

$$I_g^c(5) > I_g^c(1) > I_g^c(7) = I_g^c(12) > I_g^c(8) > I_g^c(3) = I_g^c(4) > I_g^c(2) > I_g^c(9)$$
$$= I_g^c(11) = I_g^c(14) > I_g^c(10) = I_g^c(15) > I_g^c(6) > I_g^c(13)$$

通过对图 3-24 所示事故树的定性分析得出，锅炉超压事故树最小割集最多有 40 个、最小径集 3 个。即导致锅炉超压事故的可能性有 40 种，可见锅炉超压是极易发生的。但只要能采取 3 个径集方案中的任一个，锅炉超压事故就可避免。

第一方案 $\{X_5\}$ 是最佳方案，只要及时调节燃烧，控制锅炉压力在规定范围内，锅炉超压事故就不会发生。第二方案 $\{X_1, X_2, X_3, X_4\}$ 也较为有效，如安全阀灵敏可靠，

能在超压情况下迅速地将锅炉压力降低到允许值范围内，锅炉事故即可避免。第三方案$\{X_6, X_7, X_8, X_9, X_{10}, X_{11}, X_{12}, X_{13}, X_{14}, X_{15}\}$是控制压力超过允许值的措施，这一方案基本事件较多，能做到逐个控制不是一件容易的事情，所以这一方案在某种意义上不理想。

通过对事故树的定量分析，找出了锅炉超压事故的主要发生原因，在15个基本事件中，压力上升（X_5）是最主要原因；其次是安全阀没有定期进行手动试验（X_1），因而无法避免安全阀锈蚀后卡住；再者就是操作人员脱岗和未严密监视压力表。所以，抓住这3种主要原因，就抓住了解决锅炉超压的主要环节，提高操作人员的操作技能，加强和培养操作人员高度的安全意识和责任感，同样是防止锅炉超压的重要方面。

3. 软件应用比较

Fault tree 软件绘制图如图3-26所示。

软件输出结果如下。

（1）此事故树的最小径集为

$$\{X_1, X_2, X_3, X_4\}$$

$$\{X_6, X_7, X_8, X_9, X_{10}, X_{11}, X_{12}, X_{13}, X_{14}, X_{15}\} \qquad \{X_5\}$$

顶事件发生的概率是：　　$P=0.000066060012$

（2）此事故树的结构重要度为

$$I[X_5]>I[X_1]=I[X_2]=I[X_3]=I[X_4]>I[X_6]=I[X_9]=I[X_{10}]$$
$$=I[X_{13}]=I[X_{14}]=I[X_{15}]=I[X_7]=I[X_8]=I[X_{11}]=I[X_{12}]$$

值的大小：

$I[X_1]=0.125000000000$　　$I[X_5]=1.000000000000$

$I[X_2]=0.125000000000$　　$I[X_3]=0.125000000000$

$I[X_4]=0.125000000000$　　$I[X_6]=0.001953125000$

$I[X_9]=0.001953125000$　　$I[X_{10}]=0.001953125000$

$I[X_{13}]=0.001953125000$　　$I[X_{14}]=0.001953125000$

$I[X_{15}]=0.001953125000$　　$I[X_7]=0.001953125000$

$I[X_8]=0.001953125000$　　$I[X_{11}]=0.001953125000$

$I[X_{12}]=0.001953125000$

概率重要度大小：

$$I_q[X_1]>I_q[X_3]=I_q[X_4]>I_q[X_2]>I_q[X_5]>I_q[X_{12}]=I_q[X_7]>I_q[X_8]>I_q[X_{11}]$$
$$=I_q[X_9]=I_q[X_{14}]>I_q[X_{10}]=I_q[X_{15}]>I_q[X_6]>I_q[X_{13}]$$

值的大小：

$I_q[X_1]=0.005456751752190$　　$I_q[X_5]=0.001320896813234$

$I_q[X_2]=0.005400834322417$　　$I_q[X_3]=0.005405890069298$

$I_q[X_4]=0.005405890069298$　　$I_q[X_6]=0.000536583105784$

$I_q[X_9]=0.000537148082498$　　$I_q[X_{10}]=0.000536634442531$

$I_q[X_{13}]=0.000536577972382$　　$I_q[X_{14}]=0.000537148082498$

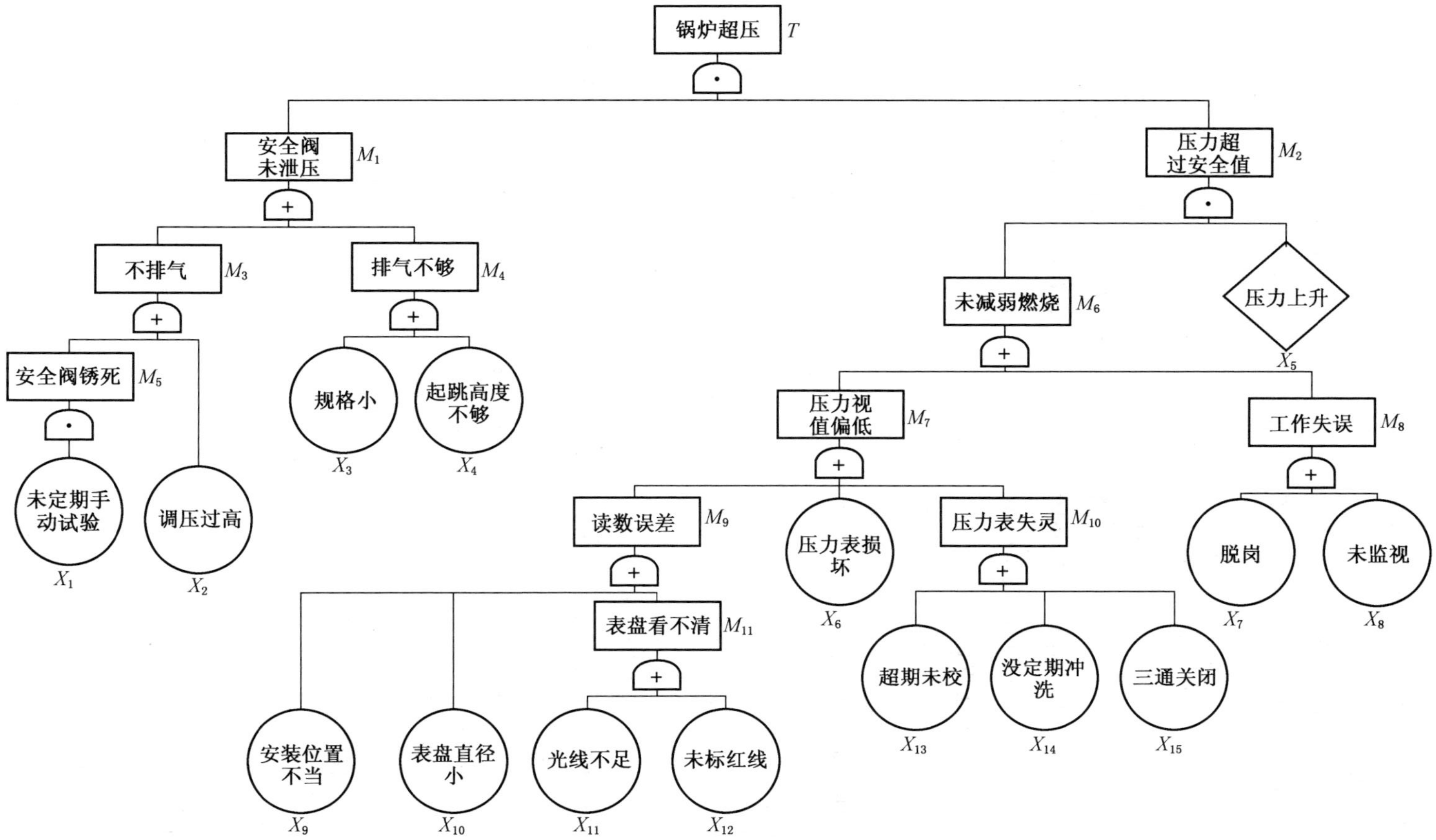

图3-26　Fault tree软件绘制图

$I_q[X_{15}] = 0.000536634442531$ $\quad$ $I_q[X_7] = 0.000565860714514$

$I_q[X_8] = 0.000542311731782$ $\quad$ $I_q[X_{11}] = 0.000537148082498$

$I_q[X_{12}] = 0.000565860714514$

临界重要度大小：

$$I_c[X_5] > I_c[X_1] > I_c[X_{12}] = I_c[X_7] > I_c[X_8] > I_c[X_3] = I_c[X_4] > I_c[X_2] > I_c[X_{11}]$$
$$= I_c[X_9] = I_c[X_{14}] > I_c[X_{10}] = I_c[X_{15}] > I_c[X_6] > I_c[X_{13}]$$

值的大小：

$I_c[X_1] = 0.826219231891605$ $\quad$ $I_c[X_5] = 1.000000000000000$

$I_c[X_2] = 0.008177526462789$ $\quad$ $I_c[X_3] = 0.081851814844845$

$I_c[X_4] = 0.081851814844845$ $\quad$ $I_c[X_6] = 0.000081245272213$

$I_c[X_9] = 0.008133081662650$ $\quad$ $I_c[X_{10}] = 0.000812530452273$

$I_c[X_{13}] = 0.000008124449495$ $\quad$ $I_c[X_{14}] = 0.008133081662650$

$I_c[X_{15}] = 0.000812530452273$ $\quad$ $I_c[X_7] = 0.428391308726692$

$I_c[X_8] = 0.082112656545031$ $\quad$ $I_c[X_{11}] = 0.008133081662650$

$I_c[X_{12}] = 0.428391308726692$

注：由于计算机精度较高，其计算结果和人工计算结果稍有差异。

本章小结

（1）本章提出了两种事故隐患及危险性分析方法，即事件树分析和事故树分析方法，这两种分析方法都是定量分析方法。

（2）事故树分析是20世纪60年代开发并得到广泛应用的系统故障、隐患、危险因素与事故后果的逻辑演绎推理方法，掌握这种方法对安全工作者预测、预防事故或分析已发事故的原因是十分重要的。

（3）事故树的编制是事故树分析最基本、最关键环节。针对发生的某一事故没有一个现成的事故树供人们分析。事故树的编制首先是要确定即顶事件、底事件和中间事件。其中，顶事件的确定最为重要，它关系到整个事故树分析能否得到明确的、有针对性的结果；底事件的确定则要注意它的发生概率是否有据可查。逻辑门的应用要符合事件发生的逻辑关系，其中事件之间不可自始至终都是或门关系，而与门关系则必须符合时间关系，与门表示的时间关系可以用“同时”，也可以用“都”，比如 A 事件和 B 事件同时发生或 A 或 B 都发生则 C 事件发生都可用与门。

（4）事故树的定性分析与定量分析是对事故树顶事件的发生模式、途径、可能性大小及后果的严重程度进行表征，这是事故树分析的目的。

复习思考题

1. 一仓库是由火灾检测系统和喷淋系统组成的自动灭火系统。设火灾检测系统可靠度和喷淋系统可靠度均为0.99，应用事件树分析计算一旦失火时自动灭火失败的概率。

2. 一斜井提升系统，为防止跑车事故在矿车下端安装了阻车叉，在斜井里安装了人工启动的捞车器。当提升钢丝绳或连接装置断裂时，阻车叉插入轨道枕木下阻止矿车下滑。当阻车叉失效时，人员启动捞车器，拦住矿车。设钢丝绳断裂概率 10^{-4}，连接装置断裂概率 10^{-6}，阻车叉失效概率 10^{-3}，捞车器失效概率 10^{-3}，人员操作捞车器失误概率 10^{-2}。画出钢丝绳断裂引起跑车事故的事件树，计算跑车事故发生概率。

3. 一新上岗的操作者，其工作任务是在信号灯闪亮时选择并打开控制阀。假设该操作者在最优紧张度下操作失误的概率为 0.005，计算熟练的操作者在不同紧张度下发生操作失误的概率。

4. 一化工生产过程设有自动紧急停车系统。在生产过程出现异常的场合，如果自动紧急停车系统故障，控制室里的人员必须在 79 s 内实施人工紧急停车。在正常情况下，人员发现过程异常信号和自动紧急停车系统故障信号的平均时间为 10 s；判断出自动紧急停车系统故障的平均时间为 15 s；人工紧急停车系统人机匹配良好，人员可以迅速、正确地操作，平均执行时间为 0 s。计算人员实施紧急停车失误的概率。

5. 车床是机械加工工艺中使用最广泛的一种机床，它约占各类机床总数的 35%～40%，它所产生的工伤事故约占机械加工事故总数的一半。车削加工可能发生的伤害事故较多，大致可分为绞辗、刺割、物体打击、灼烫、扭伤、触电六大类。试对绞蹍、刺割、物体打击 3 种可能发生的伤害事故，在对车削加工及事故发生原因调查的基础上，分别编制 3 种事故的事故树图。

6. 建筑工地经常出现各类事故，从脚手架上坠落是施工现场发生较为频繁、后果严重的事故。这里假设建筑施工不包括搭、拆脚手架，同时从脚手架上坠落也不包括脚手架倒塌坠落。在对施工现场、作业情况、机械设备、人员配备了解清楚以后，试画出“施工人员从脚手架上坠落死亡”事故树。

7. 求如图 3-27 和图 3-28 所示事故树的最小割集和最小径集。

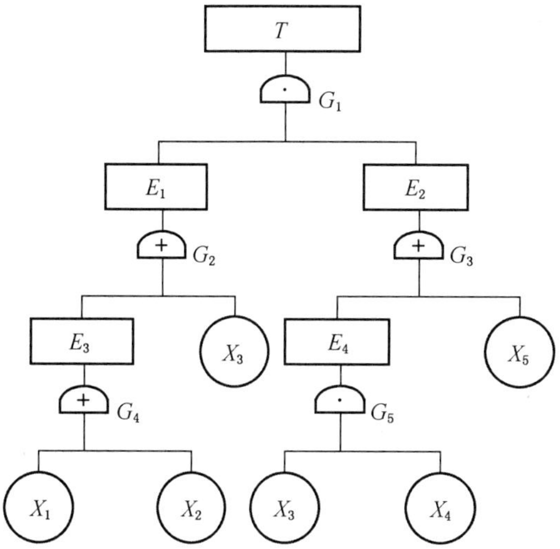

图 3-27 事故树Ⅰ

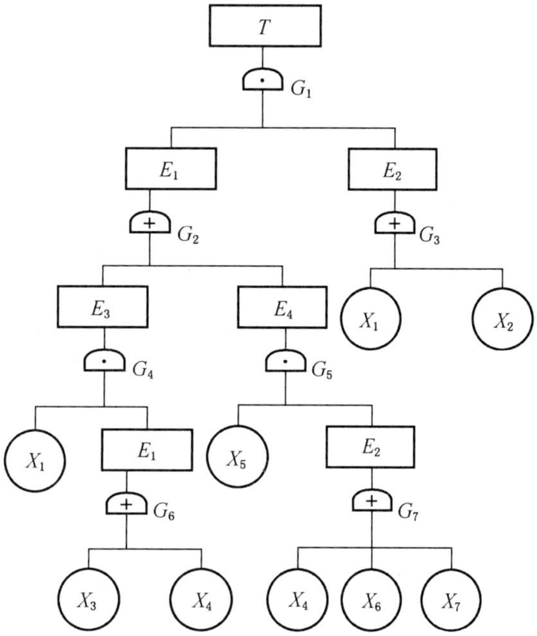

图 3-28 事故树Ⅱ

8. 利用状态枚举法计算图 3-29 事故树图中顶事件的发生概率。设各基本事件的发生概率分别为 $q_1=0.05$，$q_2=0.04$，$q_3=0.03$，$q_4=0.02$。

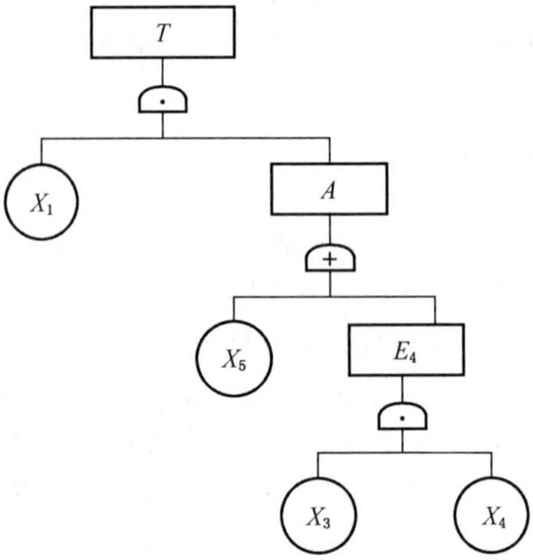

图 3-29　事故树Ⅲ

9. 已知图 3-30 所示事故树，试用最小割集法、最小径集法、不交积之和定理和不交事故树法分别计算图中顶事件的发生概率。设图中各基本事件的发生概率分别为 $q_1=0.04$，$q_2=0.05$，$q_3=0.03$，$q_4=0.01$，$q_5=0.02$。

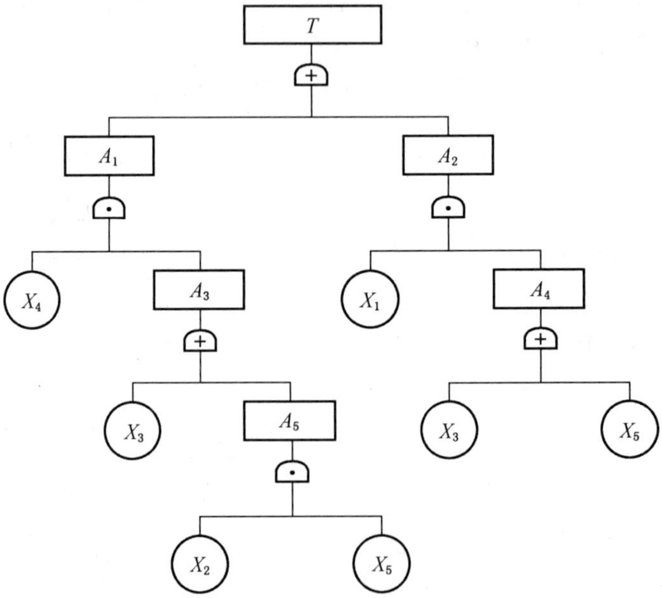

图 3-30　事故树Ⅳ

10. 某事故树有以下最小割集：

$\{X_1, X_2\}$　　$\{X_2, X_3, X_4\}$　　$\{X_4, X_5\}$　　$\{X_3, X_5, X_6\}$

设各基本事件的发生概率为

$q_1 = 0.05$　　$q_2 = 0.03$　　$q_3 = 0.01$　　$q_4 = 0.06$　　$q_5 = 0.04$　　$q_6 = 0.02$

试用各种近似算法计算顶事件的发生概率（精确到 10^{-6}）。

11. 已知各基本事件的发生概率为 $q_1 = 0.01$，$q_2 = 0.08$，$q_3 = 0.50$，$q_4 = 0.01$，$q_5 = 0.05$。求如图 3-31 所示事故树图中各基本事件的结构重要度、概率重要度和关键重要度。

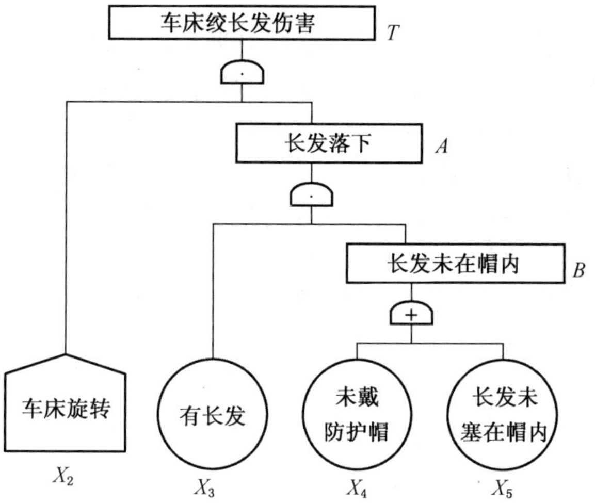

图 3-31　车床绞发伤害事故树图

第四章　系统安全评价

早在19世纪50年代初期，欧美国家就先后开展了风险评价和风险管理这一工作。风险评价问题的提出，最早来自保险行业，后来才逐渐推广到安全管理工作中来。因此，对于安全评价的内容和含义大致有两种理解：一种是从事保险业务的人员和研究保险工作的学者，认为风险管理的中心是保险，而把预防灾害事故作为补充内容，风险管理是为了减少风险而减少支付保险金；另一种是安全工作者把安全评价当做一种行之有效的先进的安全管理方法，因为安全评价既分析评定系统中存在的静态危险，也评估分析系统中可能存在的动态事故隐患。开展安全评价能够预防和减少事故，所以安全评价是安全系统工程的重要组成部分。

第一节　安全评价概述

一、安全评价的基本概念

安全评价是运用安全系统工程的原理和方法，对拟建或已有工程、系统可能存在的危险性及可能产生的后果进行综合评价和预测，并根据可能导致的事故风险的大小提出相应的安全对策措施，以达到工程、系统安全的目的。安全评价是安全系统工程的重要组成部分之一，所以安全评价应贯穿于工程、系统的设计、建设、运行和退役整个生命周期的各个阶段。

1. 安全评价的定义

安全评价（也称风险评价），是以实现工程、系统安全为目的，应用安全系统工程的原理和方法，对工程、系统中存在的危险、有害因素进行识别与分析，判断工程、系统发生事故和急性职业危害的可能性及其严重程度，提出安全对策建议，从而为工程、系统制定防范措施和管理决策提供科学依据。

在上述安全评价的定义中，包含有3层意思：第一，对系统存在的不安全因素进行定性和定量分析，这是安全评价的基础，这里面包括有安全测定、安全检查和安全分析；第二，通过与评价标准的比较得出系统发生危险的可能性或程度的评价；第三，提出改进措施，以寻求最低的事故率，达到安全评价的最终目的。

2. 风险

风险是危险、危害事故发生的可能性与危险、危害事故所造成损失的严重程度的综合度量。对于风险要同时考虑下面两个方面：

（1）受害程度或损失大小。有无风险在很大程度上取决于可能造成多大损失。

（2）造成某种损失或损害的难易程度。损害发生的难易性一般是用某种损害发生的概率大小来描述。

考虑上述两个方面，风险大小可以用风险率（R）来衡量。风险率等于事故发生的概率（P）与事故损失严重程度（S）的乘积：

$$R = PS \tag{4-1}$$

式中　R——风险率；

S——严重度，即事故损失除以事故次数；

P——事故发生概率（频率），即事故次数除以单位时间。

需要说明的是，作为风险评价，事故损失严重程度一般应考虑 3 个方面：费用（Cost），安全投资和保险费用；利益（Benefit），开展安全工作带来的效益；损害（Damage），事故造成的损失。当然，在安全评价或风险评价的初步阶段，“效用”一项一般只考虑损害，即事故损失严重程度，直接代入式（4-1）中来计算风险率。

由于很难计算事故发生的概率，一般常用事故频率来代替事故发生概率，所以式（4-1）可以表示为

$$\text{风险率} = \frac{\text{事故次数}}{\text{单位时间}} \times \frac{\text{事故损失}}{\text{事故次数}} = \frac{\text{事故损失}}{\text{单位时间}} \tag{4-2}$$

式（4-2）中，单位时间指的是系统的运行周期，可以是一年或几年；事故损失指的是死亡人数、损失工作日数或经济损失等；风险率就是两者之商，可以定量表示为百万工时事故死亡率、百万工时总事故率等，对于财产损失可以表示为千人经济损失率等。

二、安全评价的目的和意义

1. 安全评价的目的

安全评价同其他工程系统评价、产品评价、工艺评价等一样，都是从明确的目标值开始，对工程、产品、工艺的功能特性和效果等属性进行科学测定，最后根据测定的结果用一定的方法综合、分析、判断，并作为决策的参考。

安全评价的目的是查找、分析和预测工程、系统存在的危险、有害因素及可能导致的危险、危害后果和程度，提出合理可行的安全对策措施，指导危险源监控和事故预防，以达到最低事故率、最少损失和最优的安全投资效益。安全评价可以达到以下目的：

（1）通过安全评价，分析工程或系统的设计、建设、运行等过程中存在的事故或事故隐患，提出消除危险的最佳方案，特别是从设计上采取相应措施，从而实现生产过程中的本质安全。

（2）通过安全评价，实现全过程的安全控制。在系统设计之前，避免不安全的工艺流程、危险的原材料或不合格的设备、设施等，在系统设计之后，查找设计中的缺陷不足，提出改进预防措施，系统运行后，通过评价现实危险因素，进一步采取降低危险性的措施。

（3）通过安全评价，确定系统存在的危险源及发生概率和严重程度，建立系统安全的最优方案。

（4）通过安全评价，对照相关的安全技术标准、法律法规，找出现有系统生产过程中的不足，实现安全技术、安全管理的标准化和规范化。

2. 安全评价的意义

安全评价作为现代安全管理模式，体现了“以人为本”和“预防为主”的安全管理理念，是预防事故的重要手段。安全评价的意义在于有效预防事故的发生，减少财产损失和人员伤亡。

（1）安全评价是安全管理的必要组成部分之一，通过开展安全评价可以确认生产经营单位是否具备安全生产条件，有利于安全生产的宏观控制和提高生产单位的安全管理水平。

（2）有助于合理地选择安全投资，安全评价可以确定系统的危险性，并能预测危险发生的概率和事故损伤的严重程度，从而得出系统危险可能造成的负效益的大小，合理选择控制措施，使安全投入和可能减少的负效益达到合理的平衡。

（3）有助于提高生产经营单位的安全管理水平，安全评价可以使生产经营单位安全管理事后处理为事先预测和预防；安全评价可以使生产经营单位安全管理纵向单一管理为全面系统管理；安全评价可以使生产经营单位安全管理变经验管理为目标管理。

（4）有助于提高生产经营单位的经济效益，安全评价可以减少事故风险发生带来的人员伤害和经济损失，安全生产水平的提高无疑会使得生产经营单位的经济效益同步增长。

三、安全评价原理

将安全评价的思维方式和依据的理论统称为安全评价原理。安全评价同其他评价方法一样，大致遵循如下的基本原理。

1. 相关性原理

安全评价是系统工程，要对系统做出准确的安全评价，必须对要素之间及要素与系统之间的相关形式和相关程度给出量的概念。因此，从系统的观点出发，以全局的观点、更大的范围、更长的时间、更大的空间及更高的层次来考虑系统安全评价问题，并把系统中影响安全的要素用集合性、相关性和阶层性协调起来。

在安全评价过程中，结合历史数据、相似系统数据及典型事故案例等资料，找出事故风险在系统过程中的相互关系，建立近似真实系统的数学模型，会取得更好的评价效果。相关因素越充分、相关关系越接近真实系统，评价的最终结果就越准确。

2. 类推原理

类推推理是常用的一种逻辑思维方法，常用来作为推出一种新知识的方法。如果已经知道两个不同事件之间的相互制约关系或共同的有联系的规律，则可利用先导事件的发展规律来评价迟发事件的发展趋势，这就是所谓的类推评价。在安全评价中，常用的类推方法有平衡推算法、代替推算法、因素推算法、抽样推算法、比例推算法和概率推算法等。

以概率推算法为例，用概率值来预测未来系统发生事故可能性的大小，以此来衡量系统危险性的大小、安全程度的高低。也就是说，若某系统评价结果是其发生事故的概率为小概率事件，则推断该系统是安全的；反之，若其概率很大，则认为系统是不安全的。

3. 惯性原理

对于同一个事物，可以根据事物的发展都带有一定的延续性即所谓的惯性，来推断系统未来发展趋势。所以，惯性原理也可以称为趋势外推原理。应用此原理必须注意的是，系统必须是稳定的。也就是说，只有在系统稳定时，事物之间的内在联系及其基本特征才有可能延续下去。但是，绝对稳定的系统是不存在的，因为事物发展的惯性在受外力作用时，可以使其加速或减速甚至改变方向。那么，应用惯性原理对系统进行安全评价时，要考虑到惯性的大小和惯性的趋势两个主要因素的影响。

四、安全评价的内容和种类

1. 安全评价的内容

安全评价过程包括危险、有害因素的识别与危险和危害程度评价两部分。两个部分是相辅相成的，在整个评价过程中是相互交叉的。其中，危险、有害因素的识别主要是识别危险来源。危险和危害程度评价主要包括 3 个方面内容：一是确定和衡量来自危险源的危险性和危险程度；二是对确定的危险因素采取相应的控制措施；三是判断评价采取控制措施后仍然存在的危险性是否可以被接受。安全评价的基本内容如图 4-1 所示。

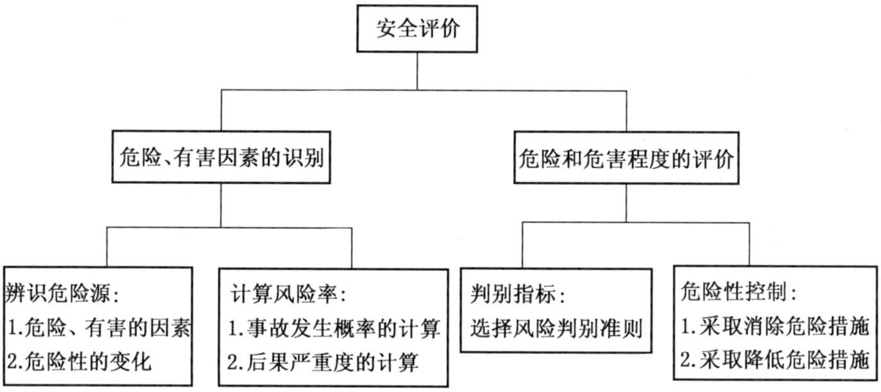

图 4-1　安全评价的基本内容

通过对系统过程中危险因素进行识别和评价，把可能发生事件具体化为数量指标，然后进行危险等级划分，并制定相应的对策措施，从中找到最佳预防事故发生方案，降低系统的危险性。

2. 安全评价的种类

基于不同的评价对象，应运而生了多种的评价方法，每种方法都有较强的针对性。目前，我国根据工程、系统生命周期和评价的目的，将安全评价分为安全预评价、安全验收评价、安全现状评价和专项安全评价 4 类。

1）安全预评价

安全预评价是根据建设项目可行性研究报告的内容，分析和预测该建设项目可能存在的危险、有害因素的种类和程度，提出合理可行的安全对策措施和建议。安全预评价实际上就是在系统运行前或项目建设前，应用安全系统工程的原理和方法对系统中存在的危险、有害因素及危险有害程度进行的预测性评价。

2）安全验收评价

安全验收评价是在建设项目竣工后、正式生产运行前或工业园区建设完成后，通过对建设项目的设施、设备、装置的实际运行状况及管理状况的安全评价，查找该建设项目投产后存在的危险、有害因素，确定其程度，提出合理可行的安全对策措施及建议。安全验收评价是为安全验收进行的技术准备。安全验收评价主要是落实安全月评价中提出的安全措施，落实初步设计中的各个安全设施，落实施工建设过程中的安全监理记录、安全设施调试、运行和检测情况，以及系统工程中的隐蔽安全设施等。

3）安全现状评价

安全现状评价是针对系统、工程（某一个生产经营单位的总体或局部生产经营活动）的安全现状进行的评价。安全现状评价必须要根据政府的相关法律法规或生产经营单位安全规范进行，因为安全现状评价是对系统过程中的生产设施、储存、运输及安全管理状况进行的现状评价。

4）专项安全评价

专项安全评价是针对某一项活动或场所，如一个特定的行业、产品、生产方式、生产工艺或生产装置等存在的危险、有害因素进行的安全评价，目的是查找其存在的危险、有害因素，确定其程度，提出合理可行的安全对策措施及建议。专项安全评价是对特定的安全问题进行的专题安全分析评价，要遵循政府有关管理部门的要求，比如危险化学品专项安全评价等。

4种安全评价之间是相互联系的，并按照一定的规律贯穿于生产经营单位的整个寿命周期内。在系统设计之前进行安全预评价，指导系统设计；系统诞生后的有效寿命期内进行安全验收评价和安全现状评价，是对早期试生产和正式运营的中、后期进行安全评价；在系统寿命期内，可以对某一项活动或场所，或某一特定的行业、产品、装置设施等进行专项安全评价。

五、安全评价的程序和方法

1. 安全评价的程序

安全评价的程序如图4-2所示。

（1）准备阶段。确定被评价的对象和范围，整理和收集国内外相关的法律法规、技术标准及工程系统相关的技术文件资料。

（2）危险、有害因素识别与分析。识别和分析工程、系统的危险、有害因素，并确定危险、有害因素存在的具体部位及存在的方式类别，以及确定事故发生的途径和其变化的规律。

（3）评价单元划分。评价单元的划分应该遵循科学合理、便于实施评价、相对独立且有明显特征界限的原则。

（4）定性、定量评价。选择合理的安全评价方法，对划分的评价单元进行评价，对工程、系统中发生事故的可能性和事故损伤严重程度进行定性、定量评价。

（5）提出安全对策措施。依据危险有害因素识别与分析结果和定性、定量评价结果，提出消除或减弱危险有害因素、降低事故损伤程度的技术对策和管理措施。

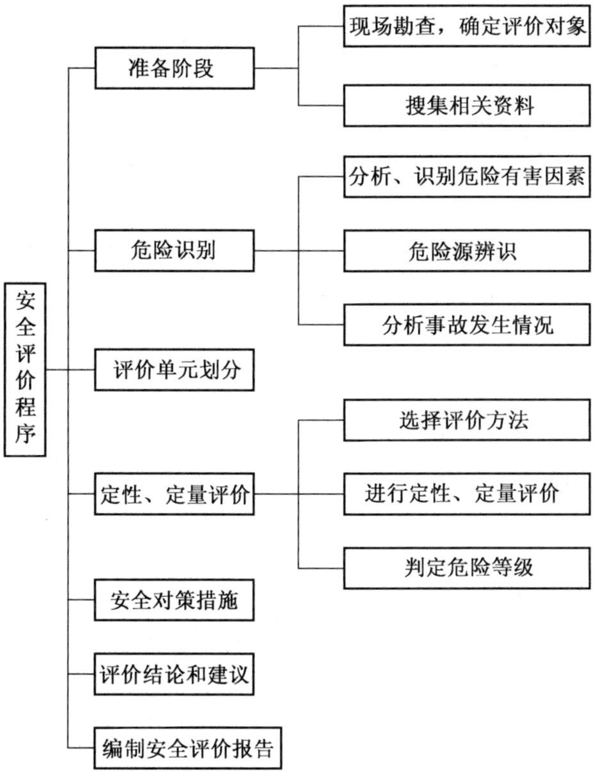

图 4-2　安全评价的基本程序

（6）给出评价结论及建议。简要地列出主要危险、有害因素，指出工程、系统应重点防范的重大危险因素，明确生产经营单位应重视的主要安全措施。

（7）编制安全评价报告。依据安全评价结果编制相应的安全评价报告。

2. 安全评价的方法

安全评价方法是系统、工程进行安全评价的工具。安全评价方法种类繁多，每种评价方法的特点及适用对象都不同，综合分析这些方法，可以分为两大类。第一类是按评价指标的量化程度可分为定性方法、定量方法及定性与定量相结合的方法。第二类是按评价对象进行整合的分类。比如：按照整合的逻辑推理过程，安全评价方法可分为归纳推理评价法和演绎推理评价法；按照整合的目的，安全评价法可以分为事故指引因素安全评价法、危险性分级安全评价法和事故后果安全评价法；按照整合的对象不同，安全评价法可分为设备（设施或工艺）故障率评价法、人员失误率评价法、物质系数评价法及系统危险性评价法等。

基于繁多的安全评价方法，在安全评价过程中，安全评价方法的选择尤为重要。因此，选择合适合理的安全评价方法应遵循充分性、适应性、系统性、针对性和合理性的原则。在选择安全评价方法时，首先应该充分详细地分析被评价的系统、工程，明确评价目标；然后收集尽量全面的安全评价方法并对其进行分析整理，明确被评价的系统、工程能够提供的基础数据、工艺和其他资料；最后结合安全评价目标及工程、系统提供的数据资料，选择合适的安全评价方法。

第二节　概率危险评价法

概率评价法是一种定量评价法，是通过对系统单个元件（如控制装置、管路、压力容器、温度单元、操作人员等）的综合分析，求出单个元件的设计和操作性能对整个系统可能发生事故的概率。那么，生产装置或工艺过程发生事故是由组成其的若干单元或元件组成并相互作用的结果，总的故障概率就取决于这些原件的故障概率和它们之间相互作用的性质。所以，计算各个系统元件的故障概率是计算系统总故障概率的基础。

一、应用范围

概率危险评价法是一种评价和改善技术安全性的一种方法。选用这种方法可以建造导致不期望后果的事件树或故障树，来分析事故原因，还可以通过事件发生概率、事故率或损失值的估算定量地表示危险性的大小。但是这种方法需要耗费大量的人力、物力和时间。自 20 世纪 60 年代末概率危险评价方法问世以来，主要应用于以下 3 个方面：

（1）用于分析某种技术的危险分析，并制定政策、答复公众咨询、评价环境影响等。

（2）用于计算危险定量分析值和制定减小危险的措施，帮助建立有关的法律和操作程序。

（3）用于提出系统在设计、运行、智联管理、改造及维护时的安全改进措施。

二、元件和系统故障概率计算

概率评价法可以求出系统发生事故的概率，在得出事故发生概率的基础上，还可以进一步计算风险率，以风险率大小确定系统的安全程度。比如在故障类型及影响和致命度分析、事故树定量分析及事件树定量分析等方法中，均可以应用该方法进行计算分析事故发生的概率。计算出风险率就可以与安全指标进行比较，以判断危险是否降到系统可以接受的程度。风险率必须先求出系统发生事故的概率。

生产装置或工艺过程发生事故是由组成它的若干元件相互复杂作用的结果，总的故障概率取决于这些元件的故障概率和它们之间相互作用的性质，故要计算装置或工艺过程的事故概率，必须首先要了解各个元件的故障概率。

1. 元件的故障概率及计算

元件的故障概率及其计算方法，已在第三章第二节的“事故树的定量分析”中详细介绍。

2. 元件的连接及系统故障率计算

装置或工艺过程是由许多元件连接在一起构成的，这些元件发生故障常会导致整个系统故障或事故的发生。因此，可根据各个元件故障概率，依照它们之间的连接关系计算出整个系统的故障概率。

元件的相互连接有串联和并联两种情况。

（1）串联连接的元件用逻辑或门表示，意思是任何一个元件故障都会引起系统发生故障或事故。串联元件组成的系统，其可靠度计算公式如下：

$$R = \prod_{i=1}^{n} R_i \tag{4-3}$$

式中　R_i——每个元件的可靠度；

n——元件的数量。

系统的故障概率 P 为

$$P = 1 - \prod_{i=1}^{n} (1 - P_i) \tag{4-4}$$

式中　P_i——每个元件的故障概率。

只有 A 和 B 两个元件组成的系统时，式（4-4）可展开为

$$P(A \text{或} B) = P(A) + P(B) - P(A)P(B) \tag{4-5}$$

如果元件的故障概率很小，则 $P(A)P(B)$ 项可以忽略。此时式（4-5）可简化为

$$P(A \text{或} B) = P(A) + P(B) \tag{4-6}$$

式（4-4）则可简化为

$$P = \sum_{i=1}^{n} P_i \tag{4-7}$$

当元件的故障率不是很小时，不能用简化公式计算总的故障概率。

(2) 并联连接的元件用逻辑与门表示，意思是并联的几个元件同时发生故障，系统就会发生故障。并联元件组成的系统故障概率 P 计算公式为

$$P = \prod_{i=1}^{n} P_i \tag{4-8}$$

系统的可靠度计算公式如下：

$$R = 1 - \prod_{i=1}^{n} (1 - R_i) \tag{4-9}$$

系统的可靠度计算出来后，可由式（3-17）求出总的故障率 λ。

三、系统故障率计算举例

某反应器内进行的反应是放热反应，当温度超过一定值后，会引起反应失控而爆炸。为及时移走反应热，在反应器外面安装了夹套冷却水系统。由反应器上的热电偶温度测量仪与冷却水进口阀连接，根据温度控制冷却水流量。为防止冷却水供给失效，在冷却水进水管上安装了压力开关并与原料进口阀连接，当水压小到一定值时，原料进口阀会自动关闭，停止反应。装置组成如图 4-3 所示。试计算这一装置发生超温爆炸的故障率、故障概

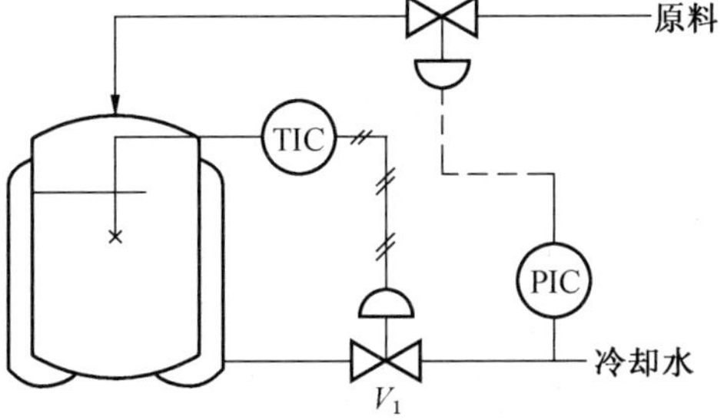

图 4-3　反应器的超温防护系统

率、可靠度和平均故障间隔期，假设操作周期为 1 年。

由图 4-3 可知，反应器的超温防护系统由温度控制和原料关闭两部分组成。温度控制部分的温度测量仪与冷却水进口阀串联，原料关闭部分的压力开关和原料进口阀也是串联的，而温度控制和原料关闭两部分则为并联关系。

由表 3-11 可查得热电偶温度测量仪、控制阀及压力开关的故障率。首先计算各个元件的可靠度和故障概率。

热电偶温度测量仪：

$$R_1 = e^{-0.52\times 1} = 0.59 \qquad P_1 = 1 - R_1 = 1 - 0.59 = 0.41$$

控制阀：

$$R_2 = e^{-0.60\times 1} = 0.55 \qquad P_2 = 1 - R_2 = 1 - 0.55 = 0.45$$

压力开关：

$$R_3 = e^{-0.14\times 1} = 0.87 \qquad P_3 = 1 - R_3 = 1 - 0.87 = 0.13$$

温度控制部分：

$$R_A = R_1R_2 = 0.59 \times 0.55 = 0.32 \qquad P_A = 1 - R_A = 1 - 0.32 = 0.68$$

$$\lambda_A = -\ln R_A/t = -\ln 0.32/1 = 1.14 \qquad \tau_A = 1/\lambda_A = 1/1.14 = 0.88a$$

原料关闭部分：

$$R_B = R_2R_3 = 0.55 \times 0.87 = 0.48 \qquad P_B = 1 - R_B = 1 - 0.48 = 0.52$$

$$\lambda_B = -\ln R_B/t = -\ln 0.48/1 = 0.73 \qquad \tau_B = 1/\lambda_B = 1/0.73 = 1.37a$$

超温防护系统：

$$P = P_AP_B = 0.68 \times 0.52 = 0.35 \qquad R = 1 - P = 1 - 0.35 = 0.65$$

$$\lambda = -\ln R/t = -\ln 0.65/1 = 0.43 \qquad \tau = 1/\lambda = 1/0.43 = 2.33a$$

计算结果表明，预计温度控制部分每 0.88 年发生一次故障，原料关闭部分每 1.37 年发生一次故障。两部分并联组成的超温防护系统预计 2.33 年发生一次故障，防止超温的可靠性明显提高。

计算出安全防护系统的故障率，就可以进一步确定反应器超压爆炸的风险率，从而可比较它的安全性。

在事故树分析中，若知道了每个基本事件发生的概率，就可求出顶上事件发生的概率，根据概率或风险率评价系统的安全性。

下面以如图 4-4 所示的事故树为例，介绍事故树顶上事件发生概率的计算过程。

假设事故树中事件的故障率分别为

$$P(X_1) = 0.01 \qquad P(X_2) = 0.02 \qquad P(X_3) = 0.03 \qquad P(X_4) = 0.04$$

$$P(X_5) = 0.05 \qquad P(X_6) = 0.06 \qquad P(X_7 = 0.07)$$

首先求出中间事件的故障概率，逐层向上推算，最后可计算出顶上事件的发生概率。

$$P(D) \approx P(X_2) + P(X_3) = 0.02 + 0.03 = 0.05$$

$$P(B) \approx P(D) + P(X_4) = 0.05 + 0.04 = 0.09$$

$$P(C) \approx P(X_5) + P(X_6) + P(X_7) = 0.05 + 0.06 + 0.07 = 0.18$$

$$P(A) \approx P(B) + P(C) = 0.09 + 0.18 = 0.27$$

$$P(T) \approx P(X_1) \cdot P(A) = 0.01 \times 0.27 = 0.0027$$

以上是近似计算的结果，各基本事件的故障概率都很小，且事故树中没有重复事件出现。各基本事件故障概率比较大时，使用式（4-9）将括号展开计算。

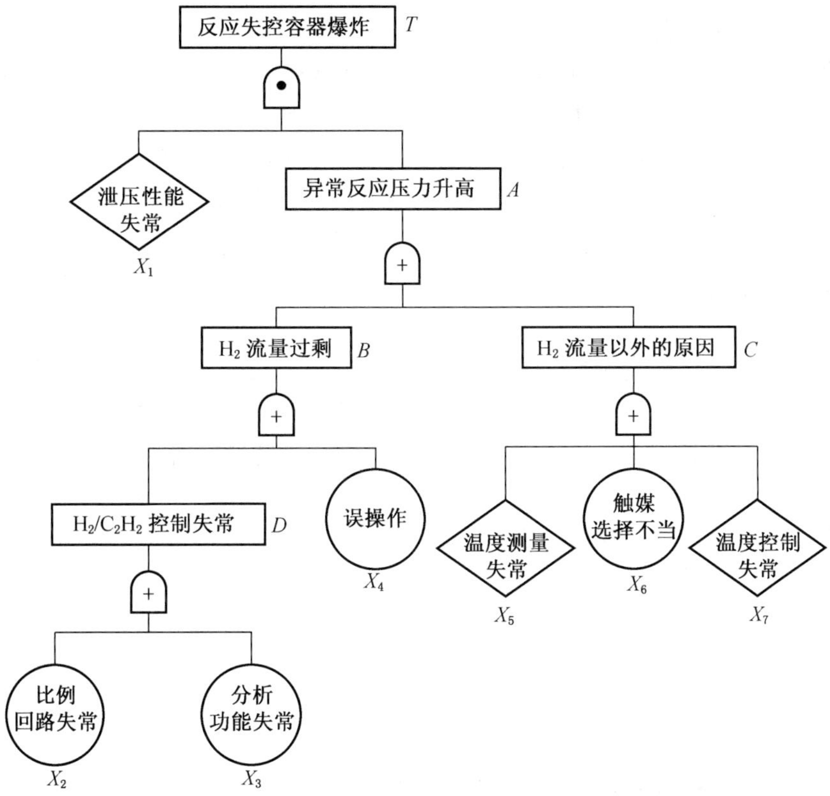

图 4-4　反应失控器爆炸事故树

第三节　指 数 评 价 法

指数评价法是用火灾爆炸指数作为衡量一个化工企业安全状况的标准。指数评价法是以物质系数法为基础。这种方法是针对工厂所用原材料的一般化学性质，结合它们具有的特殊危险性，再加上进行工艺处理时的一般和特殊危险性，以及危险程度方面的因素，换算成火灾爆炸指数或评点数，然后按指数或评点数进行危险等级划分，最后根据不同等级确定在建筑结构、消防设备、电气防爆、检测仪表、控制方法等方面的安全要求和措施。

目前，国内外比较典型的指数评价方法有美国道化学公司的火灾、爆炸指数评价法，英国帝国化学公司的蒙特法和荷兰劳动管理总局推出的单元危险性快速排序法。其中单元危险性快速排序法是道化学公司的火灾、爆炸危险指数法的简化方法。

一、道化学火灾、爆炸指数评价法

美国道化学火灾、爆炸指数评价法是对工艺装置及所含物料的实际潜在火灾、爆炸和反应性危险进行按步推算的客观评价。也就是说，该方法以工艺过程中物料的火灾爆炸潜在危险性为基础，结合工艺条件、物料量等因素求取火灾爆炸指数，进而可求出经济损失的大小，以经济损失评价生产装置的安全性。评价中定量的依据是以往事故的统计资料、物质的潜在能量和现行安全措施的状况。

1964 年，美国道化学公司推出了“火灾、爆炸危险指数评价法”的第一版，经过 29 年的不断完善修改，于 1993 年推出了第七版，从最初作为选择火灾预防方法的指南，发展为针对装置的关键特征提供一种给单一工艺单元进行相对分析的方法。该方法评价的目的是：①真实地量化潜在火灾、爆炸和反应性事故的预期损失；②确定可能引起事故发生或使事故扩大的装置；③向管理部门通报潜在的火灾、爆炸危险性；④使工程技术人员了解各工艺部分可能造成的损失，并帮助确定减轻潜在事故严重性和总损失的有效而又经济的途径。

注意：为了在工程规划中应用火灾、爆炸指数（*F&EI*）系统进行装置的风险评价，在实际计算和解释结果时，评价人员要具备一定的基础知识和良好的判断力，要将构成损失大小和发生概率的工艺危险量化为“修正系数”，以便进行计算。

1. 评价的基本程序

在进行安全评价之前，需要准备如下资料：

（1）装置或工厂的设计方案。

（2）工艺流程图。

（3）火灾、爆炸指数危险度分级表（表 4-1）。

（4）火灾、爆炸指数计算表（表 4-2）。

（5）安全措施补偿系数表（表 4-3）。

（6）工艺单元危险分析汇总表（表 4-4）。

（7）生产单元危险分析汇总表（表 4-5）。

（8）有关装置的更换费用数据。

在资料准备齐全和充分熟悉评价系统的基础上，按照图 4-5 的程序进行评价。

表 4-1　火灾、爆炸指数危险度分级表

F&EI 值	危险等级
1~60	最轻
6~196	较轻
97~127	中等
128~158	很大
>159	非常大

表 4-2　火灾、爆炸指数计算表

地区/国家：	部门：	场所：	日期：
位置：	生产单元：		工艺单元：
评价人：	审定人（负责人）：		建筑物：
检查人（管理部）：	检查人（技术中心）：		检查人（安全和损失预防）：

表 4-2（续）

工艺设备中的物料：		
操作状态： 设计-开车-正常操作-停车	确定 *MF* 的物质	
物质系数（见附录）当单元温度超过 60 ℃时注明		
1. 一般工艺危险	危险系数范围	采用范围系数*
基本系数	1.00	1.00
A. 放热反应	0.30~1.25	
B. 吸热反应	0.20~0.40	
C. 物料处理与输送	0.25~1.05	
D. 密闭式或室内工艺单元	0.25~0.90	
E. 通道	0.35	
F. 排放和泄漏控制	0.25~0.50	
一般工艺危险系数（F_1）		
2. 特殊工艺危险		
基本系数	1.00	1.00
A. 毒性物质	0.20~0.80	
B. 负压（<66.5 kPa）	0.50	
C. 易燃范围内及接近易燃范围的操作 惰性化— 未惰性化—		
（1）罐装易燃液体	0.50	
（2）过程失常或吹扫故障	0.30	
（3）一直在燃烧范围内	0.80	
D. 粉尘爆炸（由图查得）	0.25~2.00	
E. 压力（由图查得） 操作压力/kPa（绝对压力）		
F. 低温	0.20~0.30	
G. 易燃及不稳定物质的重量 物质重量/kg 物质燃烧热 $H_e/(J \cdot kg^{-1})$		
（1）工艺中的液体及气体（图 4-7）		
（2）储存中的液体及气体（图 4-8）		
（3）储存中的可燃固体及工艺中的粉尘（图 4-9）		
H. 腐蚀与磨蚀	0.10~0.75	
I. 泄漏-接头和填料	0.10~1.50	
J. 使用明火设备		
K. 热油交换系统	0.15~1.15	

表 4-2（续）

L. 转动设备	0.50	
特殊工艺危险系数（F_2）		
工艺单元危险系数（$F_1 \times F_2 = F_3$）		
火灾、爆炸指数（$F_3 \times MF = F\&EI$）		

注：* 无危险时系数用 0.00。

表 4-3 安全措施补偿系数表

1. 工艺控制安全补偿系统（C_1）					
项　目	补偿系数范围	采用补偿系数*	项　目	补偿系数范围	采用补偿系数*
（1）应急电源	0.98		（6）惰性气体保护	0.94~0.96	
（2）冷却装置	0.97~0.99		（7）操作规程/程序	0.91~0.99	
（3）抑爆装置	0.84~0.98		（8）化学活泼性物质检查	0.91~0.98	
（4）紧急切断装置	0.96~0.99		其他工艺危险分析	0.91~0.98	
（5）计算机控制	0.93~0.99				
工艺控制安全补偿系数 C_1^{**}					
2. 物质隔离安全补偿系数（C_2）					
项　目	补偿系数范围	采用补偿系数*	项　目	补偿系数范围	采用补偿系数*
（1）遥控阀	0.96~0.98		（3）排放系统	0.91~0.97	
（2）卸料/排空装置	0.96~0.98		（4）联锁装置	0.98	
物质隔离安全补偿系数 C_2^{**}					
3. 防火措施安全补偿系统（C_3）					
项　目	补偿系数范围	采用补偿系数*	项　目	补偿系数范围	采用补偿系数*
（1）泄漏检测装置	0.94~0.98		（6）水幕	0.97~0.98	
（2）结构钢	0.95~0.98		（7）泡沫灭火装置	0.92~0.97	
（3）消防水供应系统	0.94~0.97		（8）手提式灭火器材/喷水枪	0.93~0.98	
（4）特殊灭火系统	0.91		（9）电缆防护	0.94~0.98	
（5）洒水灭火系统	0.74~0.97				
防火设施安全补偿系数 C_3^{**}					
单元安全措施补偿系数 $C = C_1 C_2 C_3$					

注：* 无安全补偿系数时，填入 1.00。

　　** 所采用的各项补偿系数之积。

表 4-4 工艺单元危险分析汇总表

序　号	内　　容	工艺单元
1	火灾、爆炸危险指数（$F\&EI$）	
2	危险等级	
3	暴露区域半径	m

表 4-4（续）

序　号	内　　容	工艺单元
4	暴露区域面积	m^2
5	暴露区域内财产价值	
6	破坏系数	
7	基本最大可能财产损失（基本 *MPPD*）	
8	安全措施补偿系数	
9	实际最大可能财产损失（实际 *MPPD*）	
10	最大可能停工天数（*MPDO*）	d
11	停产损失（*BI*）	

表 4-5　生产单元危险分析汇总表

地区/国家		部　门			场　所		
位置		生产单元			操作类型		
评价人		生产单元总替换价值			日期		
工艺单元主要物质	物质系数	火灾、爆炸指数 *F&EI*	影响区内财产价值	基本 *MPPD*	实际 *MPPD*	停工天数 *MPDO*	停产损失 *BI*

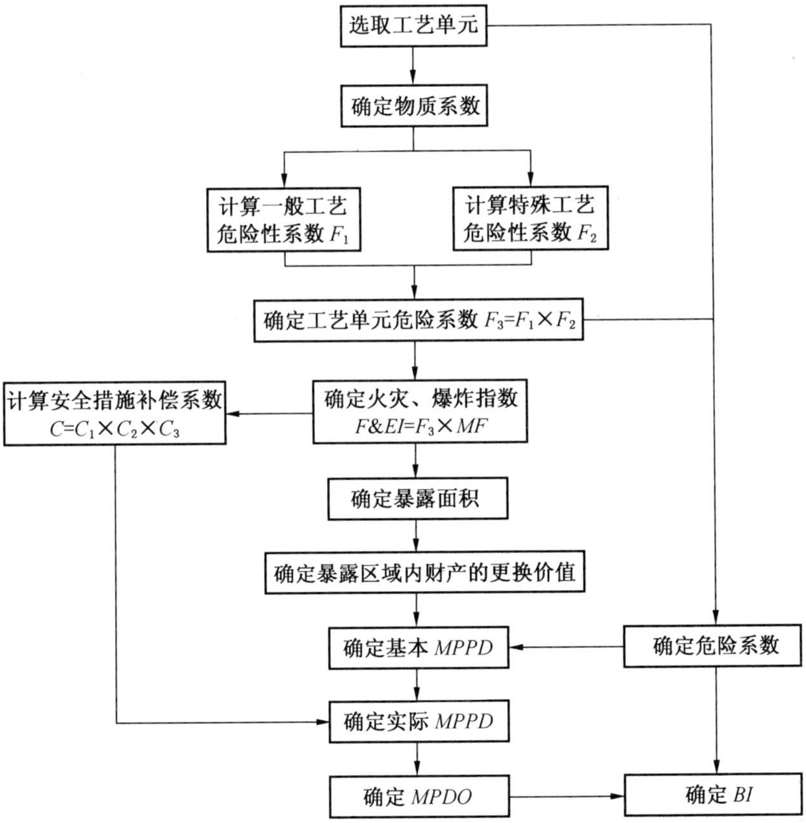

图 4-5　道化学火灾、爆炸指数评价法的基本评价程序

2. 道化学火灾、爆炸指数评价法的计算程序

1）选择工艺（评价）单元

火灾、爆炸指数是评估特定工艺过程最大潜在损失范围的一种工具，可以预测事故可能导致的实际危害和停产损失。要想计算火灾、爆炸指数，前提是必须确定用一种有效合理的程序来确定装置中的那些单元需要研究。

评价单元中有两个概念需要明确，一个是工艺单元，另一个是生产单元。工艺单元是指工艺装置的任一主要单元；生产单元是指包括化学工艺、机械加工、仓库、包装线等在内的整个生产设施。从系统工程角度分析，大多数生产单元都包括许多工艺单元，但在计算火灾、爆炸指数时，只评价那些从损失预防角度来看对工艺有影响的工艺单元，这些单元称之为恰当工艺单元，简称工艺单元。

所以，选择恰当的工艺单元受以下6个重要因素的影响。一般，影响因素的参数值越大，则该工艺单元越需要评价。

（1）潜在化学能（物质系数）。

（2）工艺单元中危险物质的数量。

（3）资金密度（每平方米花费资金，如美元）。

（4）操作压力和操作温度。

（5）导致火灾、爆炸事故的历史资料。

（6）对装置操作起关键作用的单元。

2）确定物质系数（*MF*）

物质系数是表述物质在燃烧或其他化学反应引起的火灾、爆炸时释放能量大小的内在特性，是一个最基础的数值。在火灾、爆炸指数的计算和其他危险性评价时，物质系数是最基础的数值。

物质系数是由美国消防协会规定的物质可燃性 N_F 和化学活性（或不稳定性）N_R，通过表4-6来求取。通常，N_F 和 N_R 是针对正常温度环境而言的。评价方法附录中提供了许多物质的物质系数（见附录），可直接查得。物质发生燃烧和反应的危险性随着温度的升高而急剧加大，如在闪点之上的可燃液体引起火灾的危险性就比正常环境温度下的易燃液体大得多，反应的速度也随着温度的升高而急剧加大，所以当温度超过60 ℃，物质系数就需要进行修正，物质温度系数修正数据见表4-7。

表4-6 物质系数确定表

液体、气体的易燃性或可燃性	NFPA325M或49	反应性或不稳定性				
		$N_r=0$	$N_r=1$	$N_r=2$	$N_r=3$	$N_r=4$
不燃物	$N_f=0$	1	14	24	29	40
F. P. >93.3 ℃	$N_f=1$	4	14	24	29	40
37.8 ℃≤*F. P.*≤93.3 ℃	$N_f=2$	10	14	24	29	40
22.8 ℃≤*F. P.*≤37.8 ℃或 *F. P.* <22.8 ℃并且 *B. P.*≥37.8 ℃	$N_f=3$	16	16	24	29	40
F. P. <22.8 ℃并且 *B. P.* >37.8 ℃	$N_f=4$	21	21	24	29	40
可燃性粉尘或烟雾						

表 4-6（续）

液体、气体的易燃性或可燃性	NFPA325M 或 49	反应性或不稳定性				
		$N_r=0$	$N_r=1$	$N_r=2$	$N_r=3$	$N_r=4$
S_t—1（K_{st}≤200 Pa·m·s^{-1}）		16	16	24	29	40
S_t—2（K_{st}=201~300 Pa·m·s^{-1}）		21	21	24	29	40
S_t—3（K_{st}>300 Pa·m·s^{-1}）		24	24	24	29	40
可燃性固体						
厚度>40 mm 紧密的	$N_f=1$	4	14	24	29	40
厚度<40 mm 疏松的	$N_f=2$	10	14	24	29	40
泡沫材料、纤维、粉状物等	$N_f=3$	16	16	24	29	40

注：表 *F. P.* 为闭杯闪点；*B. P.* 为标准温度和压力下的沸点。

表 4-7　物质温度系数修正数据表

MF 温度修正	N_F	S_t	N_R	备　注
1. 填入 N_F（粉尘为 S_t）、N_R				1. 储存物由于层叠放置和阳光照射，温度可达到 60 ℃。 2. 若工艺单元是反应器，则不必考虑温度修正
2. 若温度<60 ℃，则转至“5”项				
3. 若温度高于闪点，或>60 ℃，则在栏内填“1”				
4. 若温度大于放热起始温度或自燃点，则在栏内填“1”				
5. 各竖行数字相加，当总数≥5 时，则在栏内填“4”				
6. 用“5”项数和表 4-8 确定 *MF*				

评价方法附表中提供了大量的化学物质系数，可以直接查得。但在求取附表、*NFPA* 325（易燃液体、气体和挥发性固体的火灾危险性）或 *NFPA* 49（危险化学品）中未列出的物质、混合物或化合物的物质系数时，必须确定其可燃性等级（N_F）或可燃性粉尘等级（S_t）。物质、混合物或化合物的反应性等级 N_R 根据其在环境温度条件下的不稳定性（或与水反应的剧烈程度）。按照 *NFPA* 704（危险品紧急处理系统鉴别标准）确定，确定的原则是：

（1）$N_R=0$，燃烧条件下仍能保持稳定的物质。

（2）$N_R=1$，加温加压条件下稳定性较差的物质。

（3）$N_R=2$，加温加压条件下易于发生剧烈化学反应变化的物质。

（4）$N_R=3$，本身能发生爆炸分解或爆炸反应，但需要强引发源或引发前必须在密闭状态下加热的物质。

（5）$N_R=4$，在常温常压下自身易于引发爆炸分解或爆炸反应的物质。

3）计算一般工艺危险系数（F_1）

一般工艺危险性是确定事故损害大小的主要因素，共包括放热反应、吸热反应、物料处理与输送、封闭式或室内工艺单元、通道、排放和泄漏控制 6 项内容。此 6 项内容适用于大多数作业场合，不是每个评价单元都包括每一项，要根据具体情况选取恰当的系数并相加，继而得到单元的一般工艺危险系数。各项内容的工艺危险系数可参考表 4-8。

4）计算特殊工艺危险系数（F_2）

特殊工艺危险性是影响事故发生概率的主要因素，共包括 12 项内容：毒性物质、负压、易燃范围内及接近易燃范围的操作、粉尘爆炸、压力、温度、易燃和不稳定物质的量、腐蚀与磨蚀、泄漏—接头和填料、使用明火设备、热油交换系统、转动设备。

每一个评价单元不一定每项都要取值，有关各项按规定求取危险系数，如“易燃和不稳定物质的量”分 3 种情况确定危险系数：

（1）工艺过程中的液体和气体，求出评价单元中可燃或不稳定物质总量乘以燃烧热 H_C，得到总热量，然后从图 4-6 中查得危险系数。

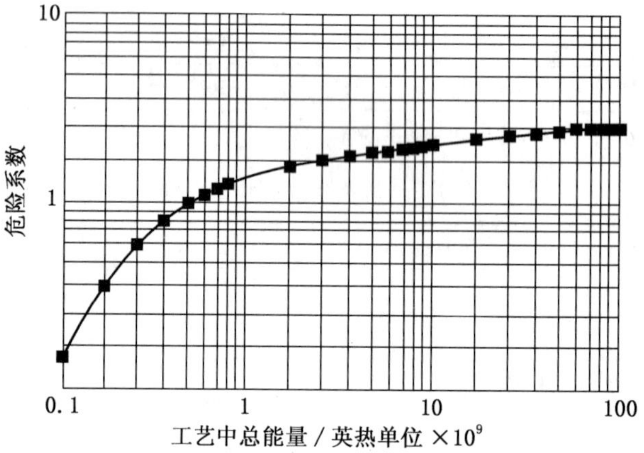

注：英热单位为非法定计量单位，1 英热单位 = 1.055×10^3 J

图 4-6　工艺中的液体和气体

表 4-8　化学物质的一般工艺危险系数值

主要因素	包含种类		危险系数
放热反应	轻微放热反应，如加氢、水合、异构化、磺化、中和反应		0.30
	中等放热反应，如烷基化、酯化、加成、氧化、聚合、缩合反应		0.50
	剧烈反应，如卤化反应		1.00
	特别剧烈反应		1.25
吸热反应	煅烧，加热物质除去结合水或易挥发性物质的过程		0.40
	电解，用电流离解离子的过程		0.20
	热解或裂化	用电加热或高温气体间接加热，大分子裂解成小分子的过程	0.20
		直接火加热，大分子裂解成小分子的过程	0.40
物料处理与输送	所有 I 类易燃或液化石油气类的物料在连接或未连接的管线上装卸时		0.50
	采用人工加料，且空气可随加料进入离心机、间歇式反应器、间歇式混料器设备内，并且能引起燃烧或发生反应的危险		0.50
	可燃性物质存放于库房或露天时的系数	$N_F=3$ 或 $N_F=4$ 的易燃液体或气体	0.85
		$N_F=3$ 的可燃性固体	0.50
		$N_F=2$ 的可燃性固体	0.40
		对闭环闪点大于 37.8 ℃并低于 60 ℃的可燃性液体	0.25

表 4-8（续）

主要因素	包含种类		危险系数
封闭单元或室内单元	粉尘过滤器或捕集器安置在封闭区内时（1）		0.50
封闭单元或室内单元	在封闭区、闪点以上处理易燃液体时	易燃物质的量≤4540 kg	0.30
封闭单元或室内单元	在封闭区、闪点以上处理易燃液体时	易燃物质的量> 4540 kg	0.45
封闭单元或室内单元	在封闭区、沸点以上处理液化石油气或任何易燃液体量时（3）	易燃物质的量≤4540 kg	0.60
封闭单元或室内单元	在封闭区、沸点以上处理液化石油气或任何易燃液体量时（3）	易燃物质的量> 4540 kg	0.90
封闭单元或室内单元	若（1）和（3）安装了合理的通风装置，则两项系数减 50%		
通道	整个操作区面积大于 925 m^2，且通道不符合要求时		0.35
通道	整个操作区面积大于 2315 m^2，且通道不符合要求时		0.35
通道	面积小于 925 m^2 时，且通道不符合要求、影响消防时		0.20
排放和泄漏控制	设有堤坝防止泄漏液流入其他区域，但堤坝内所有设备露天放置时		0.5
排放和泄漏控制	单元周围为一可排放泄漏液的平坦地，一旦失火，会引起火灾		0.5
排放和泄漏控制	单元的三面有堤坝，能将泄漏液引至蓄液池的地沟，并满足： （1）蓄液池的地面斜度不得小于：地质地面为 2%，硬质地面为 1%。 （2）蓄液池的最外缘与设备之间的距离至少小于 15 m。 （3）蓄液池的储液能力至少等于 10% 的储量加上 30 min 的消防水量		不取系数
排放和泄漏控制	如蓄液池或地沟处设有公用工程管线或管线的距离不符合要求		0.5

（2）储存中的液体和气体，求得总燃烧热，由图 4-7 查出文献系数。

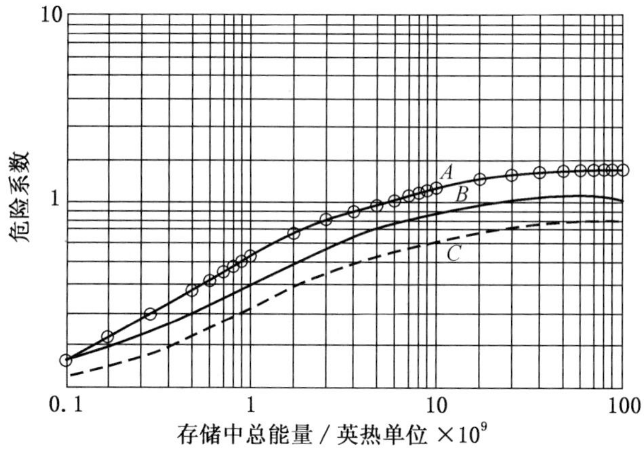

图 4-7　储存中的液体和气体

（3）储存中的可燃固体和工艺过程中的粉尘，则用储存固体总量或工艺单元中粉尘总量由图 4-8 查得危险系数。

将各项取值填入表 4-4 中，然后相加即可得到单元特殊危险系数。

5）确定工艺单元危险系数（F_3）

单元危险系数（F_3）等于一般工艺危险系数（F_1）和特殊工艺危险系数（F_2）的乘积。

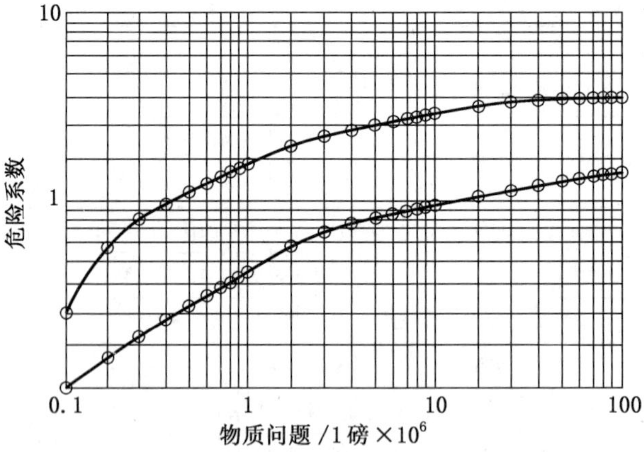

图 4-8 储存中的可燃固体/工艺中的粉尘（1 磅=0.454 kg）

计算工艺单元危险系数（F_3）中的各项系数时，应选择物质在工艺单元中所处的最危险状态，可以考虑的操作状态有开车、连续操作和停车。

6）计算火灾、爆炸指数（*F&EI*）

火灾、爆炸指数用来估计生产事故可能造成的破坏情况，它等于物质系数（*MF*）和单元危险系数（F_3）的乘积。各种危险因素，如反应类型、操作温度、压力和可燃物的数量等，表征了事故发生概率、可燃物的潜能以及由工艺控制故障、设备故障、振动或应力疲劳等导致的潜能释放的大小。表 4-3 是 *F&EI* 值与事故危险程度之间的关系，它使人们对火灾、爆炸的严重程度有一个相对的认识。

7）确定暴露面积

暴露区域意味着其内的设备将会暴露在本单元发生的火灾或爆炸环境中。为了评价这些设备在火灾、爆炸中遭受的损坏，要考虑实际影响的体积。用火灾、爆炸指数（*F&EI*）乘以 0.84 即可求出暴露半径 R（英尺）。根据暴露半径计算出暴露区域面积（$S=\pi R^2$）。

8）确定暴露区域内财产价值

暴露区域内财产价值可由区域内含有的财产（包括在存的物料）的更换价值来确定：

$$更换价值=原来成本\times 0.82\times 价格增长系数$$

其中系数 0.82 是考虑事故发生时有些成本不会被破坏或无须更换，如场地平整、道路、地下管线和地基、工程费等。如果更换价值有更精确的计算，这个系数可以改变。

更换价值可按以下几种方法计算：

（1）采用暴露区域内设备的更换价值。

（2）用现行的工程成本来估算暴露区域内主要设备的更换价值，然后用工程预算安装系数核定安装费用。

（3）从整个装置的更换价值推算每平方米的设备费，再用暴露区域的面积与之相乘就得到更换价值。这种方法适用于老厂。

9）危害系数的确定

危害系数代表了单元中物料泄漏或反应能量释放所引起的火灾、爆炸事故的综合效应。危害系数由单元危险系数（F_3）和物质系数（*MF*）按图 4-9 来确定。如果 F_3 数值超过 8.0，则以 8.0 来确定危害系数。

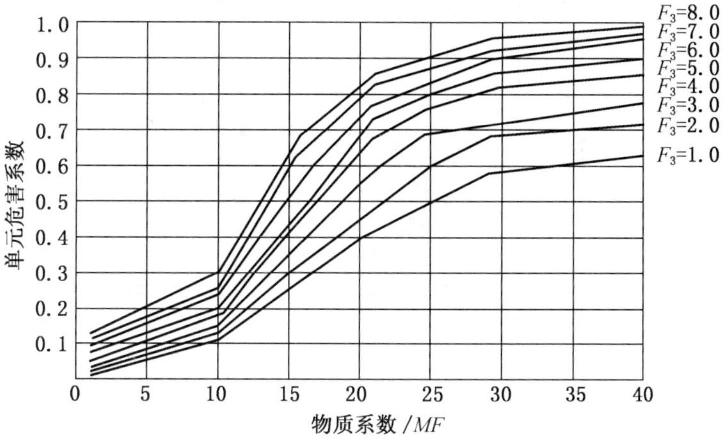

图 4-9　单元危害系数计算图

10）计算最大可能财产损失（基本 *MPPD*）

确定了暴露区域面积（实际体积）和危害系数后，就可以计算事故造成的最大可能财产损失。基本最大可能财产损失是假定没有任何一种安全措施来降低损失。

基本 *MPPD* = 暴露区域的更换价值 × 危害系数

11）安全措施补偿系数（*C*）的计算

道化学法第七版考虑的安全措施分为 3 类：工艺控制 C_1、物质隔离 C_2 和防火措施 C_3。每一类的具体内容及相应补偿系数见表 4-3，其总的补偿系数是该类中所有选取系数的乘积。

单元安全措施补偿系数等于 C_1、C_2 和 C_3 的乘积。

12）确定实际最大可能财产损失（实际 *MPPD*）

基本最大可能财产损失与安全措施补偿系数的乘积就是实际最大可能财产损失。它表示采取适当的（但不完全理想）防护措施后事故造成的财产损失。

13）最大可能工作日损失（*MPDO*）

估算最大可能工作日的损失是为了评价停产损失（*BI*）。*MPDO* 可由图 4-10 根据实际 *MPPD* 查出。

14）停产损失（*BI*）估算

$$BI = \frac{MPDO}{30} \times VPM \times 0.7 \tag{4-10}$$

式中　*VPM*——月产值；

0.7——固定成本和利润。

最后根据造成损失的大小确定其安全程度。

二、单元危险性快速排序法

国际劳工组织在《重大事故控制实用手册》中推荐荷兰劳动总管理局的单元危险性快速排序法。该法是道化学公司的火灾、爆炸指数法的简化方法，使用起来简捷方便。该法主要用于评价生产装置火灾、爆炸潜在危险性大小，找出危险设备、危险部位，具体的评

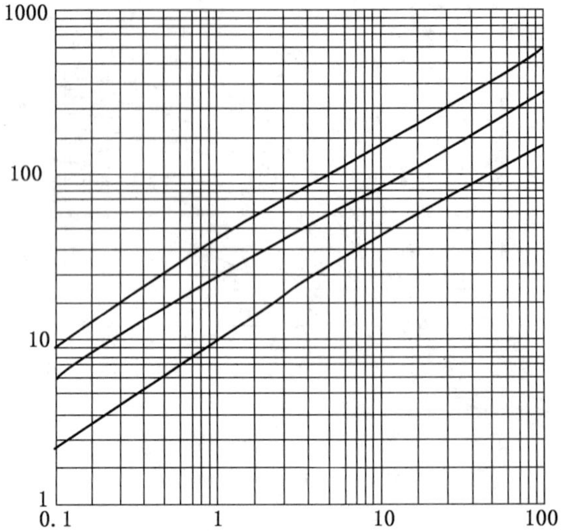

注：最大可能财产损失（实际 *MPPD*/百万美元，以 1986 年为基准）按照化学工程装置价格指数，到 1993 年，基准乘以 359.9/318.4 = 1.130

图 4-10　最大可能工作日损失（*MPDO*）计算图

价程序如下所述。

1. 单元划分

首先将生产装置划分成单元，该法建议按工艺过程可划分如下单元：①供料部分；②反应部分；③蒸馏部分；④收集部分；⑤破碎部分；⑥泄料部分；⑦骤冷部分；⑧加热/制冷部分；⑨压缩部分；⑩洗涤部分；⑪过滤部分；⑫造粒塔；⑬火炬系统；⑭回收部分；⑮存储装置的每个罐、储罐、大容器；⑯存储用袋、瓶、桶盛装的危险物质的场所。

2. 确定物质系数和毒性系数

根据美国防火协会的物质系数表直接查出被评价单元内危险物质的物质系数，并由该表查出健康危害系数；再由健康危害系数转换为毒性系数。

3. 计算一般工艺危险性系数（*GPH*）

由以下工艺过程对应的分数值之和求出一般工艺危险值。

1）放热反应

表 4-9 列出了各种放热反应及其相应的系数值。

表 4-9　放热反应危险性系数

系数	0.2	0.3	0.5	0.75	1.0	1.25
放热反应	固体、液体、可燃性混合气体燃烧	加氢 水解 烷基化 异构化 磺化 中和	酯化 氧化 聚合 缩合 异物化 （不稳定、强反应性物质）	酯化 （较不稳定、较强反应性物质）	卤化 氧化 （强氧化剂）	硝化 酯化 （不稳定、强反应性物质）

2）吸热反应

燃烧（加热）、电解、裂解等吸热反应时取 0.20；利用燃烧为煅烧、裂解提供热源时取 0.40。

3）存储和输送

（1）危险物质的装卸取 0.50。

（2）在仓库、庭院用桶、运输罐储存危险物质。

（3）储存温度在常压沸点之下取 0.30。

（4）储存温度在常压沸点以上取 0.60。

4）封闭单元

（1）在闪点之上、常压沸点下的可燃液体取 0.30。

（2）在常压沸点之上的可燃液体或液化石油气取 0.50。

5）其他方面

用桶、袋、箱盛装危险物质，使用离心机，在敞口容器中批量混合，同一容器用于一种以上反应等 0.50。

4. 计算特殊工艺危险性系数（*SPH*）

由下列各种工艺条件对应的分数值之和求出特殊工艺危险值。

1）工艺温度

（1）在物质闪点之上取 0.25。

（2）在物质常压沸点以上取 0.60。

（3）物质自燃温度低，且可被热供气管引燃取 0.75。

2）负压

（1）向系统内泄漏空气无危险不考虑。

（2）向系统内泄漏空气有危险取 0.50。

（3）氢收集系统取 0.50。

（4）绝对压力 0.67 kPa 以下的真空蒸馏，向系统内泄漏空气或污染物有危险取 0.75。

3）在爆炸范围内或爆炸界限附近操作

（1）露天储存罐可燃物质，在蒸汽空间中混合气体浓度在爆炸范围内或爆炸极限附近取 0.50。

（2）近爆炸极限的工艺或需用设备和/或氮、空气清洗、冲淡以维持在爆炸范围以外的操作取 0.75。

（3）在爆炸范围内操作的工艺取 1.00。

4）操作压力

操作压力高于大气压力时需考虑压力系数。

可燃或易燃液体的操作压力影响系数取值如图 4-11 所示，查出相应的系数或按下式计算相应系数：

$$y = 0.435 \lg p \tag{4-11}$$

式中　p——减压阀确定的绝对压力，bar，1 bar = 10^5 Pa。

具体取值为：高黏滞性物质，$0.7y$；压缩气体，$1.2y$；液化可燃气体，$1.3y$；挤压或模压不考虑。

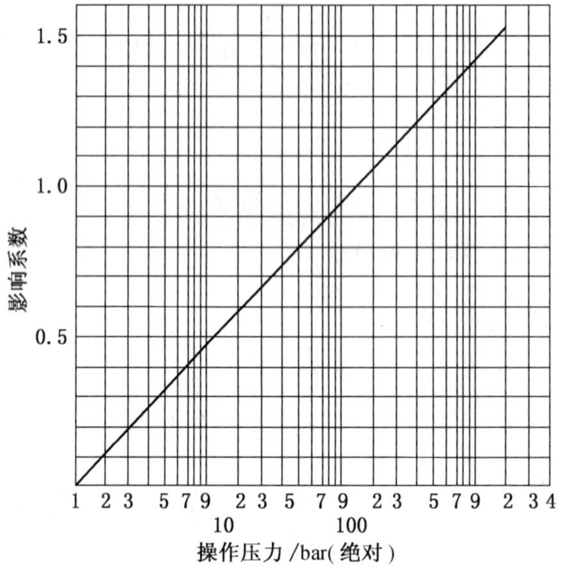

图 4-11　操作压力的影响系数

5）低温

（1）0～-30 ℃之间的工艺取 0.30。

（2）低于-30 ℃的工艺取 0.50。

6）危险物质的数量

（1）加工处理工艺中，由图 4-12 查出相应的系数。在计算时应考虑事故发生时容器或一组相互连结的容器的物质可能全部泄出。

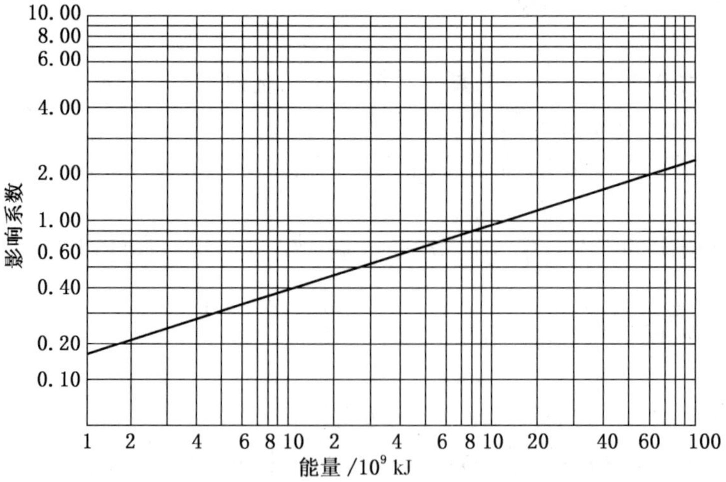

图 4-12　可燃物质在加工处理中的能量影响系数

（2）储存中，由图 4-13 查出加压液化气体和可燃液体的相应系数。

7）腐蚀

腐蚀有装置内部腐蚀和外部腐蚀两类，如加工处理液体中少量杂质的腐蚀，油层和涂

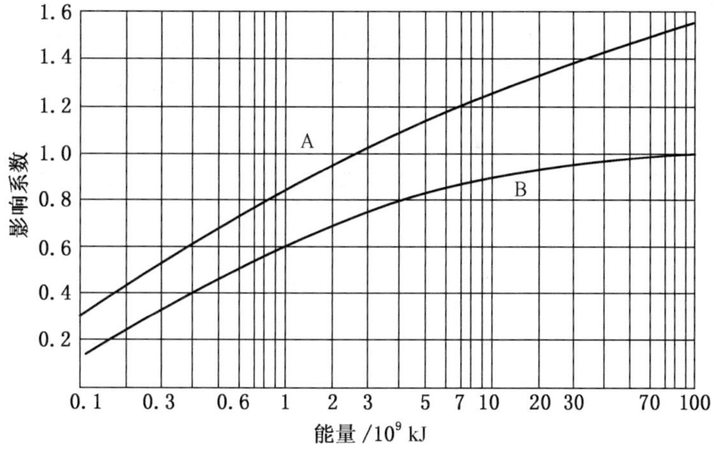

A—加压液化气体；B—可燃液体

图 4-13　可燃物质在储存中出现的能量影响系数曲线

层破损而发生的外部腐蚀，衬的缝隙、接合或针洞处的腐蚀等。

（1）局部剥蚀，腐蚀率为 0.5 mm/a 取 0.10。

（2）腐蚀率大于 0.5 mm/a、小于 1 mm/a 取 0.20。

（3）腐蚀率大于 1 mm/a 取 0.50。

8）接头或密封处泄漏

（1）泵和密封盖自然泄漏取 0.10。

（2）泵和法兰定量泄漏取 0.20。

（3）液体透过密封泄漏取 0.40。

（4）观察玻璃、组合软管和伸缩接头取 1.50。

5. 计算火灾、爆炸指数

1）火灾、爆炸指数 F

$$F = MF(1 + GPH)(1 + SPH) \tag{4-12}$$

式中　MF——物质系数；

GPH——一般工艺危险性系数；

SPH——特殊工艺危险性系数。

2）毒性指标 T

$$T = \frac{T_n + T_s}{100}(1 + GPH + SPH) \tag{4-13}$$

式中　T_n——物质毒性系数；

T_s——考虑有毒物质最高容许浓度的系数，见表 4-10。

表 4-10　有毒物质最高容许浓度（MAC）的系数

MAC 值/(mg · m^{-3})	<5	5	>50
T_s	125	75	50

6. 评价危险等级

该方法把单元危险性划分为 3 级，评价时取火灾、爆炸指数和毒性指标相应的危险等级中最高的作为单元危险等级。表 4-11 为单元危险等级划分情况。

表 4-11 单元危险性等级

等级	火灾、爆炸指数	毒性指标
Ⅰ	$F<65$	$T<6$
Ⅱ	$65\leqslant F<95$	$6\leqslant T<10$
Ⅲ	$F\geqslant 95$	$T\geqslant 10$

三、英国帝国化学公司蒙德法

英国帝国化学公司（ICI）蒙德（Mond）工厂，在美国道化学公司安全评价法的基础上，提出了一个更加全面、系统的安全评价法，称为 ICI Mond 法，或英国帝国化学公司蒙特法。

该方法与道化学公司的方法原理相同，都是基于物质系数法。在肯定道化学公司的火灾、爆炸危险指数评价法的同时，又在其定量评价基础上对道三版作了重要的改进和扩充。其中在考虑对系统安全的影响因素方面更加全面、更注意系统性，而且注意到在采取措施、改进工艺以后根据反馈的信息修正危险性指数，突出了该方法的动态特性。扩充内容主要有以下几点：

（1）增加了毒性的概念和计算。

（2）发展了某些补偿系数。

（3）增加了几个特殊工程类型的危险性。

（4）能对较广范围内的工程及储存设备进行研究。

改进和扩充后的蒙德法（Mond）评价的基本程序如图 4-14 所示。

其评价步骤可以归纳为如下 4 个方面。

1. 确定需要评价的单元

根据工厂的实际情况，选择危险性比较大的工艺生产线、车间或工段确定为需要评价的单元或子系统。

2. 计算道氏综合指数 D

$$D = B\left(1 + \frac{M}{100}\right)\left(1 + \frac{P}{100}\right)\left(1 + \frac{S + Q + L}{100} + \frac{T}{400}\right) \tag{4-14}$$

式中 B——物质系数，也写作 MF，一般是由物质的燃烧热值计算得来的；

M——特殊物质危险值，即 SMH；

P——般工艺危险值，即 GPH；

S——特殊工艺危险值，即 SPH；

Q——量危险值；

L——设备布置危险值；

T——毒性危险值。

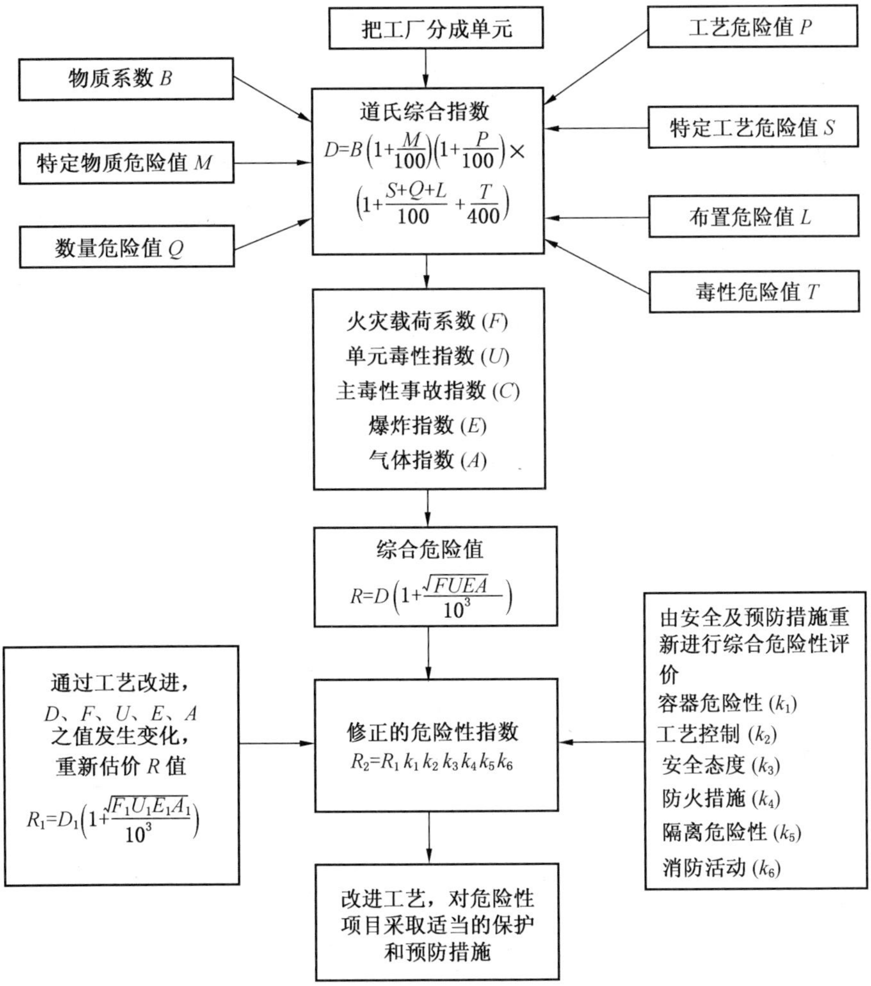

图 4-14　DOW/ICI Mond 法安全评价的基本程序

各项包含的因素及取值见表 4-12。

ICI Mond 法的特殊工艺危险值除包括道氏法中的几项指标外，又增加了高温、振动负荷、循环、强氧化剂、工程着火敏感度、静电危害等项。

量危险值是生产过程中与物质状态无关的、单元中关键材料的量，以质量表示，这个数值与物质系数中单位质量物质产生的燃烧热或反应热是一致的。量危险值可以从图 4-16 查出。

设备布置危险值是指当设备发生事故时，对其邻近设备所造成的影响。这种影响有火灾、爆炸、设备倒塌、倾覆以及设备喷出的有害物等。其影响大小与设备形状、高度与基础比以及支承情况有关。毒性危险值是 ICI Mond 法的一个指数。毒性的大小用毒物的阈限值（*TLV*）表示。在计算时，主要用单元毒性指数即单元中物质的毒性和主毒性指数即单元毒性指数乘以量危险值。虽然由毒性造成的事故比较少，但在有爆炸危险的设备内限制毒物的量是必要的。

表4-12　火灾、爆炸、毒性指标

场所		
装置		
单元		
物质		
反应		
1. 物质系数		
燃烧热 $H_c/(\mathrm{kJ\cdot kg^{-1}})$		
物质系数 $B\left(B=\frac{\Delta H_c\times 1.8}{1000}\right)$		
2. 特殊物质危险性	建议系数	采用系数
（1）氧化性物质	0~20	
（2）与水反应生成可燃气体	0~30	
（3）混合及扩散特性	-60~60	
（4）自然发热性	30~250	
（5）自然聚合性	25~75	
（6）着火敏感度	-75~150	
（7）爆炸的分解性	125	
（8）气体的爆炸性	150	
（9）凝聚层爆炸性	200~1500	
（10）其他性质	0~150	
特殊工艺危险值 M		
3. 一般工艺危险性	建议系数	采用系数
（1）仅是使用及单纯物理变化	10~50	
（2）单一连续反应	0~50	
（3）单一间断反应	10~60	
（4）同一装置内的重复反应	0~75	
（5）物质移动	0~75	
（6）可能输送的容器	10~100	
一般工艺危险值 P		
4. 特殊工艺危险性	建议系数	采用系数
（1）低压（<103 kPa 绝对压力）	0~100	
（2）高压	0~150	
（3）低温（炭钢-10~10 ℃）	15	
（炭钢-10 ℃以下）	30~100	
其他物质	0~100	
（4）高温：①引火性	0~40	
②构造物质	0~25	
工程温度/K		
（5）腐蚀与浸蚀	0~150	
（6）接头与垫圈泄漏	0~60	
（7）振动负荷、循环等	20~300	
（8）难控制的工程或反应	20~300	
（9）在燃烧范围或其附近条件下操作	0~150	
平均爆炸危险以上	40~100	
（10）粉尘或烟雾的危险性	30~70	
（11）强氧化剂	0~300	
（12）工程着火敏感度	0~70	
（13）静电危险性	0~200	
特殊工艺危险值 S		
5. 量的危险性	建议系数	采用系数
物质合计/m^3		
密度		
量系数 Q	1~1000	
6. 配置危险性	建议系数	采用系数
单元详细配置		
高度 H/m		
通常作业区域/m^2		
（1）构造设计	0~200	
（2）多米诺效应	0~250	
（3）地下	0~150	
（4）地面排水沟	0~100	
（5）其他	0~250	
配置危险值 L		
7. 毒性危险性	建议系数	采用系数
（1）TLV 值	0~300	
（2）物质类型	25~200	
（3）短期暴露危险性	-100~150	
（4）皮肤吸收	0~300	
（5）物理性因素	0~50	
毒性危险值 T		

设备布置危险值包括结构设计、通风情况、多米诺效应、地下结构、下水道收集溅出的污染物以及厂房与主控制室、办公室的距离等。毒性危险值是由于维修、工艺过程失控、火灾、各种泄漏而引起毒物外漏，可根据关键阈限值、暴露时间、暴露方式、物理因素确定其危险值。

3. 计算综合危险性指数 R

$$R = D\left(1 + \frac{\sqrt{FUEA}}{10^3}\right) \tag{4-15}$$

式中 R——综合危险性指数；

D——道氏综合指数；

F——火灾荷载系数；

U——单元毒性指数；

E——爆炸指数；

A——空气爆炸指数（易爆物从设备内泄漏到本车间内与空气混合引起爆炸）。

计算综合危险指数后按表 4-13 判断危险程度。

表 4-13 道氏综合指数 D 值与危险程度判断表

道氏综合指数（D）范围	危险程度	道氏综合指数（D）范围	危险程度
0~20	缓和	90~115	极端
20~40	轻微	115~150	非常严重
40~60	中等	150~200	可能是灾难性的
60~75	中等编大	200 以上	高度灾难性的
75~90	大		

根据火灾荷载判断火灾危险性类别见表 4-14。爆炸指数与危险性分类见表 4-15。

表 4-14 火灾荷载与火灾类别判别表

正常工作区的火灾荷载/(kcal · m^{-2})	危险性分类	预期火灾持续时间/h	备注
0~1022	轻微	1/4~1/2	
1022~2044	低		住宅
2044~4088	中等	1~2	工厂
4088~8176	高	2~4	工厂
8176~20440	很高	4~10	占建筑物量大
20440~40880	强烈	10~20	
40880~102200	极端	20~50	
102200~204400	极端严重	50~100	

注：1. 火灾荷载是指在一个空间里所有物品包括建筑物装修材料在内的总潜热能。

2. 1 kcal = 4180 J。

表 4-15　爆炸指数与危险性分类

设备内爆炸指数	空气爆炸指数	危险性分类
0~1	0~10	轻微
1~2.5	10~30	低
2.5~4	30~100	中等
4~6	100~500	高
6 以上	500 以上	很高

毒性指数分为单元毒性指数 U 和主毒性指数 C。U 表示对毒性的影响和有关设备控制监督需要考虑的问题。C 是由单元毒性指数 U 乘量危险值 Q 得到。Q 是毒物的量，U 是单元中毒物得出的指数。毒性指数与危险性分类见表 4-16。

表 4-16　毒性指数与危险性分类

主毒性事故指数 C	单元毒性指数 U	危险性分类
0~20	0~1	轻微
20~50	1~3	低
50~200	3~6	中等
200~500	6~10	高
500 以上	10 以上	很高

综合危险性指数 R 与危险性分类见表 4-17。在 R 值的计算中，如其中任一影响因素为零，计算时以 1 计。

表 4-17　综合危险性指数和危险性分类

综合危险性指数 R	综合危险性分类	综合危险性指数 R	综合危险性分类
1~20	缓和	1100~2500	高（第一类）
20~100	低	2500~12500	很高
100~500	中等	12500~65000	极端危险
500~1100	高（第二类）	65000 以上	极端严重

4. 采取安全措施后对综合危险性重新进行评价

在设计中采取的安全措施分为降低事故率和降低严重度两种，后者是指一旦发生事故可以减轻造成的后果和损失，因此对应于各项安全措施分别给出了抵消系数，使综合危险性指数下降。

采取的措施主要有改进容器设计（K_1），加强工艺过程的控制（K_2），安全态度教育（K_3）、防火措施（K_4）、隔离危险性（K_5）、消防活动（K_6）等。每项都包括数项安全措施，根据其降低危险所起的作用给予小于 1 的补偿系数。各类安全措施补偿系数等于该类各项取值之积。具体的内容见表 4-18。

表4-18　安全措施补偿系数

项　　目	使用系数	项　　目	使用系数
1. 改进容器设计		(2) 安全训练	
(1) 压力容器		(3) 维修及安全程序	
(2) 非压力立式储罐		安全态度教育抵消系数 K_3 =	
(3) 输送配管：①设计应变		4. 防火措施	
②接头与垫圈		(1) 检测结构的防火	
(4) 附加的容器及防护堤		(2) 防火墙、障碍等	
(5) 泄漏检查与响应		(3) 装置火灾的预防	
(6) 排放物质的废弃		防火措施抵消系数 K_4 =	
改进容器设计抵消系数 K_1 =		5. 隔离危险性	
2. 加强工艺过程控制		(1) 阀门系统	
(1) 警报系统		(2) 通风	
(2) 紧急用电力供给		隔离危险性抵消系数 K_5 =	
(3) 工程冷却系统		6. 消防活动	
(4) 惰性气体系统		(1) 火灾报警	
(5) 危险性研究活动		(2) 手动灭火器	
(6) 安全停止系统		(3) 防火用水	
(7) 计算机管理		(4) 洒水器及水枪系统	
(8) 爆炸及不正常反应的预防		(5) 泡沫及惰性化设备	
(9) 操作指南		(6) 消防队	
(10) 装置监督		(7) 灭火活动的地域合作	
加强工艺过程控制抵消系数 K_2 =		(8) 排烟换气装置	
3. 安全态度教育		消防活动抵消系数 K_6 =	
(1) 管理者参加			

计算抵消后的危险性等级，R_2 的计算公式为

$$R_2 = R_1 K_1 K_2 K_3 K_4 K_5 K_6 \tag{4-16}$$

$$R_1 = D_1\left(1 + \frac{\sqrt{F_1 U_1 E_1 A_1}}{10^3}\right) \tag{4-17}$$

式中　R_2——抵消后的综合危险性指数；

R_1——通过工艺改进 D、F、U、E、A 之值发生变化后重新计算的综合危险性指数；

K_1——改进容器设计抵消系数（如改进压力容器和管道设计标准等）；

K_2——工艺过程控制抵消系数；

K_3——安全态度教育抵消系数（安全法规、安全操作规程的教育等）；

K_4——防火措施抵消系数；

K_5——隔离危险性抵消系数；

K_6——消防活动抵消系数。

其中，改进容器设计包括设备设计、解决泄漏、检测系统、废料处理等因素造成的影响；加强工艺过程控制包括采用报警系统、备用施工电源、紧急冷却系统、情报系统、水蒸气灭火系统、抑爆装置、计算机控制等；安全态度教育包括企业领导人的态度、维修和安全规程、事故报告制度等；防火措施包括建筑防火、设备防火等；隔离措施包括隔离阀、安全水池、单向阀等；消防活动包括与友邻单位协作、配备消防器材、建立灭火系统、设置排烟装置等。

以上每项措施在ICI Mond工厂的《火灾爆炸毒性指数技术手册》中都列出具体的抵消系数。

通过反复评价，确定经补偿后的危险性降到了可接受的水平，则可以建设或运转装置，否则必须更改设计或增加安全措施，然后重新进行评价，直至达到安全为止。

上述各个步骤，可以汇总用图4-14表示。

第四节　其他安全评价法

一、生产设备安全评价法

以高压气体设施的安全评价为例。本评价方法适用于高压气体制造车间或工厂设施的安全评价。因为高压气体设施一般是隔离操作或自动化程度较高，涉及人机界面的问题有些特殊性，所以特别列出作一介绍。该评价方法从高压气体设施的设计、运行和安全管理各方面考虑防止高压气体设施发生事故。

1. 设备安全评价要点

随着工业技术的进步，高压气体设施在技术上和设备上的要求都提高和复杂化了，制造时也会遇到化学反应的高温、高压等特殊条件。在这类设施中，操作人员应首先排除人机界面处的危险性。虽然近几年自动程度发展了，但最后还需要操作人员进行判断。设备安全具体评价内容如下。

1）安全标志

（1）有关场所应张贴安全标志。

（2）标志的尺寸大小在可见距离内应能看清。

（3）标志应安放在设备上容易看到的位置。

（4）标志应简单明了，即使非专门操作人员也容易看懂。

（5）同一系列的标志应按同一原则制定，形状、尺寸和涂色应有一定规范。

2）仪表和操作

（1）仪表盘的操作要求：

①仪表盘上的仪表布置应按统一规定。

②视线和仪表盘面应垂直。

③照明不能在仪表盘的玻璃上形成反射，应该把光源安装在使仪表容易看清的位置。

④重要仪表或需要频繁观察的仪表应安装在容易看到的地方。

（2）仪表的操作要求：

①仪表盘数值精度，应使操作者能快速读出。

②仪表的量程应符合要求。

③从仪表读出的单位能直接应用，原则上不需进行换算。

④压力、流量和温度仪表应有上、下限和正常值的标记。

⑤仪表刻度的增加方向，原则上是由左到右。右下到上的顺序增加。

(3) 机器的操作要求：

①重要的或频繁操作的机器应具备良好的操作位置和简单的操作方式。

②操作机器应易于辨别操纵哪些系统，可用分组方式或用涂色方式加以区别。

③紧急按钮、开车和停车按钮等应有明显区别，避免产生误操作。

④在操作机器上应装置防止手部或其他身体部位偶然触及按钮的装置。

(4) 仪表指示计的操作要求：

①操纵器和有关仪表应相互对应，按操作程序布置。

②操纵器的动作方向原则上应和仪表指针的动作方向一致。

③如操纵器会对仪表产生影响，则应把仪表装在不受干扰的地方。

④为防止主要机器误操作应设置联锁回路。

⑤控制仪表应对调节计的开关方向和开度等输出情况有明确的表示方法。

3) 阀门及管线

(1) 对阀门的要求：

①需要紧急操作的阀门应设在容易操作的位置。

②紧急或重要阀门的手轮要用不同的色彩涂色，表示操作方向和开关状态，如紧急时开、紧急时关或正常操作等。

③阀门的开关方向要明确，主要阀门的号码牌、开关牌（运行时开或运行时关）要有明确的标志。

④检修工作中用的切断阀，要按规定装设色盲板或加锁。

⑤扳动阀门手轮时，应使操作人员便于操作，一般要保持正面或向下的操作方式。

(2) 对管线的要求：

①重要管线要涂色加以区别，见《工业管道的基本识别色、识别符号和安全标识》(GB 7231—2003)。

②管线上要标明管内流体名称和流动方向。

4) 警报系统

(1) 警报器要设置在操作人员值班地点，如仪表室。

(2) 警报的声音应保持适当的音量和音色，以便于分辨清楚。

(3) 警报应能辨清设备机械发生何种异常情况。

(4) 一种机器有多种警报方式时应有一定的区分标准，以便于弄清情况。

(5) 警报灯应设试验按钮，定期试按以确定它是否能正常工作。

2. 操作运转

操作人员的误操作和误判断是造成高压气体设施重大事故的原因之一。为了防止发生误操作情况，除应从仪表和机器的布置等硬件方面考虑外，还应同时从培养操作人员的判断能力和水平等软件方面考虑。其评价内容可归纳为操作方法、操作规程和教育培训 3 个方面。

3. 环境

人的能力是否能充分发挥和周围环境有很大关系。为不使操作人员的辨别、判断活动能力受到影响，必须对光、照明、色彩、噪声、通风、湿温度等状况加以考虑。此外还要注意通道、地面、操作间的行走畅通和文明整洁。对上述环境内容应区别以下几种场合分别确定评价内容的侧重点。

（1）对仪表室内的环境要求。

（2）对操作现场的环境要求。

（3）对设备布置与现场环境的要求。

4. 维护检修

设备维护检修是保证设备安全运转的重要措施，进行维护检修的目的是为了掌握设备和机器的磨损、老化等劣化倾向，及时进行维修，就可达到预防和减少事故的目的。同时，从事故的发生阶段看，发生在维修阶段的各类事故也占有相当大的比例。所以，在评价内容中也应强调突出维修过程中的安全工作。

（1）维护部门的职责：管理维修工具、设备维修档案，维修时与运转部门的协调与联系；明确维修部门与运转部门的分工、各自的职责等。

（2）安全检查的有关内容：填写设备运转日志，填写设备维修状况检查表，巡回检查路线，次数，重点危险部位日常自检记录，设备异常情况的处理和技术措施，紧急时所用的安全设备的保养，整理和定期检查制度等。

二、人员可靠性分析法

人员可靠性分析（Human Reliability Analysis，HRA）是一种半定量半定性分析的安全评价方法，从20世纪50年代开始发展，以分析、预测、减少人的失误，提高系统可靠性为目标的分析方法。人员可靠性分析技术分析的是系统、工艺过程和操作人员的特性，识别失误的源头。

1. HRA过程的基本程序

一项具体的HRA应该明确地确定分析的目标和范围，包括以能满足分析目的为度的详细程度。例如，若研究的目的是如何提高控制室操作人员的效率，就只需分析到任务分析过程就可以了。

1）描述人员特点、作业环境、所执行的工作任务

阐述对人机系统的理解，所需资料可从各种渠道获取，常见的资料源有：

（1）描述作业人员有关特征的统计资料；人员所使用的语言、教育水平、身体条件。

（2）正规的作业环境说明书。

（3）分析人员访问工作场所。

（4）分析人员与现场人员的会谈情况。

（5）其他预先的“人为失误”事故或可能引起人为失误情况研究资料。

2）评价人机界面

人为因素工程分析的是对人的需要与机器设计、工艺操作、工作环境之间的相容性。用人机工程系统方法评价人机界面的每个方面，以确保对操作人员提出的要求是恰当的。

例如，人机工程系统方法可以识别如下问题：

（1）具有缺陷的或需要不定期仔细调节量程的工艺测量指示仪表。

（2）仪表的布置不容易读取数据或使操作者难以读数。

（3）不让身材矮小的操作人员操作的手动阀门。

（4）操作工在投料和转换批次时缺乏有效的通信、联络工具。

通过评价人机界面，人为因素分析的主要目的是要找出人机系统存在的缺陷。

3）分析操作者的功能任务

确定人机系统存在的缺陷后，需要研究操作人员的具体执行的措施，这个过程称为任务分析，分析具体操作人员职责或目标连续任务。每个具体任务表示的是一个操作人员必须执行完成一个职能的具体措施。

任务 1+任务 2+任务 3+任务 4+任务 5+…

4）确定操作人员职责

每个任务表示了一个人员失误的机会，也就是说，这些步骤的每一个必须得到圆满地执行。在列出任务之后，分析人员对每一个任务进行评价，以确定可能产生的情况，以及使操作人员不能顺利地完成一个或多个任务可能失误的情况。

采用与检查表相关类似的方法，来判断人员失误的产生条件。表 4-19 中列出了可能导致失误的某些情况，需要改变硬件的过程和方法，以便减少人失误的可能性。

表4-19 导致失误的可能情况

有缺陷工艺过程	违反人的习惯
不合适、无效或失效的仪表	超灵敏控制
知识缺乏	脑力过于疲劳
与次序不符	失误过于频繁
错误反馈	不好的工具
改变/实施不一致	倾斜的屋顶
失效的设备	额外的不必要的警惕性
通信匮乏，联络沟通不够	后备控制系统演戏不足
布置不合理	缺乏实际限制（如酸碱浓度）
	办公经费不足（如对操作工有帮助的纪录带、标志等缺乏）

5）分析与操作者职责有关的人为失误

对于这些任务每个事件间的逻辑关系，评价小组可以编制事件树的方法来分析，也可以用 HRA 事件树形式来表示。事件树传递任务分析信息，并给出一副能定量评价作为 HRA 的一部分的各种故障构成图。这个事件树可以包括硬件故障和人为失误。

6）汇总结果

HRA 分析的最后一步就是汇总评价分析的结果。安全评价人员应提供一份所分析的人—机系统的描述性说明、一份分析工艺过程的介绍、一份制定的假定表、HRA 事件树格式、一份失误情况表（失误表的制作应该结合可造成人员失误的具体 PSFS 提出）、一份各事故序列后果的讨论意见及一份人为失误重要意义方面的评价建议。另外，还应提供由 HRA 得出的其他任何建议。

2. HRA 应用实例

现以装有手动紧急停车系统控制室内工作的一位操作工为例，对其进行人员可靠性分析。如果 5 个临界报警器中有一个发出报警，则操作工必须启动手动紧急停车系统（控制室内的其他非临界报警器报警时，都不必进行工艺紧急停车）。

1）人员可靠性分析

通过对人员可靠性进行分析，识别出以下问题：

（1）若操作室内噪声太大，会使声音报警难以听到。

（2）5 个临界报警器（它们报警时，需紧急停车）的目视指示表，是位于一块较大的排布拥挤的控制面板上，造成难以迅速识别。

（3）紧急停车系统的手动开关，为了防止随意乱动而被装在被隔离保护的地方，因而造成此开关“启动”操作不便。

（4）紧急停车系统没有显示“是否成功启动”的指示器。

2）人员职责分解

通过任务分析模块将操作工的应急职责分解到下述任务中。

（1）判明信号报警。

（2）判明报警的类别。

（3）记住正确的校正措施。

（4）记准紧急停车开关。

（5）操作紧急停车开关。

3）对人员进行失误分析

由上述分析和判别，充分了解控制室运行情况和操作条件，“任务分析”就可以判断出下述情况。

（1）失灵的仪表——如果正常运行不能停止，维修工可能会从仪表服役现场撤出该失灵仪表，而没有通知操作工。

（2）规定/执行不一致——操作规程写明必须立即停车，而实际操作中却要求操作工在停车前在控制工艺方面进行最后一次努力。

（3）布置不当——因工艺调整，改动了原来的控制盘，从逻辑上或从人机工程学观点上看，控制器/仪表所占据的位置未必合理。

（4）长期无事故时的防范——平常，控制室里只有操作工一个人，他除了进行观察之外，只是每隔 1 h 进行一次本职例行工作。

这一“任务分析”的 HRA 事件树分析，如图 4-15 所示。

这一事件树的事故序列，见表 4-20。它们是由每一项事故的成功/失败路径辨识出来的。例如，考虑故障 F_5，若故障 F_5 出现，则以下事件必须已经发生：报警正常发出，操作工觉察到了报警（a）；判断出报警类型（b）；操作工着手进行校正（d）；但是操作工失误，没有找到并操作紧急停车开关（D）；而后，监督人员也没有通过找到且操作此开关来纠正操作工的错误（R_1）。

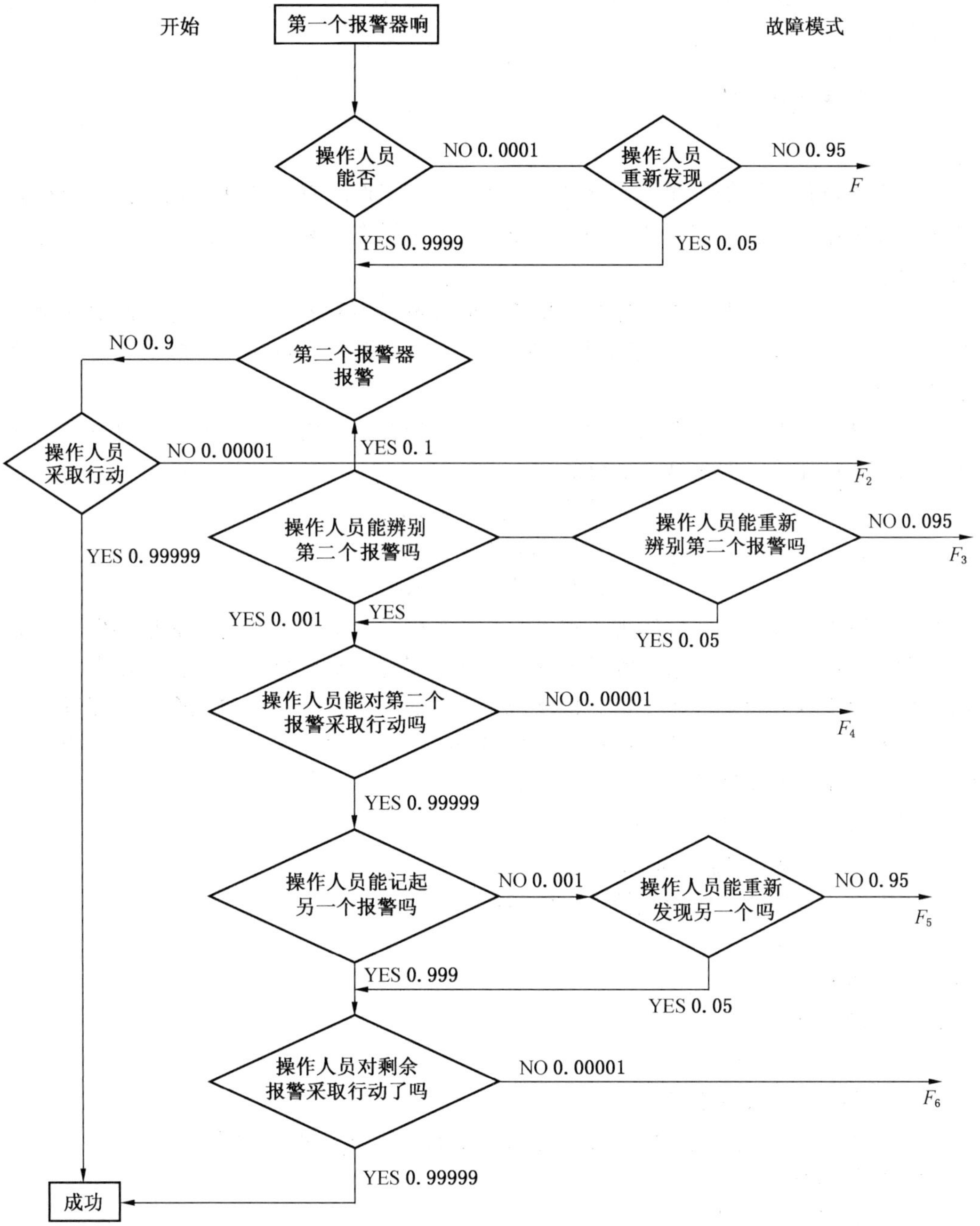

图 4-15　报警器人的失误率预测法（THERP）示意图

表 4-20　HRA 事件树的事故序列

$F_1 = \Delta$	$F_2 = \delta_a$	$F_3 = \delta_{aB}$	$F_4 = \delta_{某}$
$F_5 = \delta_{某} DR1$	$F_6 = \sum \delta_{某}(d + DR1)$	$F_{总} = F_1 + F_2 + F_3 + F_4 + F_5 + F_6$	

这些结果的继续评价，可帮助人员采取改进设备或改变工艺规程等具体措施以纠正所找出的缺陷。

三、安全管理评价法

1. 概述

安全管理评价是评价企业的安全管理体系及管理工作的有效性和可靠性，评价企业预防事故发生的组织措施的完善性，评价企业管理者和操作者素质的高低及对不安全行为的可控程度。

安全管理的基本对象是生产经营单位的从业人员，主要内容包括安全生产责任制、安全生产管理机构、建设项目“三同时”、安全生产培训教育、安全生产规章制度、事故应急救预案等。

安全管理在影响企业安全的因素中占有重要的位置。曾用于工厂安全评价方法中各个影响因素所占的比重一般是这样划分的：

安全管理	24%
机物因素	60%
环境因素	16%

如上这种权重分配方案，体现了本质安全在系统安全中占主导地位的指导思想。对于不同企业、不同时期、其权重分配是不同的，当企业的本质安全技术措施不能满足安全要求时，也可以提高安全管理的权重，也就是在实际的安全工作中，加强安全管理以弥补本质安全性的不足。在安全评价中提高安全管理的权重，以体现在本质安全性不好的情况下加强安全管理工作的重要性。

2. 安全管理评价内容

1）现代安全管理方法的应用

现代安全管理方法的应用包括以下内容：

（1）安全检查表。

（2）事故树分析。

（3）事件树分析。

（4）预先危险性分析。

（5）故障类型及影响分析。

（6）ABC 分析法（如危险性大、中、小，整改时间长、中、短等）。

（7）生物节律。

（8）行为科学与心理学。

（9）人机工程。

（10）信息管理。

（11）PDCA（调整分析→制定目标→实施整改→总结提高）。

（12）目标管理。

（13）三级危险点网络管理。

（14）计算机管理。

（15）电化教学。

(16）安全评价。

2）安全教育形式

安全教育的形式主要有以下 8 种：

(1）新职工进厂三级教育。

(2）特种作业人员教育。

(3）变换工种教育。

(4）复工教育。

(5）中层以上干部教育。

(6）复训教育。

(7）班组长教育。

(8）全员教育。

3）规划计划与安全工作目标

在下列规划或计划内有安全工作目标：

(1）长远工作规划。

(2）年度工作计划。

(3）安全技术措施计划。

(4）厂长任职目标。

4）职能部门安全指标分解

下列部门应有安全分解指标：

(1）生产。

(2）技术。

(3）财务。

(4）计划。

(5）基建。

(6）动力。

(7）行政。

(8）保卫。

(9）设备。

(10）运输。

(11）分厂与车间。

(12）供应。

(13）劳资。

(14）教育。

5）各级人员安全生产责任制

下列各级人员应有安全生产责任制：

(1）厂长或经理。

(2）副厂长或副经理。

(3）总工程师。

(4）总经济师。

（5）总会计师。

（6）工会主席。

（7）职能科室负责人。

（8）车间主任。

（9）厂属集体企业负责人。

6）安全生产规章制度

安全生产规章制度有如下内容：

（1）安全生产检查制。

（2）安全生产教育制。

（3）安全生产奖惩制。

（4）伤亡事故管理制。

（5）危险作业审批制。

（6）特种作业设备管理制（含厂内车辆、电气、起重、压力容器、锅炉、乙炔气、有毒有害等设备）。

（7）动力管线管理制。

（8）化工物品及毒品管理制。

（9）“三同时”评审制。

（10）职业病及职业中毒管理制。

（11）承包合同安全评审制。

（12）临时线审批制。

7）各工种操作规程

各工种操作规程及执行情况包括下列5项内容：

（1）操作规程文本。

（2）现场违章操作。

（3）防护用品穿戴不合格率。

（4）特种作业人员持证率。

（5）安全知识抽试合格率。

8）安全档案

安全档案应包括如下内容：

（1）工伤事故档案。

（2）安全教育档案。

（3）违章记录档案。

（4）安全奖惩档案。

（5）隐患及整改记录。

（6）安措项目档案。

（7）特种设备及危险设备记录。

（8）特种作业及危险作业人员健康档案。

（9）工业卫生档案。

（10）防尘防毒设备档案。

9）安全管理图表

安全管理图表应包括如下内容：

（1）历年工伤事故频率图。

（2）危险点分布图。

（3）厂区通道管线布置图。

（4）配电系统与接地网布置图。

（5）安全管理信息反馈图。

（6）安全结构网络体系图。

（7）多发性伤害与重大伤亡事故的事故树图。

（8）有害作业点分布图。

（9）工伤事故控制图。

10）“三同时”审批项目

建设项目“三同时”是指生产型基本建设项目中的安全设施必须符合国家规定的标准，必须与主体工程同时设计、同时施工、同时投入生产和使用，以确保建设项目竣工投产后符合国家规定的安全生产标准，保障从业人员在生产过程中的安全与健康。

“三同时”审批项目应包括如下内容：

（1）新建、改建、扩建项目。

（2）技术改造项目。

（3）设备更新项目。

（4）新技术。

（5）新材料。

（6）新工艺。

（7）新设备。

11）事故处理“四不放过”

技安部门的事故报告应包括下述“四不放过”内容：

（1）事故原因没有查清不放过。

（2）事故责任者没有严肃处理不放过。

（3）广大职工没有受到教育不放过。

（4）防范措施没有落实不放过。

12）安全工作

企业下列计划或会议应包括下述几项安全工作内容：

（1）年度工作计划。

（2）季度月（份）计划。

（3）生产调度会议。

（4）车间（分厂）生产会议。

（5）安全会议。

（6）安全员例会。

（7）年度工作总结。

（8）年终安全评比。

13）安全措施费用

安全措施费用包括下述5项内容：

（1）企业近3年固定资产原值。

（2）更新改造费总数。

（3）安措费用总数。

（4）实际提取数。

（5）上一年安排技措项目名称。

14）安全机构与人员配备

安全机构与人员配备应包含以下两项内容：

（1）安全机构名称。

（2）安技人员总数。

3. 评价方法

（1）首先结合评价对象（企业）的具体情况，确定上述各评价内容中各条款所占的权重。

（2）对照有关标准、规范、安全法规、文件等进行检查表式的对照检查，然后打分。在此基础上对各个评审专家的打分结果进行汇总，然后给出最后评价结果。

四、系统安全综合评价法

1. 概述

关于系统安全水平的综合评价，现在已提出多种方法。综合这些方法，其考虑的内容和思路可以归纳为如图4-16所示的原理框图。

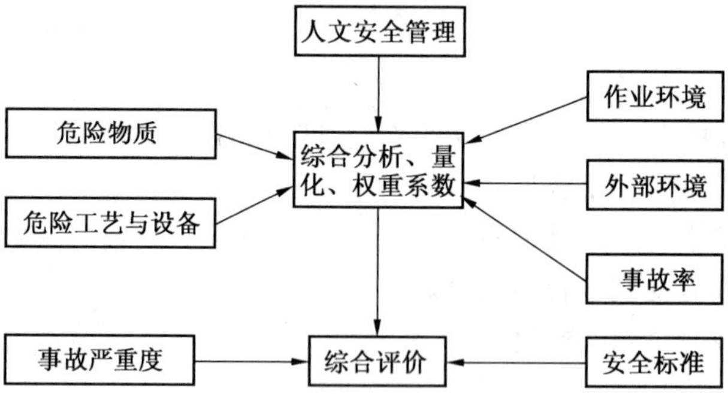

图4-16　系统安全水平的综合评价原理图

由于是系统安全评价，所以评价工作的第一步是划定系统或确认系统，也就是对评价对象范围的界定。评价对象小到可以是一个工房，也可以是一个生产车间或其中的一条生产线，大到可以是一个工厂企业，应该注意的是评价对象自然范围的界定与系统的确认是不同的，系统的目标、系统的组成及其相互关系，系统目标的求解都要依据系统科学原理来认定和进行。

2. 评价模式

下面以具有燃烧与爆炸危险性的典型危险源为评价对象，讨论其评价模式。

（1）燃烧爆炸危险源其潜在的危险主要是意外能量释放，此处用能量危险系数 W_B 来表示，W_B 的大小主要决定于具有燃爆性质的物质的本质特性（敏感度、威力等）、数量和在生产条件下所处的工艺状态（温度、压力等）。W_B 为物性系数 α、物量系数 β 和工艺条件系数 γ 的乘积：

$$W_B = \alpha\beta\gamma \tag{4-18}$$

（2）作业环境内的危险度 $H_{内}$：

$$H_{内} = KB \tag{4-19}$$

其中 B 是由能量危险系数 W_B、生产工艺的自动化程度——以作业环境内人员密度或出现频次 D 和历史上此类作业出现事故的概率（频数）P 所决定，即 $B=W_BDP$。K 是可控危险未受控系数，也可称为安全隐患系数。

（3）K 的大小在这里主要取决于安全管理，它的内涵主要是指作业环境内设备、设施的安全状况、完好率、作业环境条件（气、尘、光、辐射等）和人文安全管理等综合因素，也就是作业环境内的危险度可通过人、机（物）、环境的安全管理得到控制。

（4）对人、机（物）、环境安全状态的控制分别用 $S_x/S_{人}$、$S_y/S_{机}$、$S_z/S_{环}$ 来表示，那么 $1-S_x/S_{人}$、$1-S_y/S_{机}$、$1-S_z/S_{环}$ 就分别表示人、机（物）、环境的安全未达标率，也就是 3 个子系统的失控率，事故的发生就是这些失控因素在时空域交叉作用的结果。当然，由于人、机、环境失控对事故形成的重要程度是不同的。所以还要用不同的权重系数 x、y、z 加以区别。通过分析事故资料结合实际考虑，有文献提出权重系数 $x=6.1$、$y=2.2$、$z=1.7$。于是

$$K = 6.1\left(1-\frac{S_x}{S_{人}}\right)\left(1-\frac{S_y}{S_{机}}\right) + 2.2\left(1-\frac{S_x}{S_{人}}\right)\left(1-\frac{S_z}{S_{环}}\right) + 1.7\left(1-\frac{S_y}{S_{机}}\right)\left(1-\frac{S_z}{S_{环}}\right) \tag{4-20}$$

（5）燃烧爆炸危险源系统危险性的评价应把一定范围的“外部”环境作为系统组成成分来考虑，原因是作业区域内一旦发生燃烧事故，作业区域外的那些安全距离不足的建筑物$\left[用\left(1-\frac{S_1}{S_0}\right)表示安全距离未达标率\right]$及人员、财物都可能受到影响或伤害，其严重度用 C 表示。

（6）综上所述，确定系统危险性（度）H 评估方程为

$$H = H_{内} + H_{外} = KB + \sum\left(1-\frac{R_{1i}}{R_{0i}}\right)C_i \tag{4-21}$$

3. 评价标准

通过前面的计算，我们可以得到燃烧爆炸危险源危险度的量化值，这是一个相对比较值，其绝对值当然讲不出什么意义。国内许多企业通过应用此方法，对各种安全状况的企业进行安全评价，总结这些评估数据，结合实际，有人提出与这些数值相对应的危险等级划分表，见表 4-21。根据安评结果，对照此表可作为确定评价对象危险等级的参考。

表4-21 危险源的危险等级表

危险等级	现实危险度 H	危险类别	可能后果	技术措施分级
Ⅰ	<500	轻度危险	较小伤亡和损失	车间或分厂级
Ⅱ	500~800	比较危险	一定伤亡和损失	工厂或总厂级
Ⅲ	800~1200	中等危险	较大伤亡和损失	主管部门级
Ⅳ	1200~1500	严重危险	重大伤亡和损失	集团公司级
Ⅴ	>1500	非常危险	灾难性伤亡和损失	国家级

第五节 安全评价方法应用实例

一、国营某厂的活性炭生产线安全评估

1. 危险源的定量评估

为了科学合理地反映某厂活性炭催化剂生产线目前的安全生产状况，评估采用了国际上化工行业普遍采用的有效评估方法——Mond 法。

1）生产线主要危险源及安全隐患分析

活性炭催化剂生产所需原材料为优质原煤和煤焦油，通过如图 4-17 所示工艺流程加工成最终产品。

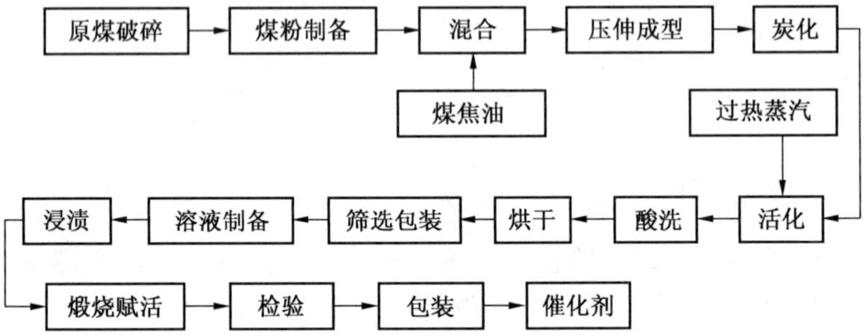

图 4-17 活性炭工艺流程

根据实际情况，从各基本工序的主要原料、中间产物、工区的连贯性等方面考虑，活性炭催化剂生产线被分为 4 个评估单元：①“破碎、球磨工段”；②“混合、压伸、炭化工段”；③“活化工段”；④“催化剂生产、制药工段”。整个评估以此为基础分为 4 部分，分别采用 Mond 法进行细评。

各单元具有的易燃易爆物质有很大差别。在单元①中，原料主要进行一些简单的物理处理。由于设备破损严重，导致煤粉大量泄漏，主要危险集中在煤粉的爆炸问题上。评估结果表明：本单元修正后的危险性指数等级为“很高”，表明情况是较为严重的。

单元②的主要过程是煤粉与焦油按一定比例混合后进行压伸，然后送入 800 ℃左右的炭化炉进行高温炭化。炭化尾气中含有多种危险性物质，其中量最大且易燃易爆特性相对最厉害的是 CO，所以按 CO 为基本物质的评估结果，其危险性指数等级已进入“极端危

险”级别。

单元③的主要过程是半成品的炭化料进入活化炉，与通入的高温蒸汽进行反应，释放出大量有毒的易燃易爆气体。从量上考虑，仍以 CO 为主，所以单元③仍以 CO 为基本物质进行评估，其综合危险性指数分类结果已达到“极端危险”，供参考用的 DOW 综合指数分类结果也表明，其危险等级已进入“可能是灾难性的”一类，显然其危险性已到相当严重的地步。

单元④工艺虽然复杂，但综合评估结果其危险性等级为“很高”，较前两个单元要低一些，所以此处不再赘述。

在实际评估过程中，影响评估结果的因素是多方面的。但是除基本物质以外，概括地讲，设备与工房的严重破损直接导致了多种因素指标值的提高，比如仪器仪表残缺不全、粉尘与有毒气体的大量泄漏、支架平台的严重腐蚀等。虽然各单元历年来的伤亡事故中燃爆事故不多，但与大量的机械伤害相比，粉尘与气体的爆炸燃烧才是最大的事故隐患。从评估结果来看，一旦有此类事故发生，其后果之严重是不堪设想的。

2）关于评估采用的方法

Mond 法是由英国帝国化学公司蒙特工厂提出的一个全面、系统的安全评估法。该方法以美国道化学公司提出的 F&EI 法为基础，考虑了更多的影响因素，所以比较适合于一般化工生产线的安全性评估。

F&EI 法第一版发表于 1964 年，本次评估采用的是 1989 年发表的第六版，该版本对评估单元的毒性、高温、高压等方面考虑的已较为全面，在反映化工工艺本质安全性方面较为合理。

但这两种方法毕竟是出自国际上安全管理程度与自动化水平较高的两个工厂，能否直接拿来在国内使用还得在进一步的实践中得出结论。本次评估是国内兵工行业第一次把该方法应用于正式报告中，为了更加真实地反映具体情况，本次评估在整个体系上保持原方法，但在最后以修正系数的方法把一些未反映出来的因素考虑了进去，这样既不影响原方法中各因素的平衡性和科学性，又能反映实际国情。

3）活化工段危险性定量评估

（1）物质系数的确定。

本单元主要是对炭化料进行活化处理。从燃爆危险性考虑，在本工段可能造成燃烧爆炸反应的物质主要有 CO、CH_4、CO_2、H_2、苯、氮氧化物、挥发酚（含致癌物 3，4-苯丙芘）及 SO_2。其中 CO 是本单元的中间生成物，易燃易爆特性极强，且在上述各种生成物中数量最多。虽然某些中间生成物的爆炸危险性（如 H_2）高于 CO，但它们的数量都远比 CO 少，故采用 CO 的物质系数，即 $MF=6$ 作为本单元计算燃爆指数的初始计算参数。

（2）一般工艺危险值（*GPH*）的确定。

①基本系数取 1.00。

②放热反应（系数 0.30~1.25）：活化工段炭化料是在 900 ℃高温下进行活化处理，主要表现为放热过程，故选取放热化学反应系数为 1.00。

③吸热过程（系数 0.20~0.40）：活化过程是放热反应，无吸热过程，故此项不予考虑。

④物料的搬运或移动（系数 0.25~1.05）：活化过程中，炭化料需要从炉顶装入容量

为 30 t 的炉中，搬运和移动量大，温度高，环境恶劣，选取系数为 0.80。

⑤隔离或圈围（系数 0.25~0.90）：活化炉为高温设备，炉与炉之间无隔离防护，一旦发生事故就会波及整个工房，故选了上限系数值 0.90。

⑥疏散通道（系数 0.35）：工房内，各个炉体布置较紧密，无充分疏散通道，所有上下阶梯腐蚀严重，故选取系数 0.35。

⑦液体排放及飞溅控制（系数 0.25~0.50）：该单元无液体产物或排放物，故此项系数为 0。

由以上 7 项，可以累计得到一般工艺危险值：

$$GPH = 1.00 + 1.00 + 0.80 + 0.90 + 0.35 = 4.05$$

（3）特殊工艺危险值（SPH）的确定。

①基本系数取 1.00。

②有毒物质（系数 0.20~0.80）：该单元排放有多种有毒气体，故选取系数上限值为 0.80。

③负压：该单元炉内是正压操作，故此项系数为 0。

④是否在可燃范围或靠近可燃范围操作：罐式存贮可燃液体，本单元无可燃液体，本项系数为 0；工艺不稳定或不易洗涤，本单元工艺是稳定的，本项系数为 0；总处在可燃范围内（系数 0.80），本单元物理化学反应温度就处在可燃范围内，故选取系数为 0.80。

⑤粉尘爆炸（系数 0.25~2.00）：本单元的炭化料基本不存在粉尘，故本项系数为 0。

⑥压力：活化炉正常工作时受正压（98 Pa），基本属于常压操作，故此项系数为 0。

⑦低温（系数 0.20~0.30）：本单元此项系数为 0。

⑧可燃或不稳定物质的量：储存的可燃固体或生产过程中存在的粉尘总量为 90 t，查表得此项系数为 0.18。

⑨腐蚀和侵蚀（系数 0.10~0.75）：活化炉大量排放腐蚀性气体有 SO_2、氮氧化物和 CO_2，故选取上限系数为 0.75。

⑩泄漏（系数 0.10~1.50）：设备由于腐蚀，泄漏严重，故选取上限系数为 1.50。

⑪使用明火加热器：本单元无明火，故此项不予考虑。

⑫热油交换系统（系数 0.15~1.15）：本单元无热油交换系统，故此项不予考虑。

⑬旋转设备（系数 0.50）：本单元使用鼓热风机等旋转设备，且功率较大，故此项系数为 0.50。

由以上几项累计得到特殊工艺危险值：

$$SPH = 1.00 + 0.80 + 0.80 + 0.18 + 0.75 + 1.50 + 0.50 = 5.53$$

（4）单元危险系数。

$$F_3 = GPH \times SPH = 4.05 \times 5.53 = 22.40$$

（5）火灾爆炸指数。

$$F\&EI = F_3 \times MF = 22.40 \times 6 = 134.38$$

（6）DOW 综合指数。

$$D = MF \times GPH \times M \times (SPH + L) = 6 \times 4.05 \times 1.00 \times (5.53 + 0.7) = 151$$

其中 L 是本评估单元的布置危险值，它参考表 4-22“环境安全条件”中“工艺设备布置”的得分率30%得到。L 取 $1-30\%=0.7$；M 是本评估单元的特定物质危险值，因为本单元没有自燃发热的物质，所以取基本系数1.00。计算结果，在 D 值危险等级分类表中属“可能是灾难性的”。

表4-22　人、机、环安全状态评估得分表

评　估　项　目	标准值	评估值	得分率/%
1. 人员安全素质管理水平	220	175.5	79.8
S_x 领导安全意识和素质	60	51.5	85.8
S_x 安全部门的职能作用	40	32	80
S_x 职工文化素质和安全技术教育	60	50	83.3
S_x 规章制度执行情况	60	42	70
2. 机（物）安全状态	600	136	22.7
S_y 主要生产设备完好率安全可靠性	260	37	14.2
S_y 仪器仪表完好率及安全可靠性	110	40	36.4
S_y 安全装置及有效性	60	16	26.7
S_y 电气防爆及防静电与避雷	100	0	0
S_y 能源动力安全保障	70	43	61
3. 环境安全条件	180	43	23.9
S_z 工房及设施	60	18	30
S_z 工艺设备布置	40	12	30
S_z 作业环境文明卫生情况	30	1	3.3
S_z 消防设施	35	6	17.1
S_z 防毒和急救器材	15	6	40
合　　计	1000	354.5	35.5

（7）火灾荷载系数 G。

它是取整个评估工段上所有燃爆物质的总热值除以总占地面积的单位总潜热，主要以90 t炭化料的总热量除以2000 m^2 占地得到360000 $kcal/m^2$。

（8）单元毒性指数 U。

本单元毒性相对较高，所以从取值表中对应取 $U=9$。

（9）设备内爆炸指数 E。

活化炉内有负压产生时，空气进入炉体易引起爆炸，所以还是有一定危险性，对应取 $E=3$（中等）。

（10）气体爆炸指数 A。

取法与 E 相似，由于煤气大量泄漏，空气爆炸危险性较高，取 $A=266$。

（11）综合危险性指数 R。

$$R=D\times[1+(GUAE)^{1/2}/1000]=151\times[1+(360000\times9\times266\times3)^{1/2}/1000]=7829$$

在 R 值危险等级分类表中属危险性“很高”。

2. 人、机、环修正系数 K_1、K_2、K_3 的计算

这 3 个修正系数主要参考表 4-22 中的得分率得到，以标准值 0.684 除以每一得分率得

$$K_1 = 0.684/0.798 = 0.857$$

$$K_2 = 0.684/0.227 = 3.013$$

$$K_3 = 0.684/0.239 = 2.862$$

修正后的综合危险性指数 R' 为

$$R' = R \times K_1 \times K_2 \times K_3 = 7829 \times 0.857 \times 3.013 \times 2.862 = 57856$$

在 R 值危险等级分类中属"极端危险"。

到此为止，就得到了活化工段评估值。DOW 综合指数评估结果为"可能是灾难性的"，Mond 法综合危险性指数评估结果为危险性"很高"，而修正后的综合危险性指数评估结果为"极端危险"。

3. 关于评估等级的判定标准

关于评估标准的问题，在兵器工业总公司制定的 BZA-1 评估方法中，采用五等级判定法：Ⅰ轻度危险、Ⅱ比较危险、Ⅲ中等危险、Ⅳ严重危险、Ⅴ非常危险。但国外各种评估方法给出的标准不尽相同，如 *F&EI* 以折算的损失工作日来衡量危险级别，而 DOW 危险性指数等级判定表分为 9 个等级，Mond 法则分为 8 个等级。

考虑到各种标准的统一需要一个过程，本次评估结果仍采用原方法中的评估标准。但是为了有一个定性的认识，把这些评估结果对照到前述五等级法时，对应关系见表 4-23。

表 4-23　Mond 法和 BZA 法危险性分级标准对照表

Mond 法综合危险性指数 R	R 危险性分类	BZA-1 对照分类
0~20	缓和	Ⅰ
20~100	低	Ⅱ
100~500	中等	
500~1100	高（第一类）	Ⅲ
1100~2500	高（第二类）	Ⅳ
2500~12500	很高	
12500~65000	极端危险	Ⅴ
65000 以上	极端严重	

各单元的评估结果对照如下：

单元 1	非常严重	总公司级
单元 2	非常严重	总公司级
单元 3	可能是灾难性	国家级
单元 4	极端	总公司级

4. 结论

某厂活性炭生产车间的破碎、炭化、活化、催化剂等主要工段，经过全面安全评估，

其危险等级已达到“非常严重”以上或“危险性高”以上，其中最严重的是活化工段，已经达到“可能是灾难性”或“极端危险”等级，或国家级。作为一个生产车间，其主要生产工段都达到危险性很高的严重状态，说明该厂活性炭生产线已属于国家级的重大危险源。

从生产现场情况看，破漏的厂房、陈旧的设备、恶劣的生产环境、由此构成的爆燃、毒害、污染等重大事故隐患，确实与我国唯一的防化器材生产大厂的地位极不相称，与我国现代工业发展水平极不相容。

因此，某厂活性炭生产线安全技术改造任务已经迫在眉睫，否则如果勉强维持生产，一旦发生事故，给国家、人民生命财产以及社会造成的损失和影响是巨大的，是无可挽回的。

二、某酒精储罐区的安全评价

某酒精储罐区有规格为 ϕ9000 mm×10000 mm 的酒精储罐两台，公称容积 635 m^3，酒精储罐区酒精的总储量为 852. 8 t。选取道化学（DOW）火灾、爆炸危险指数评价法对该储罐区进行安全评价。

1. 火灾、爆炸危险指数（*F&EI*）

1）物质系数 *MF* 的选取

查物质系数和特性表，酒精的系数为 16，故 $MF_{酒精}$取 16。

2）一般工艺危险系数 F_1 的选取

一般工艺危险系数包括基本系数、放热反应、吸热反应、物料处理与输送、封闭单元或室内单元、通道以及排放和泄漏控制 7 个取值项。F_1 为 7 项取值之和。

3）特殊工艺危险系数 F_2 的选取

特殊工艺危险系数包括基本系数、毒性物质、负压操作、粉尘爆炸、压力释放等 13 个取值项。F_2 为 13 项取值之和。

4）工艺单元危险系数 F_3 的计算

工艺单元危险系数的值为一般工艺危险系数 F_1 与特殊工艺危险系数 F_2 的乘积（$F_3=F_1F_2$）。

基本规定：当 F_3 的计算结果大于 8 时，则该系数取 8。

5）火灾、爆炸指数 *F&EI* 的计算

火灾、爆炸指数是工艺单元危险系数 F_3 和物质系数 *MF* 的乘积（$F\&EI=F_3MF$）。

以上各项取值及结果见表 4-24。

表 4-24　道化学评价法基本数据取值及计算

评价场所		酒精储罐区	存储总量		852. 8 t
主要物料		酒精	物质系数 *MF*		16
一	一般工艺危险		系数取值范围①	酒精系数取值	备注
1	基本系数		1. 00	1. 00	
2	放热反应		0. 3~1. 25	0	

表 4-24（续）

3	吸热反应	0.2~0.4	0	
4	物料处理与输送	0.25~1.05	0.5	
5	密闭式或室内工艺单元	0.25~0.9	0	
6	通道	0.2~0.35	0.2	
7	排放和泄漏控制	0.25~0.5	0.35	
一般工艺危险系数：$F_1=\sum(1-7)$		—	2.05	
二	特殊工艺危险	系数取值范围	系数取值	备注
1	基本系数	1.00	1.00	
2	毒性物质	0.2~0.8	0	
3	负压操作（<500 mmHg）1 mmHg=133.3224 Pa	0.5	0	
4	易燃范围及附近的操作	—	0	
	①罐装易燃液体	0.5	0.5	
	②过程失常或吹扫故障	0.3	0	
	③一直在燃烧范围内	0.8	0	
5	粉尘爆炸	0.25~2.00	0	
6	压力：操作压力（kPa，绝压）； 释放压力（kPa，绝压）	②	0.16	
7	低温	0.20~0.30	0	
8	易燃及不稳定物质量/kg	查附录	0	
	①工艺中的液体及气体	—	0	
	②储存中的液体及气体	查图 4-7	1.0	
	③储存中的可燃固体及工艺中粉尘	查图 4-7	0	
9	腐蚀与磨损	0.1~0.75	0.1	
10	泄漏——接头和填料	0.1~1.5	0.1	
11	使用明火设备	查图 4-7	0	
12	热油、热交换系统	0.15~1.15	0	
13	转动设备	0.5	0	
特殊工艺危险系数：$F_2=\sum(1\sim13)$		—	2.86	
三	工艺单元危险指数 F_3	$F_3=F_1F_2$	5.86	
四	火灾/爆炸指数 $F\&EI$	$F\&EI=F_3MF$	93.81	

注：①无危险的项系数取值为 0.00；

②$Y=0.16109+1.61503(X/1000)-1.42879(X/1000)^2+0.5172(X/1000)^3$，其中 X 为表压（适用范围 0~6895 kPa），Y 为危害系数。

2. 危险等级

火灾、爆炸指数（*F&EI*）与危险等级的关系见表 4-25。

表 4-25　火灾、爆炸指数（*F&EI*）与危险等级的关系

F&EI 值	危险等级	*F&EI* 值	危险等级
1~60	最轻	128~158	很大
61~96	较轻	>158	非常大
97~127	中等		

酒精储罐区火灾、爆炸指数（*F&EI*）计算结果为 93.81，对照表 4-25 可知，酒精储罐区的危险等级为“较轻”。

3. 暴露区域半径（*R*）

暴露区域半径（*R*）的计算公式为

$$R = 0.256 \times (F\&EI)$$

计算得到的酒精储罐区暴露区域半径为 24.0 m。

4. 暴露区域面积（*S*）

根据公式 $S=\pi R^2$ 计算得的酒精储罐区暴露区域面积为 1809.6 m^2。

5. 暴露区域内财产价值

由于暴露区域内财产价值估计的难度很大，它一般应包括该区域内的设备价值以及在存物料的价值等。此外，还应考虑随着时间推移、价格上涨而形成的增长系数。经初步估算，酒精储罐区暴露区域内财产的价值为 50 万元。

6. 危害系数

危害系数代表了物料泄漏等引起的火灾、爆炸事故的综合效应。根据道化学公司的规定，危害系数由物质系数（*MF*）和单元危险系数（F_3）确定。查图 4-9，酒精储罐区的危害系数为 0.52。

7. 基本最大可能财产损失

暴露区域内财产价值与危害系数相乘的积就是基本最大可能财产损失。计算得，酒精储罐区的基本最大可能财产损失 26 万元。

8. 安全措施补偿系数（*C*）

安全措施补偿可以分为 3 种：工艺控制补偿、物质隔离补偿和防火措施补偿。补偿系数各项取值的依据是相应的设计规范。各项取值和计算结果见表 4-26、表 4-27、表 4-28。

表 4-26　工艺控制补偿系数（C_1）取值和计算

序号	项　目	补偿系数范围	采取补偿系数值	备注
1	应急电源	0.98	0.98	
2	冷却装置	0.97，0.99	0.99	
3	抑爆装置	0.84，0.98	1.00	
4	紧急切断（停车）装置	0.96，0.98，0.99	0.98	

表 4-26（续）

序号	项　目	补偿系数范围	采取补偿系数值	备注
5	计算机控制	0.93，0.97，0.99	1.00	
6	惰性气体保护	0.94，0.96	1.00	
7	操作规程/程序	0.91～0.99	0.93	
8	化学活泼性物质检查	0.91，0.98	0.98	
9	其他工艺危险分析	0.91～0.98	0.93	
C_1=上述9项的乘积		—	0.806	

注：没有补偿的项系数取值为1.00。

表 4-27　物质隔离补偿系数（C_2）取值和计算

序号	项　目	补偿系数范围	采取补偿系数值	备注
1	应急电源	0.96，0.98	0.98	
2	冷却装置	0.96，0.98	0.98	
3	抑爆装置	0.91，0.95，0.97	0.95	
4	紧急切断（停车）装置	0.98	1.00	
C_2=上述4项的乘积		—	0.912	

注：没有补偿的项系数取值为1.00。

表 4-28　防火措施补偿系数（C_3）取值和计算

序号	项　目	补偿系数范围	采取补偿系数值	备注
1	泄漏检测装置	0.94，0.98	0.98	
2	钢结构	0.95，0.97，0.98	0.97	
3	消防水供应系统	0.94，0.97	0.97	
4	特殊灭火系统	0.91	1.00	
5	洒水灭火系统	0.74，0.81，0.84，0.87，0.97	0.87	
6	水幕	0.97，0.98	1.00	
7	泡沫灭火装置	0.92，0.94，0.95，0.97	1.00	
8	手提式灭火器和喷水枪	0.93，0.95，0.97，0.98	0.95	
9	电缆保护	0.94，0.98	0.94	
C_1=上述9项的乘积		—	0.716	

注：没有补偿的项系数取值为1.00。

安全措施补偿系数 C 为上述3种补偿系数的乘积，即

$$C = C_1 \times C_2 \times C_3$$

计算得酒精储罐区的安全措施补偿系数 C 为0.526。

9. 补偿后的计算结果

火灾、爆炸危险场所所采取的补偿措施，可以降低该场所的危险等级，缩小暴露区域半径和面积，减少暴露区域内财产损失与安全措施补偿系数相乘的积就是实际最大可能财产损失。补偿后的计算结果和补偿前的对比情况见表4-29。

表 4-29　补偿后的计算结果及与补偿前的对比

序号	项　目	补偿前的结果	补偿后的结果	备注
1	火灾、爆炸危险指数（*F&EI*）	93.81	49.3	
2	危险等级	较轻	最轻	
3	暴露区域半径/m	24	12.6	
4	暴露区域面积/m^2	1809.6	498.8	
5	危害系数	0.52	0.52	
6	基本最大可能财产损失/万元	26	13.7	

本章小结

（1）安全评价也称为危险度评价，它是依据系统的安全目标，应用安全系统工程的原理、方法，对系统中客观存在危险性进行定性和定量分析，评价系统发生危险的可能性及其危害程度，找出与系统安全目标的差距，从而为制定预防措施和管理决策提供科学依据。

（2）经过几十年特别是近些年来的发展，安全评价的方法已经非常丰富和成熟。其中最为经典的为概率评价法、物质系数法或指数评价法。技术和管理结合在一起的综合评价方法近些年来虽然也有很多应用，但是对一个系统整体而言，技术与管理的比重仍然需要不断调整。

（3）评价方法的选用要结合评价对象具体选择。通常，只用一种评价方法进行评价是不够的。用几种方法进行复评，往往能发现一些新的问题。

复习思考题

1. 什么是安全评价？它包括哪些内容？
2. 安全评价的基本程序和步骤有哪些？
3. 安全评价的原理是什么？
4. 道化学火灾、爆炸指数评价法的步骤有哪些？简述其与蒙德法的区别和联系。
5. 设备安全评价要点都有哪些？
6. 概率危险性安全评价的程序是什么？如何确定安全目标？
7. 系统安全综合评价的内容和评价模式的关系是怎样确定的？
8. 某储罐区有两个 400 m^3 的氯乙烯球罐，分别装有约 300 t 氯乙烯液化气体。球罐的压力为 0.49 MPa，温度为常温，在两个球罐的周围有防火堤，氯乙烯对设备材质有轻微腐蚀性。试用“单元危险性快速排序法”对该储罐区危险性进行评价，确定其危险等级。
9. 安全管理评价包括哪些内容？

第五章　系统安全预测和安全决策

预测学自21世纪50年代以来，逐渐形成为一门独立的学科，国内外各行业、各部门不断应用各种理论和方法进行社会预测、经济预测、技术预测、军事预测等。同时，决策过程也逐渐由经验型决策向分析技术型决策过渡发展。目前，预测决策的理论和方法已被广泛应用，并发展为理论分析、方法技术与实际应用相结合的专门学科。

近十几年来，预测决策理论和方法逐渐被应用到工业安全领域。应用预测决策理论和方法指导安全生产，并取得了一定的成效。特别是与现代数学方法及计算机技术相结合，预测决策理论和方法及安全评价分析得到了广泛应用，如模糊故障树分析预测、模糊概率反洗、模糊灰色预测分析等。以安全分析、隐患评价、事故预测决策为主体的安全评价工作作为一种产业在国际上已经出现。

安全决策是安全预测出现以后逐渐发展起来的。安全决策是在对系统过去、现在发生的事故进行分析的基础上，运用安全预测技术手段，对系统未来事故变化规律做出合理判断的过程。安全预测和决策与系统安全分析方法的区别在于，安全分析方法是对系统已经发生的事故进行的分析，安全分析是系统安全预测的基础。也就是说，没有安全分析，就不可能保证有效的安全预测和决策。

第一节　系统安全预测概述

一、系统安全预测的定义

安全预测是在分析、研究系统过去和现在安全资料的基础上，利用各种知识和科学方法，对系统未来的安全状况进行预测，预测系统的危险种类及危险程度，以便对事故进行预报和预防。

安全预测的一个重要作用是分析评价系统中各种不确定因素，以及每种因素所承担的风险与风险发生的程度，从而帮助生产经营单位的管理者进行有效决策，达到系统安全运行的状态。因此，安全预测的主要目的是使决策的制定者了解风险发生的各种后果，并优化风险的决策。这种决策是人们在实践的基础上，根据对事故发生的客观规律的一些认识，在主观意志的参与下，对避免未来安全风险的行动目标及其实现方案进行合理分析、判断的过程。

二、系统安全预测的分类

系统安全预测一般按照预测对象的范围、预测时间长短、所应用的预测理论进行分类。

1. 按照预测对象的范围分类

按照预测对象的范围，系统安全预测可分为宏观预测和微观预测。

（1）宏观预测是对整个生产行业、一个地区、一个集团公司的安全状况的预测。

（2）微观预测是对一个生产单位的生产系统或对其子系统的安全状况的预测。

2. 按照预测时间的长短分类

按照预测时间的长短，系统安全预测可分为长（远）期预测、中期预测和短期预测。

（1）长（远）期预测是对五年以上的安全状况的预测，它为安全管理方面的重大决策提供科学依据。

（2）中期预测是对一年以上五年以下的安全生产状态的预测，它是制定五年计划和任务的依据。

（3）短期预测是对一年以内的安全状态的预测，它是制定年度计划、季度计划以及规定短期发展任务的依据。

3. 按照所应用的预测原理分类

按照所应用的预测原理，系统安全预测可分为白色理论预测、灰色理论预测和黑色理论预测。

（1）白色理论预测用于预测的问题与所受影响因素非常清楚的情况。

（2）灰色理论预测，也称为灰色系统预测。灰色系统是既包含已知信息又包含未知信息的系统，把安全生产系统作为灰色系统，应用灰色系统理论进行预测。

（3）黑色理论预测，也称为黑箱系统或白色系统预测。黑箱（白色）系统中所含的信息多为非确定信息。

三、系统安全预测的原理

安全预测及其结果和分析不是来自于主观臆断，而是建立在对事故的科学分析上，所以必须遵循一定的基本原理。

1. 系统原理

系统的安全预测，评价的是系统。系统的整体功能和任务是组成系统的各子系统、单元综合发挥作用的结果。因此，应从系统的观点出发，以全局的观点、更大的范围、更长的时间、更大的空间、更高的层次来考虑系统安全预测的问题，并把系统中影响安全的因素用集合性、相关性和阶层性协调起来。

2. 类推性原理

如果已经知道两个不同时间之间的相互制约关系或共同的有联系的规律，则可利用先导时间的发展规律来预测迟发事件的发展趋势，这就是所谓的类推预测。对于具有相同特征的类似系统的安全预测和评价，可采用如下的类推原理。

（1）平衡推算。根据相互依存的平衡关系来推算所缺有关指标的方法。

（2）代替推算。利用具有密切联系（或相似）的有关资料，来代替所缺少资料项目的方法。

（3）因素推算。根据指标之间的联系，从已知因素数据推算有关未知指标数据的方法。

（4）抽样推算。根据抽样或典型调查资料推算系统总体特征的方法。

（5）比例推算。根据社会经济现象的内在联系，用某一时期、地区、部门或单位的实际比例，推算另一类似时期、地区、部门或单位有关指标的方法。

（6）概率推算。任用概率值来衡量系统危险性大小、安全程度高低的方法。

四、系统安全预测的程序

预测是根据事物的过去和现在估计未来，根据已知预测未知，从而减少对未来事物认识的不确定性，以指导我们的决策行动。预测理论和知识要有科学的分析程序，不同的预测对象有不同的预测步骤，但一般来说，预测可分为 4 个阶段共 10 个步骤（图 5-1），可作为系统制定安全预测程序的依据和参考。

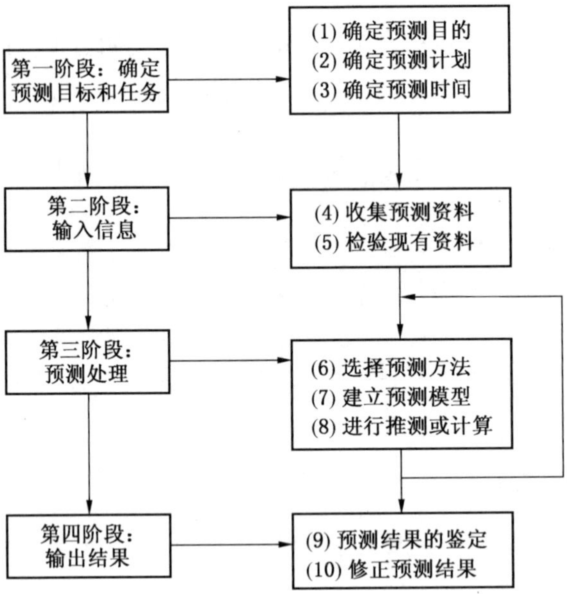

图 5-1　系统预测程序图

第二节　系统安全预测方法

一、一元线性回归分析法

一元线性回归分析用于系统安全预测的分析模型，可以表示为

$$\hat{y}_i = a + bx_i \tag{5-1}$$

式中　x_i——自变量第 i 个取值；

y_i——因变量的第 i 个预测值；

a、b——一元线性回归方程的系数。

回归系数 a、b 是根据统计的事故数据通过式（5-2）中方程组来决定的。

$$\begin{cases} \sum_{i=1}^{n} y_i = na + b\sum_{i=1}^{n} x_i \\ \sum_{i=1}^{n} x_i y_i = a\sum_{i=1}^{n} x_i + b\sum_{i=1}^{n} x_i^2 \end{cases} \tag{5-2}$$

式中　x_i——自变量，为时间序号；

y_i——因变量，为事故数据；

n——事故数据总数。

解方程（5-2），得到回归系数的值为

$$\begin{cases} a = \dfrac{\sum x \sum xy - \sum x^2 \sum y}{\left(\sum x\right)^2 - n\sum x^2} \\ b = \dfrac{\sum x \sum y - n\sum xy}{\left(\sum x\right)^2 - n\sum x^2} \end{cases} \tag{5-3}$$

将 a、b 代入式（5-1）中，就可以建立预测模型，在坐标系中画出回归直线。

在回归分析中，需要对回归直线与实际数据变化趋势的符合程度进行判断，故还需计算相关系数 r，其计算公式为

$$r = \frac{\sum_{i=1}^{n}(x_i - \bar{x})(y_i - \bar{y})}{\sqrt{\sum_{i=1}^{n}(x_i - \bar{x})^2 \sum_{i=1}^{n}(y_i - \bar{y})^2}} \tag{5-4}$$

这里需要注意的是，相关系数 r 具有如下特征：

（1）相关系数的取值范围为 $-1 \leqslant r \leqslant 1$。

（2）当 $r>0$ 时，称为正线性相关，随着 x 增加，y 呈线性增加。当 $r<0$ 时，称为负线性相关，随着 x 增加，y 呈线性减少。

（3）当 $r=0$ 时，x 与 y 无线性相关关系；当 $|r|=1$ 时，x 与 y 完全确定的线性相关关系；当 $0<|r|<1$ 时，x 与 y 存在一定的线性相关关系；当 $|r|>0.7$ 时，为高度线性相关关系；当 $0.3<|r|\leqslant 0.7$ 时，为中度线性相关关系；当 $|r|\leqslant 0.3$ 时，为低度线性相关关系。

二、多元线性回归分析法

多元线性回归是在一元线性回归的基础上，同时考虑多个自变量，分析多个自变量与因变量的线性关系。

多元线性回归的预测模型可表示为

$$\hat{y} = b_0 + b_1x_1 + b_2x_2 + \cdots + b_kx_k \tag{5-5}$$

式中　x_i——第个 i 自变量，$i=1, 2, \cdots, k$；

$\hat{y}$——因变量 y 的估计值；

b_j——第 j 个回归系数，$j=1, 2, \cdots, k$。

多元线性回归分析预测的精度取决于多元回归直线对观测数据的拟合程度。根据最小二乘法原理，求取预测模拟中的系数 b_j 并根据拟合程度优化判据。

$$\varphi = \sum(y_i - \hat{y}_i)^2 = \sum[y_i - (b_0 + b_1x_1 + b_2x_2 + \cdots + b_kx_k)]^2 \tag{5-6}$$

用函数 φ 对 b_0、b_1、b_2、$\cdots$、b_k 分别求偏导数，并令 $k+1$ 个偏导数等于零，即可建立

正规方程组，进而求得 b_0、b_1、b_2、…、b_k，将求得的回归系数代入到式（5-5）中，就可得到预测方程。

三、非线性回归分析法

上面介绍的线性回归分析法，都是假定因变量和自变量的相互关系可以用线性方程来表示。但实际的安全系统中，还存在着大量的非线性关系，而且在一些情况下非线性模型较线性模型更能符合客观现象。

非线性回归分析的模型有很多种，需要根据实际数据在坐标系中的分布及形状来进行判断。常见的非线性模型见表 5-1。

表 5-1　典型的非线性函数及其线性方法

函数名称	函数表达式	线性化方法
双曲线函数	$\frac{1}{y}=a+\frac{b}{x}$	$v=\frac{1}{y}$，$u=\frac{1}{x}$
幂函数	$y=ax^b$	$v=\ln y$，$u=\ln x$
指数函数	$y=ae^{bx}$	$v=\ln y$，$u=x$
对数函数	$y=a+b\ln x$	$v=y$，$u=\ln x$
S 形函数	$y=\frac{1}{a+be^{-x}}$	$v=\frac{1}{y}$，$u=e^{-x}$
一元多项式方程	$y=a+b_1x+b_2x^2+\cdots+b_kx^k$	—

1. 马尔柯夫链预测法

在随机过程理论中，马尔柯夫（Markov）过程是一类占有主要地位、具有普遍意义的随机过程。马尔柯夫链模型是假定在已知系统现在所处状态的情况下，系统将来的演变与过去无关。若一种状态转变为另一种状态的规律又是可知的情况下，就可以利用马尔柯夫链预测法进行计算、分析和预测未来特定时刻的状态。

马尔柯夫链是表征一个系统在变化过程中的特性状态，可用一组随事件进程而变化的变量来描述。马尔柯夫链模型可以用下式来表示：

$$\Omega=(S,\ P,\ \pi) \tag{5-7}$$

式中　S——状态集合；

P——状态间的转移概率矩阵，P：$(S\times S)\to R_+$；

π——系统的初始状态概率，$\pi=\{\pi_1,\ \pi_2,\ \cdots,\ \pi_S\}$。

如果系统在任何时刻上的状态是随机性的，则变化过程就是一个随机过程，当时刻 t 变到 $t+1$ 时，状态变量从某个取值就会变到另一个取值，系统就实现了状态转移。而系统从某种状态转移到各种状态的可能性大小，可用转移来描述。设随机变量序列 $\{X_n,\ n\in N\}$ 取值于状态空间 S，n 为正整数，则已知初始状态向量为

$$S^{(0)}=[S_1^{(0)},\ S_2^{(0)},\ S_3^{(0)},\ \cdots,\ S_n^{(0)}] \tag{5-8}$$

状态转移状态矩阵为

$$P=\begin{bmatrix} P_{11}P_{12} & \cdots & P_{1n} \\ P_{21}P_{22} & \cdots & P_{2n} \\ \vdots & \vdots & \vdots \\ P_{n1}P_{n2} & \cdots & P_{nm} \end{bmatrix} \tag{5-9}$$

状态转移概率矩阵是一个 n 阶方阵，它满足概率矩阵的一般性质：①$0 \leqslant P_{ij} \leqslant 1$；②$\sum P_{ij}=1$。

满足这两个性质的行向量称为概率向量。

状态转移概率矩阵的所有行向量都是概率向量；反之，所有行向量都是概率向量组成的矩阵，即为概率矩阵。则

一次转移向量为

$$S^{(1)}=S^{(0)}P \tag{5-10}$$

二次转移向量为

$$S^{(2)}=S^{(1)}P=S^{(0)}P^2 \tag{5-11}$$

以此类推：

$$S^{(k+1)}=S^{(0)}P^{(k+1)} \tag{5-12}$$

基于以上马尔柯夫链模型，在已知初始状态和转移概率矩阵后，就可对系统的安全状态进行预测。

2. 灰色系统预测法

灰色理论是我国学者邓聚龙于 1982 年提出的，他用颜色来描述信息的完备程度。信息完全明确的系统为白色系统；信息完全不明确的系统是黑色系统；信息部分明确、部分不明确的系统为灰色系统。灰色系统将一切随机变量看做是在一定范围内的灰色量，将随机过程看做是在一定范围内变化的与时间有关的灰色过程。对灰色量不是从统计规律的角度通过大样本量进行研究，而是用数据处理的方法，将杂乱无章的原始数据整理成较强的生成数列，再做研究。

灰色系统预测法就是从灰色系统的建模、关联度及残差辨识的思想出发，所获得的关于预测的概念、观点和方法。

1）灰色预测法一阶建模

$GM(1, 1)$ 是灰色系统模型（Grey Model 一阶方程，1 个变量）的缩写形式。

令 $X^{(0)}$ 为 $GM(1, 1)$ 的建模序列：

$$X^{(0)}=[x^{(0)}(1), x^{(0)}(2), \cdots, x^{(0)}(n)] \tag{5-13}$$

$X^{(1)}$ 为 $X^{(0)}$ 的 1-AGO 序列，即

$$X^{(1)}=[x^{(1)}(1), x^{(1)}(2), \cdots, x^{(1)}(n)] \tag{5-14}$$

$$x^{(1)}(k)=\sum x^{(0)}(i) \quad (k=1, 2, \cdots, n) \tag{5-15}$$

令 $Z^{(1)}$ 为 $X^{(1)}$ 的紧邻均值（MEAN）生成序列：

$$Z^{(1)}=[z^{(1)}(2), z^{(1)}(3), \cdots, z^{(1)}(n)] \tag{5-16}$$

$$z^{(1)}(k)=0.5x^{(1)}(k)+0.5x^{(1)}(k-1) \tag{5-17}$$

则 $GM(1, 1)$ 的灰微分方程模型为

$$x^{(0)}(k)+az^{(1)}(k)=b \tag{5-18}$$

式中　a——发展系数；

b——灰色作用量。

设 $\hat{a}$ 为待估参数向量，即 $a=(\hat{a},\ b)^{\mathrm{T}}$，则灰微分方程式（5-18）的最小二乘估计参数应满足：

$$\hat{a}=(B^{\mathrm{T}}B)^{-1}B^{\mathrm{T}}Y_n \tag{5-19}$$

$$B=\begin{bmatrix}-z^{(1)}(2) & 1\\ -z^{(1)}(3) & 1\\ \vdots & \vdots\\ -z^{(1)}(n) & 1\end{bmatrix}\qquad Y_n=\begin{bmatrix}x^{(0)}(2)\\ x^{(0)}(3)\\ \vdots\\ x^{(0)}(n)\end{bmatrix} \tag{5-20}$$

$$\frac{\mathrm{d}x^{(1)}}{\mathrm{d}t}+ax^{(1)}=b \tag{5-21}$$

则称式（5-21）为灰色微分方程 $x^{(0)}(k)+az^{(1)}(k)=b$ 的白化方程，也叫影子方程如上所述，则有：

（1）白化方程 $\frac{\mathrm{d}x^{(1)}}{\mathrm{d}t}+ax^{(1)}=b$ 的解，也称时间响应函数，可表示为

$$\hat{x}^{(1)}(t)=\left[x^{(1)}(0)-\frac{b}{a}\right]\mathrm{e}^{-at}+\frac{b}{a} \tag{5-22}$$

（2）$GM(1,1)$ 灰色微分方程 $x^{(0)}(k)+az^{(1)}(k)=b$ 的时间响应序列为

$$\hat{x}^{(1)}(k+1)=\left[x^{(1)}(0)-\frac{b}{a}\right]\mathrm{e}^{-ak}+\frac{b}{a}\quad(k=1,\ 2,\ \cdots,\ n) \tag{5-23}$$

取 $x^{(1)}(0)=x^{(0)}(1)$，则

$$\hat{x}^{(1)}(k+1)=\left[x^{(0)}(1)-\frac{b}{a}\right]\mathrm{e}^{-ak}+\frac{b}{a}\quad(k=1,\ 2,\ \cdots,\ n) \tag{5-24}$$

（3）利用一次累减运算，即可得到：

$$\hat{x}^{(0)}(k+1)=\hat{x}^{(0)}(k+1)-\hat{x}^{(1)}(k) \tag{5-25}$$

式（5-25）即为灰色预测方程。

2）灰色系统模型检验

$GM(1,1)$ 模型的检验分为残差检验、关联度检验和后验差检验 3 个方面。

（1）残差检验。残差大小检验，即对模型值和实际值的残差进行逐点检验。首先按模型计算 $\hat{x}^{(1)}(i+1)$，将 $\hat{x}^{(1)}(i+1)$ 累减生成 $\hat{x}^{(0)}(i)$，最后计算原始序列 $x^{(0)}(i)$ 与 $\hat{x}^{(0)}(i)$ 的绝对残差序列，即

$$\Delta^{(0)}=\{\Delta^{(0)}(i),\ i=1,\ 2,\ \cdots,\ n\}\qquad \Delta^{(0)}(i)=|x^{(0)}(i)-\hat{x}^{(0)}(i)| \tag{5-26}$$

相对残差序列为

$$\phi=\{\phi_i,\ 1,\ 2,\ \cdots,\ n\}\qquad \phi_i=\Delta^{0}(i)/x^{(0)}(i) \tag{5-27}$$

计算平均相对残差为

$$\bar{\phi}=\frac{1}{n}\sum_{i=1}^{n}\phi_i \tag{5-28}$$

给定 α，当 $\bar{\phi}<\alpha$，且 $\phi_i<\alpha$ 成立时，称模型为残差合格模型。

（2）关联度检验。就是通过考察模型值曲线与建模序列曲线的相似程度进行检验。灰

色关联度分析方法是根据系统各因素间或各系统行为间发展态势的相似或相异程度，来衡量关联程度的方法。令 x_0（k）和 x_i（k）分别为基本数列和第 i 个比较因素在 k 时刻的值，则 k 时刻的关联系数为

$$e_i(k)=\frac{\min\limits_i \min\limits_k |x_0(k)-x_i(k)|+0.5\max\limits_i \max\limits_k |x_0(k)-x_i(k)|}{|x_0(k)-x_i(k)|+0.5\max\limits_i \max\limits_k |x_0(k)-x_i(k)|} \tag{5-29}$$

关联度为

$$r_i=\frac{1}{n}\sum_{k=1}^{n}e_i(k) \tag{5-30}$$

根据式（5-30）计算，得出与原始序列的关联系数，然后算出关联度，根据经验，关联度大于便是满意的。

（3）后验差检验。它是对残差分布的统计特性进行检验。

原始序列 $X^{(0)}$ 的平均值为

$$\bar{x}^{(0)}=\frac{1}{n}\sum_{i=1}^{n}x^{(0)}(i) \tag{5-31}$$

原始序列 $X^{(0)}$ 的均方差为

$$S_x=\left[\frac{\sum\limits_{i=1}^{n}(x^{(0)}(i)-\bar{x}^{(0)})^2}{n-1}\right]^{1/2} \tag{5-32}$$

残差的均值为

$$\bar{\Delta}=\frac{1}{n}\sum_{i=1}^{n}\Delta^{(0)}(i) \tag{5-33}$$

残差的均方差为

$$S_\varepsilon=\left[\frac{\sum(\Delta^{(0)}(i)-\bar{\Delta})^2}{n-1}\right]^{1/2} \tag{5-34}$$

方差比 C 为

$$C=\frac{S_\varepsilon}{S_x} \tag{5-35}$$

小残差概率为

$$P=P\{|\Delta^{(0)}(i)-\bar{\Delta}|<0.6745S_x\} \tag{5-36}$$

当 $C_0>0$，$C<C_0$ 时，称模型为均方差比合格模型；当 $P_0>0$，$P>P_0$ 时，称模型为小残差概率合格模型。

后验差检验结果按照表 5-2 进行判别。

表 5-2　后验差检验判别参照表

P	C	模型精度
>0.95	<0.35	优
>0.80	<0.5	合格

表 5-2（续）

P	C	模型精度
>0.70	<0.65	勉强合格
<0.70	>0.65	不合格

若相对残差、关联度、后验差检验在允许的范围内，则可以用所建的模型进行预测，否则应对其进行残差修正。

3）灰色系统残差模型

当原始数据序列 $X^{(0)}$ 建立的 GM（1，1）模型检验不合格时，可以用 GM（1，1）残差模型来修正。如果原始序列建立的 GM（1，1）模型不够精准，也可以用 GM（1，1）残差模型来提高精度。

若用原始序列 $X^{(0)}$ 建立 GM（1，1）模型，即

$$\hat{x}^{(1)}(i+1)=\left[x^{(0)}(1)-\frac{b}{a}\right]e^{-ai}+\frac{b}{a} \tag{5-37}$$

可获得生成序列 $X^{(1)}$ 的预测值，定义残差序列 $e^{(0)}(j)=x^{(1)}(j)-\hat{x}^{(1)}(j)$。若取 $j=i, i+1, \cdots, n$，则对应的残差序列为

$$e^{(0)}(k)=\{e^{(0)}(1),\ e^{(0)}(2),\ \cdots,\ e^{(0)}(n)\} \tag{5-38}$$

计算其生成序列 $e^{(1)}(k)$，并据此建立相应的 GM（1，1）模型，得修正模型为

$$x^{(1)}(k+1)=\left[x^{(0)}(1)-\frac{b}{a}\right]e^{-ak}+\frac{b}{a}+\delta(k-i)(-a_e)\left[e^{(0)}(1)-\frac{b_e}{a_e}\right]e^{-a_ek} \tag{5-39}$$

其中，$\delta(k-i)=\begin{cases}1 & k\geqslant i\\ 0 & k<i\end{cases}$ 为修正参数。

应用此模型时要考虑：

（1）一般不是使用全部残差数据来建立模型，而只是利用部分残差。

（2）修正模型所代表的是差分微分方程，其修正作用与 $\delta(k-i)$ 中的 i 取值有关。

第三节　系统安全决策概述

决策学是为决策提供科学的理论和方法，以支持和方便人们作决策的科学，是自然科学与社会科学且涉及人类思维的新兴交叉学科。决策是人们行动的先导。决策指人们在求生存与发展过程中，以对事物发展规律及主客观条件的认识为依据，寻求并实现某种最佳（满意）准则和行动方案而进行的活动。决策通常有广义、一般和狭义的 3 种解释。广义解释包括抉择准备、方案优选和方案实施等全过程。一般含义的解释决策是人们按照某个（些）准则在若干备选方案中的选择，它只包括准备和选择两个阶段的活动。狭义的决策就是作决定，就指抉择。

一个合理的准则（标准）体系，足够可靠的信息数据，可供选择的决策方法，落实的决策组织和实施办法，是科学决策的基本要素。

广义的决策，都是在价值判断的基础上作出抉择和选择，它的基本准则就是效用，离

开了效用准则，决策是非理性的，盲目的。

一般意义上的价值，至少应具有两个基本特性，其一是比较特性，其二是可度量性。

效用原意是指人们从商品消费中得到的满足。在现代效用理论中，效用实质上就是价值的定量表述。

安全的价值或效用是不容置疑的，可以说安全本身就是价值。安全是相对的，所以安全的价值具有比较特性；安全的价值是客观的，虽然安全的社会效用、精神效用难于量化，但是安全的经济效用是可度量的。所以，安全决策同样是建立在安全价值判断基础上。

一、安全决策的定义及目标

安全决策就是针对生产活动中需要解决的特定安全问题，根据安全标准、规范等要求，运用现代科学技术知识和安全科学的理论与方法，提出各种安全措施方案，经过分析、论证与评价，从中选择最优方案，并予以实施的过程。

决策的目标是指主体对客体的需求在观念上的反映，是决策者关于被研究问题（客体）所希望达到的状态、所追求的方向的陈述，属于主观范畴。决策的目标是一个无界的、规定方向的最大可能程度的需求。目标仅有两个方向：极大或极小（尽可能多或尽可能少）。凡效益型目标，则希望越大越好；反之，凡损耗型目标，则追求极小。目标没有明确的先验量值，只是在约束条件限制的可行域里追求极大（或极小）。

指标常称为目标，常指能数量化的准则，它反映实际存在的事物的数量概念和具体数值，即包括准则的名称，也包括准则的数值。前者体现事物质的规定性，后者体现事物量的规定性，指标值是二者的统一。指标值是先验的渴望水平或数值，是在给定问题里暂时固定而尽可能接近的需求的明确陈述。指标是用属性或目标预先确定的数量或水平，如最大利润是目标，希望获利 100 万元是指标。

二、安全决策的种类

在安全管理决策中，决策目标的性质、决策的层次和要求的不同，决策的种类也不同。

（1）系统安全管理决策。它是解决全局性重大问题的高层决策，主要是针对安全方针、政策、规划、安全管理体制、法规、监督监察及推进安全事业发展等方面的决策。这类决策是基础型决策，涉及范围广、影响时间长。

（2）工程项目建设的安全决策。它是为保证新建、扩建、改建的工程项目能安全地投入生产，对工程项目设计进行安全论证、审核与安全评价方面的决策。这里涉及厂址选择、平面布局、厂房结构、工艺过程、设备布置、物资储运、厂内交通、防火防爆等一系列问题，必须对其一一做出决策。

（3）企业安全管理决策。它是为健全、改善和加强企业的安全管理所进行的计划、组织、协调、控制以及预测和预防事故等方面的决策。预测和预防事故是安全管理决策的主要课题之一。导致事故发生的直接原因是设备的不安全状态、人的不安全行为和作业环境不良。预防事故的对策是采取有效的技术措施，加强安全教育和安全管理。

（4）事故处理决策。它是在事故发生之后采取的处置方法，调查、分析等的决策。事故处置方法决策必须迅速、果断，虽不能万无一失，也要尽可能完善，因为稍有差错就可能使事故灾害扩大，造成更大的损失。

三、安全决策过程和要素

1. 决策过程

决策是人们为实现某个（些）准则而制定、分析、评价、选择行动方案，并组织实施的全部活动，也是提出、分析和解决问题的全部过程。决策过程主要包括 5 个阶段，如图 5-2 所示。

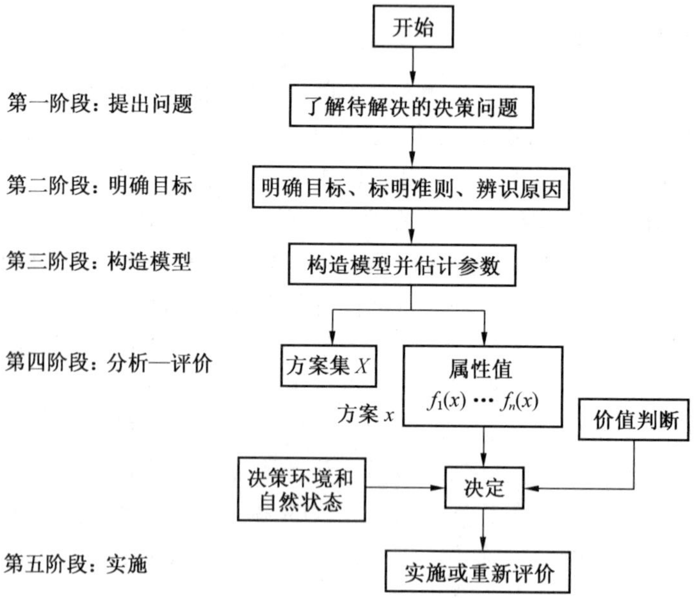

图 5-2　决策过程示意图

在这种典型的决策过程中，系统分析、综合、评价是系统工程的基本方法，也是决策（评价）的主要阶段。

分析一般是指把一件事物、一种现象或一个概念分成较简单的组成部分，找出这些部分的本质属性和相互关系。系统分析是为了给决策者提供判断、评价和抉择满意方案所需的信息资料，系统分析人员使用科学的分析方法对系统的准则、功能、环境、费用、效益等进行充分的调查研究，并收集、分析和处理有关的资料和数据，对方案的效用进行计算、处理或仿真试验，把结果与既定准则体系进行比较和评价，作为抉择的主要依据。

综合一般是指把分析过的对象的各个部分、各种关系联合成一个整体。系统综合就是根据分析结果确定系统的组成部分及它们的构成方式和运作方式，进行系统设计，形成满足约束条件的可供优选的备选方案集。

评价是对分析、综合结果的鉴定。评价的主要目的是判别设计的系统（备选方案）是否达到了预定的各项准则要求，能否投入使用。这是决策过程中的评价，属于狭义评价。

最后，根据分析、综合评价的结果，再引入决策者的倾向性信息和酌情选定的决策规划排列各备选方案的顺序，由决策者选择满意方案付诸实施。如果实施的结果不满意或不够满意，可根据反馈的信息，返回到上述 4 个阶段的任何一个阶段，重复地更深入地进行决策分析研究，以期获得尽可能满意的结果。

关于价值判断，需要作一解释。在每个决策过程中，都包含有真实元素和价值元素。真实元素能用科学的方法去检验，可经过科学的加工变换为其他能被检验的元素。而价值元素却不同，它们不能直接用任何科学方法去检验和处理。“判断”“倾向性意见”是在制定决策过程中的最常遇到的价值元素。价值元素的集合构成价值系统。价值系统是属于社会科学研究的范畴。决策离不开主体的认识、判断、倾向性、评价、选择等价值元素，所以不能用纯自然科学的观念、方法来认识和处理决策问题。

2. 决策要素

决策的要素有决策者和决策单元、准则体系、决策结构和环境、决策规则等。

1）决策者和决策单元

决策者是指对所研究问题有权利、有能力作出最终判断与选择的个人或集体。其主要责任在于提出问题，规定总任务和总需求，确定价值判断和决策规划，提供倾向性意见，抉择最终方案并组织实施。所谓决策单元常常包括决策者及共同完成决策分析研究的决策分析者，以及用以进行信息处理的设备。它们的工作是接受任务、输入信息、生成信息和加工成智能信息，从而产生决策。

2）准则（指标）体系

对一个有待决策的问题，必须首先定义它的准则。在现实决策问题中，准则常具有层次结构，包含有目标和属性两类，形成多层次的准则体系，如图 5-3 所示。

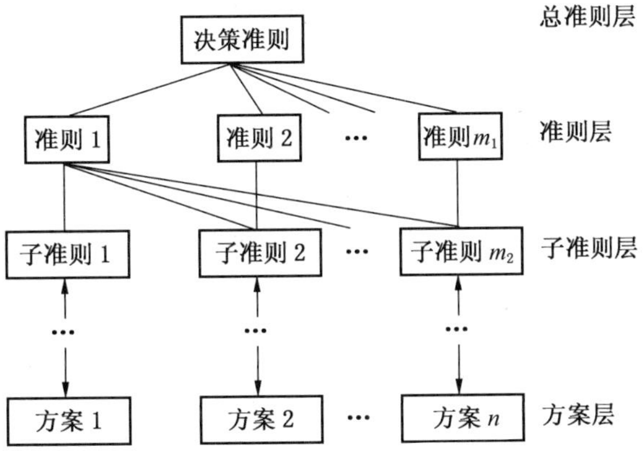

图 5-3　准则体系的层次结构

准则体系最上层的总准则只有一个，一般比较宏观、笼统、抽象，不便于量化、测算，比较、判断。为此要将总准则分解为各级子准则。直到相当具体、直观，并可以直接或间接地用备选方案本身的属性（性能、参数）来表征的层次为止。在层次结构中，下层的准则比上层的准则更加明确、具体并便于比较、判断和测算，它们可作为达到上层准则的某种手段。下层子准则集合一定要保证上层准则的实现，子准则之间可能一致，也可能相互矛盾，但均要与总准则相协调，并尽量减少冗余。

设定准则体系是为了评价、选择备选方案，所以准则体系最低层是直接或间接表征方案性能、参数的属性层。应当尽量选择属性值能够直接表征与之联系达到程度的属性，否则，只好选用间接表征与之联系的达到程度的代用属性。代用属性与相应目标之间的关系表现为间接关系，其中隐含有决策人的价值判断。例如，武器系统操作人员的文化程度，与是否需要专门培训来表征武器系统的使用方便性（目标要求），就是一种代用属性。它隐含着下述价值判断：操作人员文化程度越低，武器系统使用方便性越好。

当将一个或一组属性与一个准则联系时，应该具备综合性和可度量性。如果属性的值可充分地表明满足与之联系准则的程度，则称该属性（集）是综合的；如果对于备选方案可以用某一种标度赋予这属性一定值，则称该属性是可度量的。常用来度量属性的标度有比例标度、区间标度和序标度。

3）决策结构和环境

决策的结构和环境属于决策的客观态势（情况）。为阐明决策态势，必须尽量清楚地识别决策问题（系统）的组成、结构和边界，以及所处的环境条件。它需要标明决策问题的输入类型和数量、决策变量（备选方案）集和属性集以及测量它们的标度类型，决策变量（方案）和属性间以及属性与准则间的关系。

决策变量又称可控（受控）变量，它是决策（评价）的客观对象。在自然系统中，决策变量集常以表征系统主要特征的一组性能、参数形式出现，由它们可以组合出无限多个备选方案，方案是连续型，其范围由一组约束条件所限制。而在实际（社会）系统中，例如安全系统，因变量之间、变量与属性之间的结构过于复杂，有许多是半结构化甚至非结构化形式，尚难以给予形式化的表述，所以决策变量常以有限个离散的备选方案的形式出现。决策变量的这两种类型（连续、离散），导致了两类不同的决策方法，有人称前者为多目标决策，称后者为多属性决策，二者又统称为多准则决策。

决策的环境条件可区分为确定性和非确定性两大类。由于决策是面向未来发生事件所做的抉择，所以决策的环境条件都带有不确定性，只是在很多情况下，正常环境出现的概率很大，非正常条件发生的可能性很小（即近似认为是小概率事件），而认为环境条件是确定的。在非确定性中，又分因果关系不确定的随机型和排中律不确定的模糊型。发展初期的经典决策，就是在随机环境下进行的单准则优选，称之为统计决策。

4）决策规则

决策就是要从众多的备选方案中选择一个用以付诸实施的方案，作为最终的抉择。在作出最终抉择的过程中，要按照多准则问题方案的全部属性值的大小进行排序，从而依序择优。这种促使方案完全序列化的规则，称为决策规则。决策规则一般粗分为最优规则和满意规则两大类。最优规则是使方案完全序列化的规则，只有在单准则决策问题中，方案集才是完全有序的，因此总能够从中选中最优方案。

然而在多准则决策问题中，方案集是不完全有序的，准则之间往往存在矛盾性、不可公度性（各准则的量纲不同）。所以，各个准则均最优的方案一般是不存在的。因而，只能在满意规则下寻求决策者满意的方案。在系统优化中，用“满意解”替“最优解”，就会使复杂问题大大简化。决策者的满意性一般通过所谓“倾向性结构（信息）”来表述，它是多准则决策不可缺少的重要组成部分。

3. 安全决策过程

安全决策过程与通常的决策过程一样，应按照一定的程序和步骤进行。不同的是，在进行安全决策时，应注意安全问题的特点，确定各个步骤的具体内容。

1）确定目标

决策过程首先需要明确目标，也就是要明确需要解决的问题。对安全而言，从大安全观出发，安全决策所涉及的主要问题就是保证人们的生产安全、生活安全和生存安全。但是这样的目标所涉及的范围和内容太大，以至于无法操作，应进一步界定、分解和量化。

例如：生产安全是一个总目标，它可以分解为预防事故发生、消除职业病和改善劳动条件。而且，对已分解的目标，还应根据行业不同、现实条件不同（如经济保证、技术水平）、边界约束条件不同区分目标的实现层次和内涵。

又如：生活安全可以分解为个人生活安全、家庭生活安全和社会生活安全，也可以分解为生命安全、财产安全和生活舒适与健康；生存安全可以分解为自然灾害、人为灾害，也可分解为生态环境安全、灾害、交通安全以及突发事件（战争、冲突等）。

另外，对于决策目标应有明确的指标要求；对于技术问题，应有风险率、严重度、一定可靠度下的安全系数以及事故率、时间域和空间域等具体量化指标；对于难于量化的定性目标，则应尽可能加以具体说明。

2）确定决策方案

在目标确定之后，决定人员应依据科学的决策理论，对要求达到的目标进行调查研究，进行详细的技术设计、预测分析，拟出几个可供选择的方案。

首先，应根据总目标和指标的要求将那些达不到目标基本要求的方案舍弃掉，然后再用加权法或其他数学方法对各个方案进行排序。排在第一位的方案也称为备选决策提案。备选决策提案不一定是最后决策方案，还需要经过技术评价和潜在问题分析，做进一步的慎重研究。

3）潜在问题或后果分析

对备选决策方案，决策者要向自己提出“假如采用这个方案，将要产生什么样的结果”“假如采用这个方案，可能导致哪些不良后果和错误”等问题，从这些可能产生的后果中进行比较，以决定方案的取舍。

对安全问题，考虑其决策方案后果，应特别注意如下一些潜在问题：

（1）人身安全方面。应特别注意有无生命危险，有无造成工伤的危险，有无造成职业病和后遗症的危险。

（2）人的精神和思想方面。是否会造成人的道德、思想观念的变化，是否会造成人的兴趣爱好和娱乐方式的变化，是否会造成人的情绪和感情方面的变化，是否会加重人的疲劳，带来精神紧张，影响个人导致不安全感或束缚感的产生等。

（3）人的行为方面。能否造成人的生活规律、生活方式变化，以及生活时间的划分等。

4）实施与反馈

决策方案在实施过程中应注意制定实施规划，落实实施机构、人员职责，并及时检查与反馈实施情况，使决策方案在实施过程中趋于完善并达到预期效果。

第四节　系统安全决策方法

根据决策环境，考虑属性量化程度，可以把多属性决策（MADM）问题区分为确定性和非确定性两类，相应的决策方法就有确定性多属性决策方法、定性与定量相结合的决策方法和模糊多属性决策方法。

确定性决策是在一种已知的完全确定的自然状态下，选择满足目标要求的最优方案。确定性决策问题一般应具备4个条件：①存在着决策者希望达到的一个明确目标（收益大或损失小）；②只存在一个确定的自然状态；③存在着决策者可选择的两个或两个以上的抉择方案；④不同的决策方案在确定的状态下的益损值可以计算。

当决策问题有两种以上自然状态，哪种可能发生是不确定的，在此情况下的决策称为非确定性决策。非确定性决策可分为两类：当决策问题自然状态的概率能确定，即是在概率基础上做决策，但要冒一定的风险，这种决策称为风险性决策；如果自然状态的概率不能确定，即没有任何有关每一自然状态可能发生的信息，在此情况下的决策就称为完全不确定性决策。

风险性决策问题通常要具备5个条件：①存在着决策者希望达到的一个明确目标；②存在着决策者无法控制的两种或两种以上的自然状态；③存在着可供决策者选择的两个或两个以上的抉择方案；④不同的抉择方案在不同的自然状态下的益损值可以计算出来；⑤每种自然状态出现的概率可以估算出来。

本节重点介绍前两种决策方法，对模糊性多属性决策本节只从评价的角度作了简单介绍。

一、确定性多属性决策方法

一种多属性决策（MADM）方法就是一个对属性及方案信息进行处理选择的过程。该过程所用的基础数据主要是决策矩阵、属性 $f_j(j \in M)$ 和/或方案 $x_i(i \in N)$ 的偏好信息（倾向性）。决策矩阵 A 一般由决策分析人员给出，它提供了分析决策问题的基本信息，是各种 MADM 方法的基础。需要指出的是，A 的元素从形式上看不一定非是定量化的，它们也可以是定性的，甚至是模糊的。对应于确定性多属性决策则 A 多是定量化的，$f_j(j \in M)$ 和/或 $x_i(i \in N)$ 的倾向性信息一般是由决策者给出。根据决策者对决策问题提供倾向性信息的环节及充分程度的不同，可将求解 MADM 的问题的方法归纳为无倾向性信息的方法、有关于属性的倾向性信息的方法和有关于方案的倾向性信息的方法3类。由于安全决策问题是个很复杂的课题，本书只介绍一类无倾向性信息的决策方法——筛选方案的方法。

1. 优势法

该方法的操作过程是从备选方案集 R 中：

$$R = \{x_1, x_2, x_3, x_4\}$$

任取两个方案（记为 $\tilde{x}_1$ 和 $\tilde{x}_2$），若决策者（或决策分析者）认为（或决策矩阵 A 已知）$\tilde{x}_1$ 劣于 $\tilde{x}_2$，则剔去 $\tilde{x}_1$，保留 $\tilde{x}_2$；若无法区分两者的优劣时，皆保留。将留下的非劣方案与第三个方案 $\tilde{x}_3$ 作比较，如果它劣于 $\tilde{x}_3$，则剔去前者，如此进行下去，经 $n-1$ 步后便确定了非劣解集 R_{pa}^*。

这种方法不需要对属性作任何假设和变换，也不要求确定权系数。那么经过这种方法筛选后，n 个原方案中将有多少个非劣方案保留下来呢？卡尔皮尼（H. C. Calpine）和戈尔丁（A. Golding）导出了一个具 m 个属性，n 个方案的 MADM 问题经优势法筛选后保留下来的非劣解期望数估计公式：

$$N(m,\ 1)\approx 1+\ln n+\frac{(\ln n)^{2}}{2}!\ +\cdots+\frac{(\ln n)^{m-3}}{(m-3)}!\ +\frac{\nu(\ln n)^{m-2}}{(m-2)!}+\frac{(\ln n)^{m-1}}{(m-1)!} \tag{5-40}$$

式中　v——欧拉常数，一般取0.5772。

显然，$N(m,\ 1)=N(1,\ n)=1$。

2\. 连接法（满意法）

该方法就是要求决策者对表征方案的每个属性提供一个可接受的最低值，称为切除值（cutoff values）。只有当一个方案的每个属性值均不低于对应的切除值时，该方案才能保留。即方案 x 被接受，即

$$f_j(x)\geqslant f_j^0\quad (j\in M,\ x\in R) \tag{5-41}$$

式中　f_j^0——j 个属性的切除值。

可以看出，切除值的规定是这个方法的关键所在，如果定得过高，将淘汰过多方案；定得太低，又会保留过多方案。可按下列方式来确定切除值：令 r 为被淘汰方案的比例，P_c 为任一随机选出的方案，其各属性值满足式（5-43）的概率，则有

$$r=1-P_c^m \tag{5-42}$$

或有：

$$P_c=(1-r)^{\frac{1}{m}} \tag{5-43}$$

若 $m=6$，$r=0.75$，则 $P_c=0.79$。即对每个属性所设定的切除值应保证有至少79%的方案数其对应的属性值超过该切除值。另外，也可以用迭代法由低到高逐步提高切除值，直到得到所希望保留的方案数为止。

3\. 分离法

该方法用来筛选方案时仍要对每个属性设定切除值，但和连接法不同的是，并不要求每个属性值都超过这个值，而只要求方案中至少有一个属性值超过切除值就被保留。按此原则方案 x，即满足

$$f_j(x)\leqslant f_j^d\quad (\text{当} j=1、2、\cdots、m,\ x\in R) \tag{5-44}$$

其中 f_j^d 仍为规定的切除值。

总起来看，分离法保证了凡在某一属性上占优势的方案皆被保留，而连接法则保证了凡在某一属性上处劣势的方案皆被淘汰。显然，它们虽不宜用于方案排序，但却可以保障经上述两种方法筛选后，方案集 R 中所剩的方案已基本上是非劣方案。

设某生产线安全技术改造方案所涉及的各种因素的集合见表5-3。

表5-3　安全技术改造方案集

备选方案 x_i	属性（f_j）					
	最大生产量 f_1/t	多品种生产性 f_2	可靠性 f_3	自动化程度 f_4	安全技术改造费 f_5/万元	风险率 f_6
x_1	20	中等	中等	中等	900	10^{-6}
x_2	25	低	低	低	1200	10^{-3}

表 5-3（续）

备选方案 x_i	属性 (f_j)					
	最大生产量 f_1/t	多品种生产性 f_2	可靠性 f_3	自动化程度 f_4	安全技术改造费 f_5/万元	风险率 f_6
x_3	18	高	高	高	1000	10^{-4}
x_4	22	中等	中等	中等	900	10^{-4}

该安全技术改造问题决策矩阵为

$$A=\begin{matrix} & f_1 & f_2 & f_3 & f_4 & f_5 & f_6 \\ x_1 & 20 & 中 & 中 & 中 & 900 & 10^{-6} \\ x_2 & 25 & 低 & 低 & 低 & 1200 & 10^{-3} \\ x_3 & 18 & 高 & 高 & 高 & 1000 & 10^{-4} \\ x_4 & 22 & 中 & 中 & 中 & 950 & 10^{-4} \end{matrix} \tag{5-45}$$

解 1 （优势法）在多准则决策问题（MCDM）中，设 $\bar{x}\in R$，若不存在 $x\in R$ 满足 $F(x)\geqslant f(\bar{x})$，则称 $\bar{x}$ 为 *MCDMP* 的非劣解（R 为备选方案集）。

我们用此概念去考察这 4 个方案，并不存在 $F(x)\geqslant f(\bar{x})$ 的情况，所以 x_1、x_2、x_3、x_4 均为非劣解。

若假设 $f_1(x_1)=f_1(x_4)$，则可导出 $x_1>x_4$，此时 x_4 是劣解，应剔除。

解 2 （连续解）若设定切除值 $F_c=(f_1^c,\ f_2^c,\ \cdots,\ f_6^c)^T=(18,\ 中,\ 中,\ 中,\ 1000,\ 低)$，则可接受的方案集合为 R_c，则 $R_c=\bigcap_{j=1}^{m}\{x\mid f_j(x)\geqslant f_j^c,\ x\in R\}=\{x_1,\ x_3,\ x_4\}$。

解 3 （分离法）设定 $F^d=[20,\ 中,\ 中,\ 中,\ 1000,\ 低]^T$，则可接受的方案集合为 R_d，则 $R_d=\bigcup_{j=1}^{m}\{x\mid f_j(x)\geqslant f_j^d,\ x\in R\}=\{x_1,\ x_2,\ x_3,\ x_4\}$。

二、评分法

评分法就是根据预先规定的评分标准对各方案所能达到的指标进行定量计算比较，从而达到对各个方案排序的目的。

1. 评分标准

一般按 5 分制评分：优、良、中、差、最差。当然也可按 7 个等级评分，这要视决策方案多少及其之间的差别大小和决策者要求而定。

2. 评分方法

多数是采用专家打分的办法，即以专家根据评价目标对各个抉择方案评分，然后取其平均值或除去最大，最小值后的平均值作为分值。

3. 评价指标体系

评价指标一般应包括 3 个方面的内容：技术指标、经济指标和社会指标。对于安全问题决策，若有几个不同的技术抉择方案，则其评价指标体系大致有如下内容：技术方面先进性、可靠性、安全性、维修性、可操作性等；经济方面有成本、质量可靠性、原材料、周期、风险率等；社会方面有劳动条件、环境、精神习惯、道德伦理等。当然要注意指标因素不宜过多，否则不但难于突出主要因素，而且会造成评价结果不符合实际。

4. 加权系数

由于各评价指标其重要性程度不一样，必须给每个评价指标一个加权系数。为了便于计算，一般取各个评价指标的加权系数 g_i 之和为 1。加权系数值可由经验确定或用判断表法计算。

将评价目标的重要性两两比较，同等重要各给 2 分；某一项重要者则分别给 3 分和 1 分；某一项比另一项重要得多则分别给 4 分和 0 分。将上述对比的给分填入表 5-4 中。

表 5-4 判 断 表

比较者	被比者				k_i	$g_i = \frac{k_i}{\sum_{i=1}^{n} k_i}$
	A	B	C	D		
A		1	0	1	2	0.083
B	3		1	2	6	0.250
C	4	3		3	10	0.417
D	3	2	1		6	0.250
重要程度排序 $C>B=D>A$					$\sum_{i=1}^{4} k_i = 24$	$\sum_{i=1}^{4} g_i = 1.0$

计算各评价指标的加权系数公式为

$$g_i = \frac{k_i}{\sum_{i=1}^{n} k_i} \tag{5-46}$$

式中 k_i——各评价指标的总分；

N——评价指标数。

5. 计算总分

计算总分也有多种方法，见表 5-5，可根据其适用范围选用，总分或有效值高者当为首选方案。

表 5-5 总分计算方法

序号	方法名称	公式	适 用 范 围
1	分值相加法	$Q_1 = \sum_{i=1}^{n} k_i$	计算简单直观
2	分值相乘法	$Q_2 = \prod_{i=1}^{n} k_i$	各方案总分相差大，便于比较
3	均值法	$Q_3 = \frac{1}{n}\sum_{i=1}^{n} k_i$	计算简单直观
4	相对值法	$Q_4 = \frac{\sum_{i=1}^{n} k_i}{nQ_0}$	能看出与理想方案的差距
5	有效值法	$N = \sum_{i=1}^{n} k_i g_i$	总分中考虑了各评价指标的重要程度

注：Q—方案总分值；N—有效值；n—方案指标数；k_i—各评价指标的评分值；g_i—各评价指标的加权系数；Q_0—理想方案总分值。

三、决策树法

决策树是风险决策的基本方法之一。决策树分析进行方法又称概率分析决策方法。决策树法与事故树分析一样是一种演绎性方法，即是一种有序的概率图解法。

1. 决策树形

决策树的结构如图 5-4 所示，图中符号说明如下：

方块表示决策点。从它引出的分支叫方案分支，分支数即为提出的方案数。圆圈表示方案结点（也称自然状态点）。从它引出的分支称为概率分支，每条分支上面应注明自然状态（客观条件）及其概率值，分支数即为可能出现的自然状态数。三角表示结果节点（也称末梢）。它旁边的数值是每一方案在相应状态下的收益值。

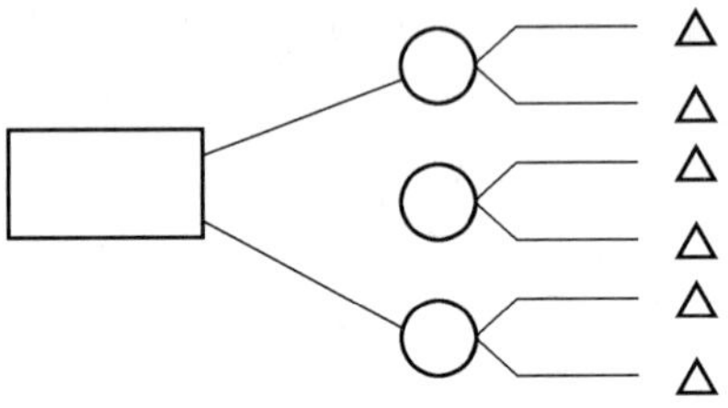

□—决策点；○—方案节点；△—结果节点

图 5-4　决策树示意图

2. 决策步骤

（1）根据决策问题绘制决策树。

（2）计算概率分支的概率值和相应的结果节点的收益值。

（3）计算各概率点的收益期望值。

（4）确定最优方案。

3. 应用举例

某厂因生产需要，考虑是否自行研制一个新的安全装置。首先，这个研制项目是否需要评审（如果评审则需要评审费 5000 元，若不评审则可省去评审费用），这一事件的决策者完全可以决定，这是一个主观抉择环节。如果决定评审，评审通过概率为 0.8，不通过的概率为 0.2，这种不能由决策者自身抉择的环节称为客观随机抉择环节。接下来是采取“本厂独立完成”形式还是由“外厂协作完成”形式来研制这一安全装置，这也是主观环节。每种研制形式都有失败可能，如果研制成功（无论哪一种形式），能有 6 万元收益；若采用“本厂独立完成”形式，则研制费用为 2.5 万元，成功概率为 0.7，失败概率为 0.3；若采用“外厂协作完成”形式（包括先评审），则支付研制费用为 4 万元，成功概率为 0.99，失败概率为 0.01。

解：

（1）首先画出决策树，如图 5-5 所示。

（2）根据上述数据计算各结点的收益（收益=效益-费用）。

独立研制成功的收益：

$$60-5-25=30\ （千元）$$

独立研制失败的收益：

$$0-5-25=-30\ (千元)$$

协作研制成功的收益：

$$60-5-40=15\ (千元)$$

协作研制失败的收益：

$$0-5-40=-45\ (千元)$$

按照期望值公式计算期望值，期望值公式：

$$E(V)=\sum_{i=1}^{n}P_iV_i \tag{5-47}$$

式中　V_i——特定事件 i 的条件值；

P_i——特定事件 i 发生的概率；

N——事件总数。

独立研制成功的期望值：

$$E(V_0)=0.7\times 30+0.3\times(-30)=12$$

协作研制成功的期望值：

$$E(V_7)=0.99\times 15+0.01\times(-45)=14.4$$

（3）根据期望值决策准则，若决策目标是收益最大，则采用期望值最大的行为方案；如果决策目标是使损失最小，则选定期望值最小的方案。本例选用期望值最大者，即选用协作完成形式。

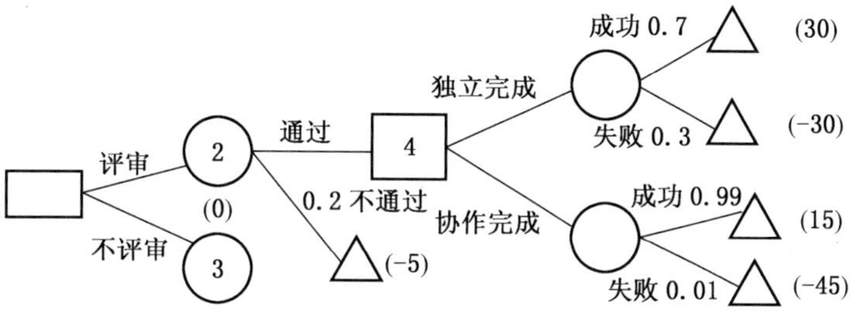

图 5-5　决策树形

4. 决策树分析法的优点

（1）决策树分析法能显示出决策过程，形象具体，便于发现问题。

（2）决策树分析法能把风险决策的各个环节联系成一个统一的整体，有利于决策过程中的思考，易于比较各种方案的优劣。

（3）决策树分析法既可进行定性分析，也可进行定量分析。

四、技术经济评价法

技术经济评价法是对抉择方案进行技术经济综合评价时，不但考虑评价指标的加权系数，而且所取的技术价和经济价都是相对于理想状态的相对值。这样更便于决策判断与方案筛选。

1. 技术评价步骤

（1）确定评价的技术项目和评价指标集。

（2）明确各技术指标的重要程度。在指标集的众多技术指标中，要明确哪些是必须满足的，低于或高于该指标就不合格，即所谓固定要求；哪些是可以给出一个允许范围的，即有一个最低要求；哪些又是希望达到的要求。

（3）分别对各个技术指标评分。

（4）进行技术指标总评价。在各个技术指标评分的基础上，进行总的评分，即求出各技术指标的评分值与加权系数乘积之和与最高分（理想方案）的比值：

$$W_t = \frac{\dfrac{\sum_{i=1}^{n} V_i g_i}{n}}{V_{max} \sum_{i=1}^{n} g_i} = \frac{\sum_{i=1}^{n} V_i}{n V_{max}} \tag{5-48}$$

式中 W_t——技术价；

V_i——各技术评价指标的评分值；

g_i——各技术评价指标的加权系数，取 $\sum_{i=1}^{n} g_i = 1$；

V_{max}——各技术评价指标的最高分（对理想方案，5 分制的 5 分）；

n——技术评价指标数。

技术价 W_t 越高，方案的技术性能越好。理想方案的技术价为 1，$W_t < 0.6$ 表示方案不可取。

2. 经济评价步骤

（1）按成本分析的方法，求出各方案的制造费用 C_i。

（2）确定该方案的理想制造费用。通常理想的制造费是允许制造费的 0.7 倍。允许制造费 C 可按式（5-49）计算：

$$C = \frac{C_{M,\ min}}{\rho} \tag{5-49}$$

$$\rho = \frac{C_s}{C_i} = \frac{\text{标准价格}}{\text{制造费用}} \tag{5-50}$$

式中 $C_{M,min}$——合适的市场价格；

C_s——标准价格，是研制费、制造费、行政管理费、销售费、盈利和税金的总和。

（3）确定经济价：

$$W_w = \frac{C_I}{C_i} = \frac{0.7C}{C_i} \tag{5-51}$$

经济价 W_w 值越大，经济效果越好。理想方案的经济价为 1，表示实际生产成本等于理想成本。W_w 的许用值为 0.7，此时，实际生产成本等于允许成本。

3. 技术经济综合评价

可以用计算法和图法进行技术、经济综合评价。

1）相对加 W 法

（1）均值法：

$$W=0.5(W_t+W_w) \tag{5-52}$$

（2）双曲线法：

$$W=\sqrt{W_t+W_w} \tag{5-53}$$

相对价 W 值越大，方案的技术经济综合性能好，一般应取 $W>0.65$。当 W_t、W_w 两项中有一项数值较小时，用双曲线法能使 W 值明显变小，更便于对方案的抉择。

2）优度图法

优度图如图 5-6 所示。图中横坐标为技术价 W_t，纵坐标为经济价 W_w。每个方案的 W_{ti}、W_{wi}值构成点 S_i，而 S_i 的位置就反映了此方案的优度。当 W_t、W_w 值均等于 1 时的交点 S_1 是理想优度，表示技术经济综合指标的理想值。0—S_1 连线称为“开发线”，线上各点 $W_t=W_w$。S_i 点离 S_1 点越近，表示技术经济综合指标高，离开发线越近，说明技术经济综合性能好。

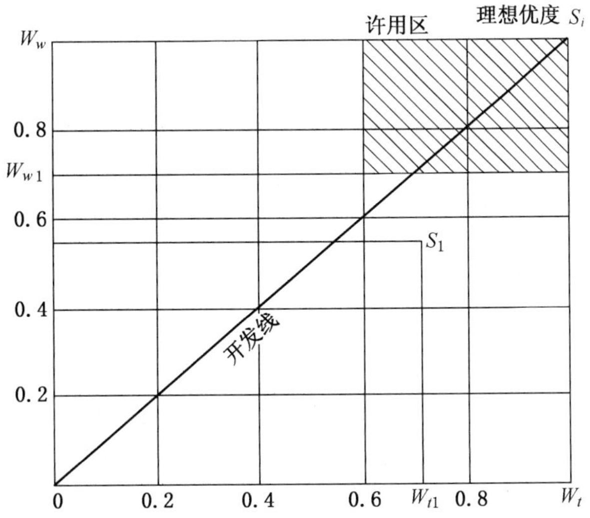

图 5-6 优度图

五、稀少事件的风险评估

当决策者要在多种抉择方案中做决策时，可能会遇到某种稀少事件（Rare Events）是否值得考虑或者在用智力激励法进行风险辨别时，稀少事件如何估计的问题。

1. 稀少事件的定义

稀少事件是指那些发生的概率非常小的事件，对它们很难用直接观测的方法进行研究，因为它们不但“百年不遇”，而且“不重复”。在稀少事件中有两不同的风险估计：一类是称外围“零—无穷大”的风险，指的是那些发生的可能性很小（几乎为零）而后果却十分严重（几乎是无穷大）的事故，例如核电站泄漏事故；另一类是发生概率很小，后果不像前一类那么严重，但涉及的面很广或人数很多，并且易被一些偶然因素、另外的风险、与它们的作用相同或相反的其他因素所掩盖的事故，如水质污染不是特别严重的情况下，很难确定与癌症发病率之间的关系，前一类情况主要涉及明显事故的估计与价格，后一类情况则主要是对潜在危险进行测量和估计。

对稀少事件很难给出一个严格定义，就第一类事故情况来说，一般采用如下的定义：即100年才可能发生一次事故称为稀少事件，其数学表达式为

$$nP < 0.01/\mathrm{a} \tag{5-54}$$

式中 n——试验次数；

P——事故发生的概率。

其中，$1\mathrm{a} \approx 10^4\ \mathrm{h}$。

稀少事件一般服从二项分布，它们相互独立，发生的概率为 P，在 n 次试验中，有 m 次成功（发生）的概率 $P(m)$ 为

$$P(m) = C_n^m P^m (1-P)^{n-m} \quad (m = 0,\ 1,\ \cdots,\ n) \tag{5-55}$$

其期望值（均值）：

$$E(x) = nP \tag{5-56}$$

方差：

$$D(x) = nP(1-P) \tag{5-57}$$

风险度：

$$R = \frac{D(x)}{E(x)} = \frac{\sqrt{nP(1-P)}}{nP} \tag{5-58}$$

对于稀少事故，$P \leqslant 1$，则

$$\left.\begin{aligned} D(x) &= nP \\ R &= \frac{1}{\sqrt{nP}} \end{aligned}\right\} \tag{5-59}$$

2. 绝对风险与对比风险

概率估计只有当概率不太大和不太小时才比较准确，因此以期望值（均值）为基础的统计数据计算对稀少事件的分析不是很确切，为此有人提出对比风险的概念。对比风险与绝对风险可定义如下。

绝对风险是对某一可能发生事件的概率及其后果的估计，也就是我们通常所讨论的风险概念。

对比风险可分为两种情况：一种是对于发生概率相似的事件，比较其发生的后果；另一种是对于两种后果及大小相似的事件，比较其发生的概率。绝对风险与对比风险的适用区域示意图如图5-7所示。

3. 稀少事件风险估计的应用

例如，某企业需存放一种有毒有害物质，拟有两种存放方案：一种是简单的浅埋，另一种是放在专门建造的地窖中。浅埋比较经济，但在发生水灾时会大量溢散。水灾的发生是稀少事件。现在需要决定的是是否需要考虑浅埋溢散的影响。设有害物质的保护期为100年。当发生水灾时，浅埋会造成100%的有害物质溢散，而专建地窖方案有10%的溢散。因专建的地窖是按要求建造的，溢散10%是符合有关规定的。

假定一个对风险持中性态度的人，等价水平 $P=10^{-4}/\mathrm{a}$（即100年中发生溢散的概率为0.01，与埋在专建地窖中等价），决策者为更保险，将此又降低两个数量级即认为等价

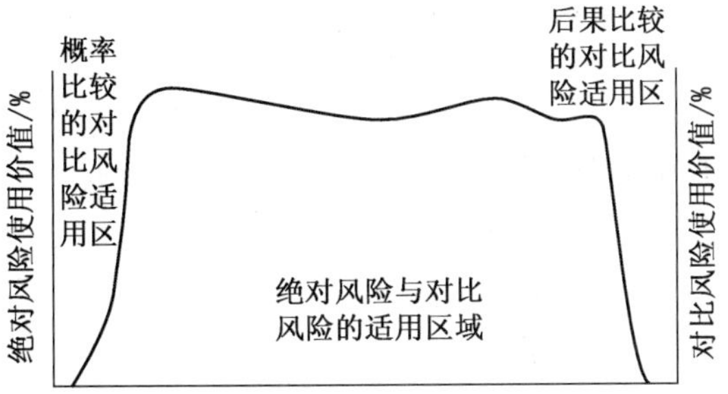

图 5-7　绝对风险与对比风险的适用区域示意图

水平是 $P=10^{-6}/a$，然后就要对水灾发生的概率进行估计。如果水灾概率小于 $10^{-6}/a$，则可以采用浅埋方案，否则，则应用专建地窖方案。

六、模糊决策法

利用模糊数学的办法将模糊的安全信息定量化，从而对多因素进行定量评价与决策，就是模糊决策（评价）。

这里所说的模糊的安全信息，其实就是我们常说的描述与安全有关的定性术语，如预测事故发生，常用可能性很大、可能性不大或很小等术语进行区别；预测事故后果时，常用灾难性的、非常严重的、严重的、一般的等术语进行区别。如何用这些在安全领域中常用的定性术语进行评价和决策，采用模糊数学的方法是行之有效的途径之一。

传统的安全管理基本上是凭经验和感性认识去分析和处理生产中各类安全问题，对系统的评价只有“安全”或“不安全”的定性估计。这样的分析忽略了问题性质和程度上的差异，而这样差异有时是很重要的。例如，在分析和识别高处作业的危险性时，不能简单地划分为“安全”“不安全”，而必须考虑“危险性”这个模糊概念的程度怎样。模糊概念不是只用“1”（安全）、“0”（不安全）两个数值去度量，而是用 0~1 之间一个实数去度量，这个数就叫“隶属度”。例如，某方案对“操作性”的概念有八成符合，即称它对“操作性”的隶属度是 0.8。用函数表示不同条件下隶属度的变化规律称为“隶属函数”。隶属度可通过已知的隶属函数或统计法求得。

模糊决策主要分为两步进行：首先按每个因素单独评判，然后再按所有因素综合评判。

1. 建立因素集

因素集是指以所决策（评价）系统中影响评判的各种因素为元素所组成的集合，通常用 U 表示，即

$$U=\{u_1,\ u_2,\ \cdots,\ u_m\} \tag{5-60}$$

各元素 $u_i(i=1,\ 2,\ \cdots,\ m)$ 即代表各影响因素。这些因素通常都具有不同程度的模糊性。例如，评判作业人员的安全生产素质时，为了通过综合评判得出合理的值，可列出影响作业人员的安全生产素质取值的因素，一般包括以下内容：u_1——安全责任心；u_2——所受安全教育程度；u_3——文化程度；u_4——作业纠错技能；u_5——监测故障技能；u_6——一般故障排除技能；u_7——事故临界状态的辨识及应急操作技能。

上述因素 $u_1 \sim u_7$ 都是模糊的，由它们组成的集合便是评判操作人员的安全生产技能的因素集。

2. 建立权重集

一般说来，因素集 U 中的各因素对安全系统的影响程度是不一样的。为了反映各因素的重要程度，对各个因素应赋予一相应的权数 Q_i。由各权数所组成的集合为

$$A = \{a_1, a_2, \cdots, a_m\} \tag{5-61}$$

A 称为因素权重集，简称权重集。

各权数 a_i 应满足归一性和非负性条件：

$$\sum_{i=1}^{n} a_i = 1 \quad (a_i \geqslant 0) \tag{5-62}$$

它们可视为各因素 u_i 对"重要"的隶属度。因此，权重集是因素集上的模糊子集。

3. 建立评判集

评判集是评判者对评判对象可能作出的各种总的评判结果所组成的集合。通常用 V 表示，即

$$V = \{v_1, v_2, \cdots, v_n\} \tag{5-63}$$

各元素 v_i 即代表各种可能的总评判结果。模糊综合评判的目的，就是在综合考虑所有影响因素基础上，从评判集中得出一最佳的评判结果。

4. 单因素模糊评判

单独从一个因素进行评判，以确定评判对象对评判集元素的隶属度，称为单元素模糊评判。

设对因素集 U 中第 i 个因素 u_i 进行评判，对评判集 V 中第 j 个元素 v_j 的隶属度为 r_{ij}，则按第 i 个因素 u_i 的评判结果，可用模糊集合：

$$R_i = (r_{i1}, r_{i2}, \cdots, r_{in})$$

同理，可得到相应于每个因素的单元素评判集如下：

$$R_1 = (r_{11}, r_{12}, \cdots, r_{1n})$$
$$R_2 = (r_{21}, r_{22}, \cdots, r_{2n})$$
$$\vdots$$
$$R_m = (r_{m1}, r_{m2}, \cdots, r_{mn})$$

将各单因素评判集的隶属度行组成矩阵，又称为评判（决策）矩阵。

$$R = \begin{bmatrix} r_{11} & r_{12} & \cdots & r_{1n} \\ r_{21} & r_{22} & \cdots & r_{2n} \\ \vdots & \vdots & \vdots & \vdots \\ r_{m1} & r_{m2} & \cdots & r_{mn} \end{bmatrix} \tag{5-64}$$

5. 模糊综合决策

单因素模糊评判仅反映了一个因素对评判对象的影响。要综合考虑所有因素的影响，得出正确的评判结果，这就是模糊综合决策。

如果已给出决策矩阵 R，再考虑各因素的重要程度，即给定隶属函数或权重集 A，则模糊综合决策模型为

$$B = A \cdot R \tag{5-65}$$

评判集 V 上的模糊子集，表示系统评判集诸因素的相对重要程度。

例如若评判某类事故的危险性，一般可考虑事故发生的可能性、事故后的严重度、对社会造成的影响以及防止事故的难易程度。这 4 个因素就可构成危险性的因素集，即

U = {事故发生的可能性(u_1)，事故后的严重程度(u_2)，对社会造成的影响程度（u_3），防止事故的难易程度（u_4）}

由于因素集中各因素对安全系统影响程度是不一样的，因此要考虑权重系数。若评判人确定的权重系数用集合表示，即权重集为

$$A = (0.5,\ 0.2,\ 0.2,\ 0.1)$$

下面建立评判集。若评判人对评判对象可能作出各种总的评语为危险性很大、较大、一般、小，则评判集为

V = {很大(v_1)、较大(v_1)、一般(v_1)、小(v_1)}

对因素集中的各个因素的评判，可用专家座谈来评定。具体做法是任意固定一个因素，进行单因素评判，联合所有单因素评判，得单因素评判矩阵 R。如对事故发生的可能性（u_1）这个因素评判，若有 40% 的人认为很大，50% 的人认为较大，10% 的人认为一般，没有人认为会发生，则评判集为

$$(0.4,\ 0.5,\ 0.1,\ 0)$$

同理，可得到其他 3 个因素的评判集，即事故严重程度的评判集为

$$(0.5,\ 0.4,\ 0.1,\ 0)$$

对社会造成影响程度的评判集为

$$(0.1,\ 0.3,\ 0.5,\ 0.1)$$

防止事故发生难易程度的评判集为

$$(0,\ 0.3,\ 0.5,\ 0.2)$$

于是可将各单因素评判集的隶属度分别为行组成评判矩阵：

$$R = \begin{bmatrix} 0.4 & 0.5 & 0.1 & 0 \\ 0.5 & 0.4 & 0.1 & 0 \\ 0.1 & 0.3 & 0.5 & 0.1 \\ 0 & 0.3 & 0.5 & 0.2 \end{bmatrix}$$

则这类事故危险性综合评判模型为

$$B = A \cdot R$$

将 A 和 R 代入，计算：

$$B = (0.5,\ 0.2,\ 0.2,\ 0.1) \times \begin{bmatrix} 0.4 & 0.5 & 0.1 & 0 \\ 0.5 & 0.4 & 0.1 & 0 \\ 0.1 & 0.3 & 0.5 & 0.1 \\ 0 & 0.3 & 0.5 & 0.2 \end{bmatrix}$$

B 就代表评判集结果，但是因为 $0.4+0.5+0.2+0.1=1.2$，不容易看出百分比例关系，为此，可进行归一化处理：

$$B' = \left(\frac{0.4}{1.2} \quad \frac{0.5}{1.2} \quad \frac{0.2}{1.2} \quad \frac{0.1}{1.2}\right) = (0.33 \quad 0.42 \quad 0.17 \quad 0.08)$$

也就是说，对这类事故就上述 4 个因素的综合决策为：有 33% 的评价人认为危险性很

严重，有42%的人认为较严重，有17%的人认为危险性一般，有8%的评价人认为这类事故的危险性或风险性小。

第五节　安全决策支持系统

企业的安全管理是一种比较复杂的决策活动，仅依靠人的经验和有限的知识很难提高安全决策的工作水平。计算机技术的发展，为安全决策的科学化提供了强有力的支持，这就是安全决策支持系统。

安全决策支持系统是以安全系统工程、运筹学、行为科学等为理论基础，以计算机技术、仿真技术和信息为手段，面对半结构化的安全决策问题，辅助安全管理者进行决策活动的、具有智能作用的人—机计算机网络系统。

安全决策支持系统具有分布式数据库，包含了描述危险和事故发生规律的各种知识，可获得安全决策所需的综合性知识。安全决策支持系统的知识库和模型库具有一定的智能，能在安全专家的水平上处理各种复杂和异常状态的结构化和半结构化的安全问题。安全决策支持系统采用“黑箱”设计方法，具有灵活的人机界面，即使是一般水平的安全管理人员，利用该系统也能解决较难的安全技术问题。因此安全决策支持系统的开发和应用，具有十分重要的意义。

一、决策支持系统

决策支持系统（Decision Support System，DSS）是辅助决策者通过数据、模型和知识，以人机交互方式进行半结构化或结构化决策的计算机应用系统。它是管理新系统（MIS）向更高一级发展而产生的先进信息管理系统。它为决策者提供分析问题、建立模型、模拟决策过程和方案的环境，调用各种信息资源和分析工具，帮助决策者提高决策水平和质量。

1. 决策支持系统的特征

决策支持系统主要有以下几个特征。

（1）对决策者提供支持，而不是代替他们的判断。

（2）支持解决半结构化和非结构化决策问题。

（3）支持决策过程的各阶段。

（4）支持决策者的决策风格和方法，改善个人与组织的效能。

（5）支持所有管理层次的决策，进行不同层次间的沟通和协调。

（6）易于为非计算机专业人员以交互对话方式使用。

（7）要由用户通过对问题的洞察和判断来加以控制。

（8）强调对环境及用户决策方法改变的灵活性及适应性。

2. 决策支持系统的组成

决策支持系统主要由数据部分、模型部分、推理部分和人机交互部分4个部分组成。

（1）数据部分是一个数据库信息。

（2）模型部分包括模型库（MB）和其管理系统（MBMS）。

（3）推理部分由知识库（KB）、知识库管理系统（KBMS）和推理机组成。

（4）人机交互部分是决策支持系统的人机交互界面，用以接收和检验用户请求，调用系统内部功能软件为决策服务，使模型运行、数据调用和知识推理达到有机统一，有效地解决决策问题。

3. 决策支持系统的功能

决策支持系统主要有以下几个功能。

（1）决策目标、参数和概率的规定。

（2）数据的检索和管理。

（3）决策方案的生成。

（4）决策方案后果的推理。

（5）语言、数值和图形信息的显示和吸收。

（6）方案后果的评价。

（7）决策的解释和执行。

（8）战略构成。

4. 决策支持系统的结构

（1）“用户界面—数据—模型”框架。该框架包含用户界面、数据和模型 3 个子系统，结构图如图 5-8 所示。

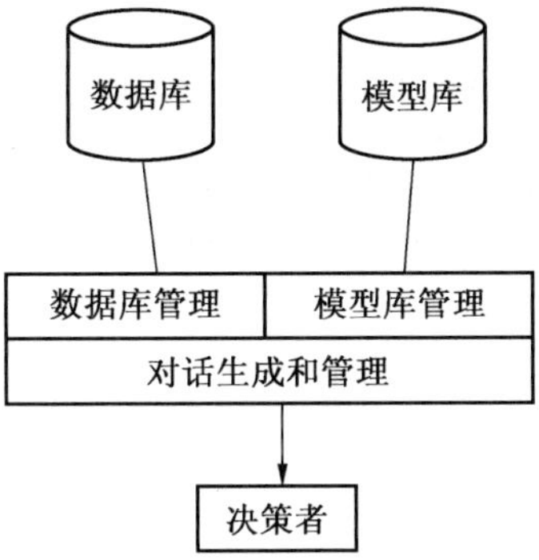

图 5-8　两库一体化结构图

（2）“语言—知识—问题”框架。该框架包含语言系统（Language System，LS）、知识系统（Knowledge System，KS）和问题处理系统（Problem Process System，PPS）3 个部分，其结构如图 5-9 所示。语言系统实际上就是用户界面系统。

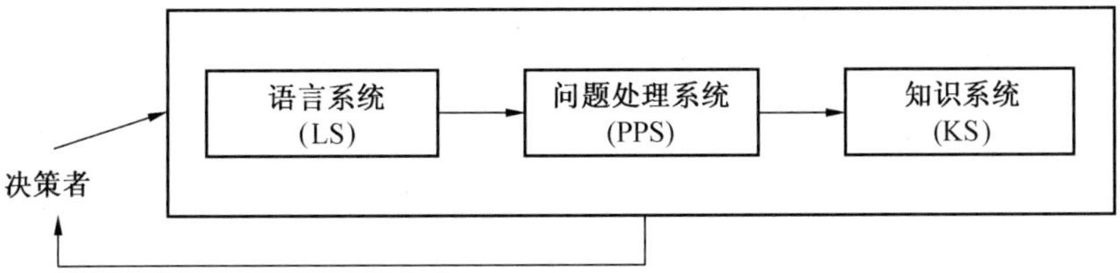

图 5-9　“语言—知识—问题处理”框架结构图

（3）三库一体化框架。数据库、模型库和知识库结合在一起，称为三库一体化结构。其结构如图 5-10 所示。

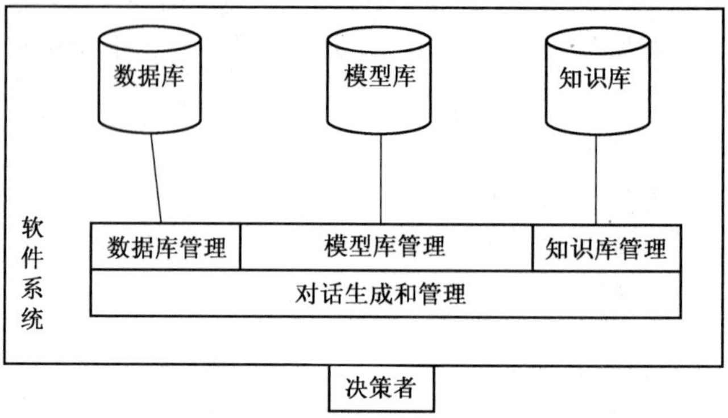

图 5-10　三库一体化结构

（4）工具箱（Toolbox）结构。常见于一些决策支持系统和办公自动化系统中，其结构如图 5-11 所示。

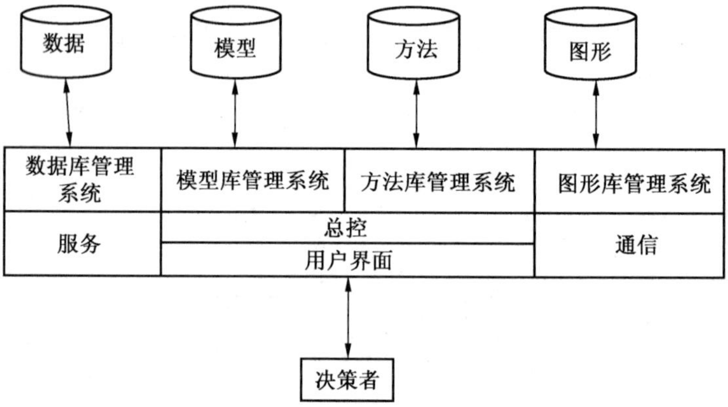

图 5-11　工具箱结构

二、群体决策支持系统

群体决策支持系统（GDSS）是指在决策支持系统的设计、结构和用途上都反映出群体的各个成员相互影响并且做出特定决策的决策方式。

群体决策支持系统的群体决策过程包括沟通、文件共享，构造群体活动的模型，集成多个人的观点为群体观点，利用不同人的知识结构，将任务分解为子任务，并行解决等。群体决策支持系统利用通信技术、计算机技术、决策支持技术（包括议程设置、人工智能和自动推理技术、决策模型方法）、结构化的群体决策方法。GDSS 将这些技术结合起来，使问题的求解条理化、系统化。

1. 群体决策支持系统的结构

GDSS 有 4 种结构类型：决策室（包括公共大屏幕和椅子）、局域决策网、传真会议（包括两处摄像机）和远程决策。

2. 群体决策支持系统的特点

与传统的会议决策或传递式群体决策相比，GDSS 具有以下特点：

（1）不受时间与空间的限制。

（2）群体的参与可以增加成员的工作热情。

（3）能让决策者相互之间便捷地交流信息与共享信息，减少片面性。

（4）决策者可克服消极的心理影响，无保留地发表自己的意见。

（5）能集思广益，激发决策者思路，使问题的方案尽可能趋于完美。

（6）可防止小集体主义及个性对决策结果的影响。

（7）可提高决策群体成员对决策结果的满意程度和置信度。

（8）群体越大效果越显著。

从理论上讲，GDSS 对群体决策是非常有益的手段，但它涉及的面很广。GDSS 要面对不同风格和偏好的个人，要综合决策科学、人工智能、计算机网络、运筹学、数据库技术、心理学及行为科学等多种学科的理论、方法与技术。因此，研究与开发实用的 GDSS 难度非常大。

3. 群体决策支持系统的类型

自 20 世纪 90 年代以来，GDSS 比较具有代表性的类型有：

（1）电子会议系统。该系统分为电子会议系统与决策会议系统两类。前者需要局域网连接，软件主要支持群体决策面向过程方面的内容；后者是在前者的基础上发展起来的，主要任务是投票支持。

（2）工作流系统。运用工作流系统解决群体工作或多重复性劳动，有助于提供工作效率。大多数工作流系统是在电子邮件系统的基础上建造的，通常使用表格和脚本程序规定工作路线。

（3）谈判支持系统（NSS）。该系统是一种特殊类型的群体决策支持系统，包括计算机硬件、软件、人和过程的数据系统，支持谈判人、谈判小组和第三方（如调解人等），并提供对谈判的建议解决方案或谈判过程的支持环境。NSS 又分为谈判驱动的 NSS 和谈判过程支持的 NSS 两类。

三、智能决策支持系统

智能决策支持系统（IDSS）是人工智能（Artificial Intelligence，AI）和 DSS 相结合，应用软件系统（Expert System，ES）技术，使 DSS 能够更充分地应用人类的知识，如关于决策问题的描述性知识，决策过程中的过程性知识，求解问题的推理性知识，通过逻辑推理来帮助解决复杂的决策问题的辅助决策系统。

IDSS 是在传统的 DSS 的基础上结合人工智能技术而形成的，IDSS 在 ES 中获取知识困难，所以人们将 ES 和传统的 DSS 结合而形成了 IDSS。其中，人工智能应用的两大分支为专家系统和人工神经网络（Artificial Neural Network，ANN）。与专家系统相比，人工神经网络具有良好的自组织、自学习和自适应能力，因而特别适用于处理复杂问题或开放系统。

IDSS 的决策过程是定性推理与定量模型相结合，相互补充，反复推敲的过程，因而它能解决一个复杂的半结构与非半结构相混杂的决策问题。

由于在 IDSS 的运行过程中，各模块要反复调用上层的桥梁，比起直接采用低层调用的方式，运行效率要低。但考虑到 IDSS 只是在高层管理者做重大决策时才运行，其运行频率与其他信息系统相比要低得多，况且每次运行的环境条件差异很大，所以牺牲部分的运行效率以换取系统维护的效率是值得的。

1. 智能决策系统的结构

完整的IDSS结构是在DSS“三库一体”的结构上增设了知识库与推理机，在人机对话子系统加入自然语言处理系统（LS），与四库之间插入问题处理系统（PSS）而构成的四库系统结构，其结构如图5-12所示。

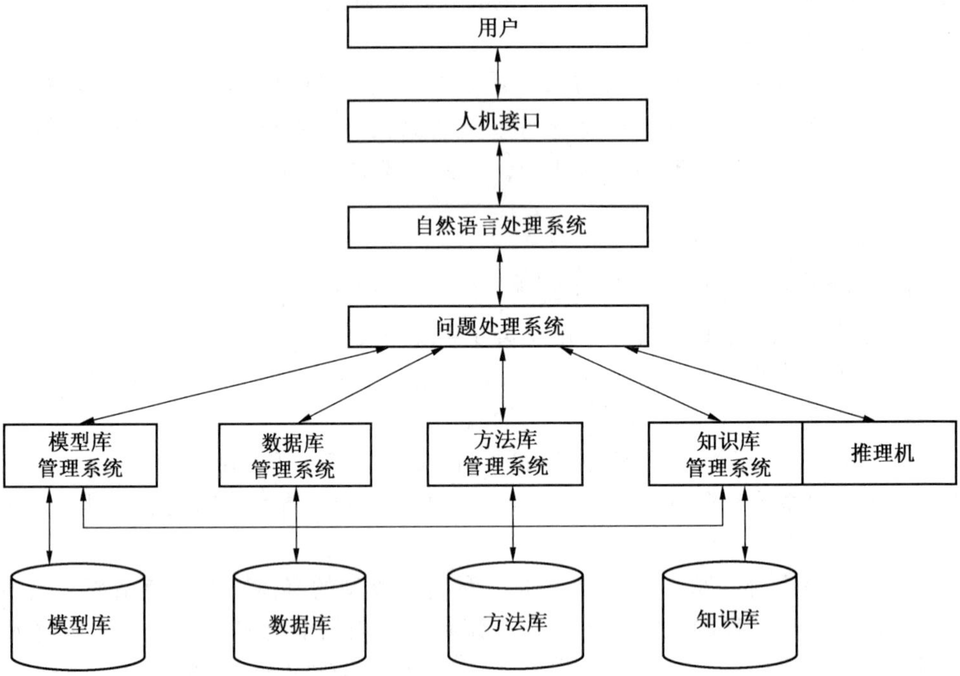

图5-12 IDSS四库系统结构图

（1）人机结构。四库系统的智能人机结构接受用自然语言或接近自然语言的方式表达的决策问题及决策目标，较大程度地改变了人机界面的性能。

（2）处理系统。问题处理系统处于IDSS的中心位置，是联系人与机器及所存储的求解资源的桥梁，主要由问题分析器与问题求解器两部分组成。

（3）知识库子系统。知识库管理系统、知识库及推理机知识库子系统由3个部分组成。

2. 智能决策支持系统的特点

IDSS系统具有以下的特点：

（1）基于成熟的技术，容易构造出实用系统。

（2）充分利用了各层次的信息资源。

（3）基于规则的表达方式，使用户易于掌握使用。

（4）具有很强的模块化特性，并且模块重用性好，系统的开发成本低。

（5）系统的各部分组合灵活，可实现强大功能，并且易于维护。

（6）系统可迅速采用先进的支撑技术，如AI技术等。

四、安全专家系统

专家系统（ES）是一种具有解决问题能力的智能计算机系统。它能够处理现实世界中需要具有专门领域的知识和经验的专家来分析和解决的复杂问题；它利用包含有专家推理方法的计算机模型来求解问题，其结果可以达到相应专门领域专家的工作水平；它是一种具有智能特征的系统。

1. 专家系统的构成

一个专家系统至少由 4 个部分构成：知识库、推理机制、知识获取工具和人机结构。在专家系统中，知识库和推理机制是专家系统的关键部件，其结构如图 5-13 所示。

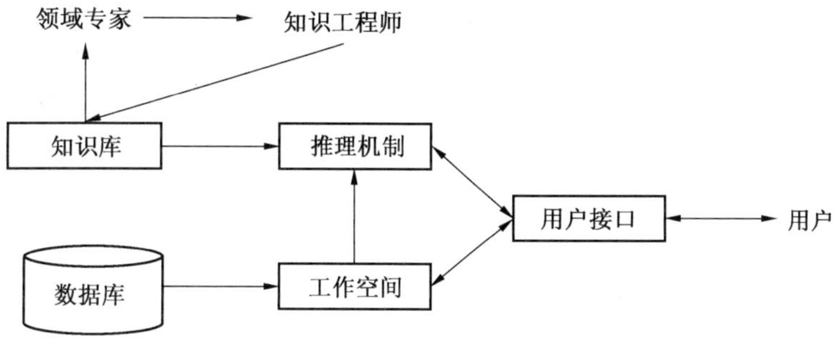

图 5-13　专家系统结构图

（1）知识库。它是用来储存专家系统求解问题所需的事实和经验的数据库。这里需要解决如何以计算机能够处理的形式来表达知识的问题。

（2）推理机制。包括知识库管理系统和推理机。知识库管理系统能够按要求自动地控制、扩展更新知识库中的知识，按照推理过程的需求去搜索适用的知识，能对知识库中的知识作正确的解释。推理机在问题求解过程中生成控制推理的过程，使用知识库中的知识。推理机应包括推理知识、控制策略和解释生成器。

（3）知识获取部分。它是专家系统中的一个辅助部分，主要是辅助解决如何从相关专家处获得知识，并为知识库和推理机所用。

（4）人机接口。它是用户与计算机系统交互的窗口，要求它尽可能符合人的思维和问题求解过程，使用尽可能接近自然语言的语言以方便用户使用。

2. 专家系统的特征

（1）专家系统针对某一特定领域中的问题，通过对知识的解释、推理过程来行使专家的职能，完成类似专家的推理过程。决策支持系统则对管理决策的某个阶段进行模拟分析，给出运行结果作为决策的依据。数据处理程序则完成确定业务处理范围的结构化操作，为管理决策提供必需的信息。

（2）专家系统虽然也会涉及数学计算，但更重要的是通过符号处理来解决决策过程中十分困难的问题。而传统的计算机程序和决策支持系统只能处理数学和字母。

（3）专家系统可以同时处理不同精确度的数据，解决的办法是使用状况概率等。传统的计算机程序和决策支持系统则处理相同精确度的数据。

（4）专家系统的运行结果是以定性为主，辅以定量，这个结果不是一个简单的答案，还富有关于这个答案的解释和建议。

（5）传统的程序和决策支持系统只执行预先确定的路径，这个路径只有一个解。专家系统则对求解问题的路径无确定性，但是最终能得到结果。

（6）专家系统可以把新的知识不断地加入现有知识库，以修改原有知识，具有自学习功能。

（7）专家系统是以数据驱动，而不是控制指令驱动。操作时以搜索为主而不是以计算为主。

3. 事故预测专家系统

专家系统的应用领域非常广泛，可实现诊断、解释、设计、计划、预测、控制等功能。事故预测专家系统是运用专家知识处理困难的事故预测问题。以最聪明、最有经验的预测整个大脑思维过程为模型，即依据专家经验构造模型。该系统由数据库、模型库、方法库和知识库开发系统、推理机、解释系统以及人机接口对话系统所组成，通过人机智能接口会话系统，用户和专家可方便地对各库进行更新、查询、扩充和修改等。

本章小结

（1）安全决策是在安全预测出现以后发展起来的。安全决策是在对系统过去、现在发生的事故进行分析的基础上，运用预测技术的手段，对系统未来事故变化规律做出合理判断的过程。安全分析是安全预测的基础，没有安全分析就不可能进行有效的安全预测和决策。

（2）事故隐患及危险性分析和安全评价的目的，也是安全系统工程研究的目的，其研究结果是安全决策的主要依据，也是决策的主要阶段。但是决策本身是个科学问题，特别是安全决策，应特别注意安全问题的特点，确定各个步骤和具体内容。

（3）在安全决策中，目标的层次与内涵、决策方案的多样性、潜在问题或后果的挖掘、定性属性的量化、决策方法的选择都具有明显的特点，掌握这些知识是做好安全决策的基础。

复习思考题

1. 简述安全预测的基本原理和分类。

2. 某企业 2010—2017 年的轻伤事故统计见表 5-6，试应用灰色 GM（1，1）模型对该企业 2018 年的轻伤事故次数进行预测，并对拟合精度进行后验差检验。

表 5-6　某企业 2010—2017 年轻伤事故统计表

年份	2010	2011	2012	2013	2014	2015	2016	2017
轻伤事故数/起	365	324	336	309	288	274	277	252

3. 试述决策、准则、价值、属性、目标、指标等基本概念。

4. 决策要素有哪些？它们的相互关系是怎样的？

5. 安全决策有什么特殊性？

6. 安全决策方法都有哪些？各有什么特点？

7. 对工业安全系统，其决策因素集如图 5-14 所示。请选用合适的决策方法作决策分析。

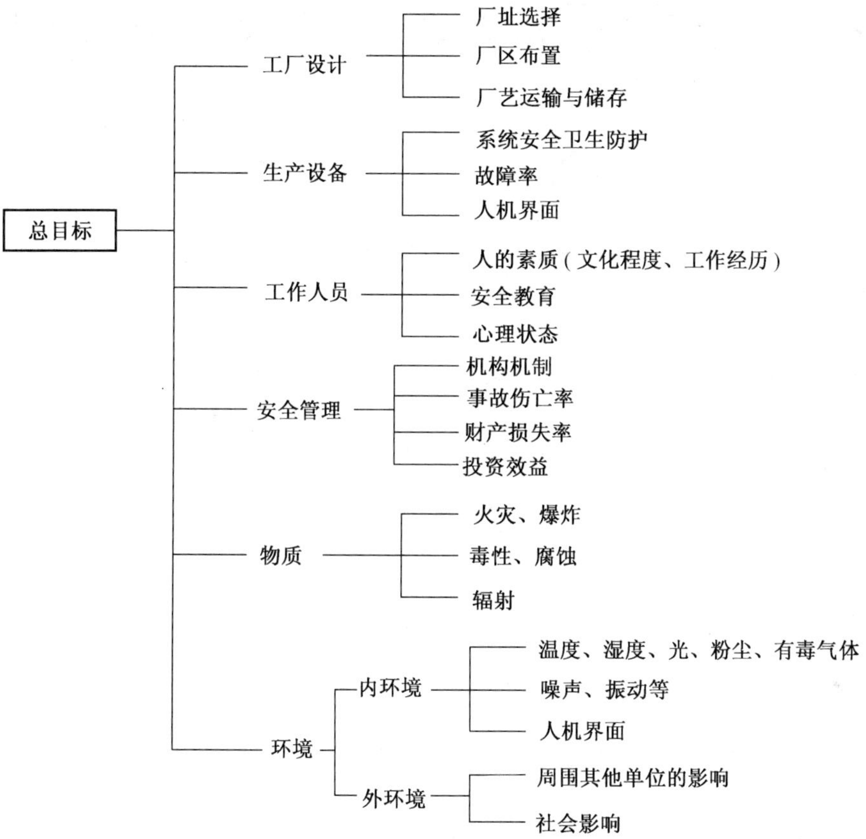

图 5-14　工业安全系统决策因素集

8. 简述决策支持系统的概念及开发安全决策支持系统的必要性。

第六章　安全系统建模与典型事故影响模型

随着科学技术的发展和进步，对于一些生产过程包括诸多复杂物理和化学变化过程，具有生产规模大型化、连续化和操作离散化的特点；其生产过程的时空性要求高，需要克服多变量、多扰动、非线性等因素影响。对于这类常常处于高温、高压以及易燃易爆等生产环境的产品和企业，在加工、储运中一旦发生事故，造成的人员伤害和财产损失都是非常严重的。

为避免或减少这类重大事故的发生，采取根据过去的一些数据规律来判断出事物的现状以及将来的发展趋势的措施，这就是对安全系统建模。安全系统一般具有动态性、非线性、灰色性等特性。目前，具有高度的非线性映射与自组织结构的灰色动态模型和 BP 神经网络（Back Propagational Algorithm）模型已经广泛应用于安全系统的建模。因此，对火灾、爆炸、中毒等重大事故危害后果的分析评价，将为政府和企业采取安全措施和制定事故应急救援预案提供依据。

第一节　安全系统模型

灰色动态模型和 BP 神经网络模型两者的本质，都是通过对安全系统过去的行为数据进行有效的整理，找出它们的规律，并根据这些规律进行预测。这些数据规律，实际上就是安全系统内部客观规律的外在反映。从这个层面上说，掌握外在规律基本上可以反映事物内部规律。

就安全系统而言，BP 神经网络模型极其复杂的，而灰色动态模型相对来说要简单得多。简单的模型具有方便的特点，用途较广，但本身也是由于简单而具有缺陷；而复杂的模型具有功能完整的特点，可以弥补简单的不足，但同时也由于其复杂而不能方便地使用，以致限制其应用的广度。从这个方面来说，灰色动态模型和 BP 神经网络模型是具有简单和复杂的辩证关系，具有互补性的。

一、灰色动态模型

1. 灰色理论概述

1）灰色系统

客观世界是物质的世界，也是信息的世界。但在工程技术、社会、经济、农业、环境、生态、军事等领域，经常会出现信息不完全的情况，如系统因素或参数不完全明确，因素关系不完全清楚、系统结构不完全知道、系统的作用原理不完全明了等。

信息完全明确的系统为白色系统。一个商店可看做是一个系统，在人员、资金、损耗、销售等信息完全明确的情况下，可算出该店的盈利、库存，可判断商店的销售态势、资金的周转速度等，这样的系统是白色系统，不过这是一个没有物理原型的白色系统。一个加有电压的电阻是一个系统，当电阻值给定后，电压和电流之间就有明确的关系，这也是一个白色系统，而且是一个具有物理原型的白色系统。

信息完全不明确的系统是黑色系统。如遥远的某个星球，也可看做是一个系统，虽然知道其存在，但体积多大、质量多少、距离地球多远，这些信息完全不知道，这是一个黑色系统。

信息部分明确、部分不明确的系统为灰色系统。人体是一个系统，人体的一些外部参数如身高、体重、年龄等，一些内部参数如血压、脉搏、体温等是已知的，而其他一些参数，如人体穴位有多少，穴位的生物、化学、物理性能，物质信息的传递方式等尚未知道透彻，人体科学中还有许多不解之谜，因此人体是一个具有物理原型的灰色系统。再如粮食生产系统，肥料、种子、农药、气候、土壤、劳力、水利、耕作、政策等都是影响粮食产量的因素，但难以确定全部因素，更难找到肥料、农药等诸因素与粮食产量的映射关系。显然，粮食生产系统是一个没有物理原型的灰色系统。

根据是否具有物理原型，可将灰色系统区分为本征性灰色系统和非本征性灰色系统。社会、经济、农业、生态等客观的抽象系统，不具有物理原型，可称为主观的本征性灰色系统。这类系统虽然可以量化、模型化、实体化，或者说，可以用白色参数、白色元素、白色结构等方式表示，但这仅仅是按人们的某种观念、某种逻辑思维、某种推导得到的相似系统、同构系统，并不是真正的原系统，且同一对象描述的模型是非唯一的。具有客观实体的实际的物理系统，若有些信息暂时还不确定，尚未获知，则可称为非本征性灰色系统。

2）安全系统的灰色特征

从安全的角度来考察这个系统，则可以发现安全系统具有典型的灰色特征：

（1）表征系统安全的参数是灰数。这不仅意味着统计数据的灰性，也意味着监测数据的灰性。事故伤亡率、职业病人数、事故与职业病所造成的经济损失等数据，由于统计数据不完善，加上漏报、瞒报等人为干扰以及其他各种原因，而成为有一定误差的灰数，严重时甚至会失真。此外，由于外界的干扰、仪器的误差等原因，使尘、毒浓度，噪声与振动强度等实测数据在形式上是白数，实质上也是灰数。诸如此类的数据，均可看做是在真实值的某个邻域内变化的灰数。

（2）影响系统安全的因素是灰元。或者说，在各种影响因素中，有许多不完全明确，已经明确的却难以量化，已经量化的又随机变化。比如对某个企业来说，有许多因素影响着企业的安全生产，其中包括工人的生理和心理特征、机器的可靠性和人机适应性、环境中的噪声与振动等，但要确定全部因素是十分困难的。同时，已知的许多影响因素难以量化，如企业领导对安全的重视程度、工人的安全意识、安全机构的业务能力等。此外，即使已经量化的许多因素也是灰色的，如机器的可靠性值、环境参数等均在变化，并且在很多情况下这种变化是随机的。

（3）构成系统安全的各种关系是灰关系。首先，各种因素和系统安全主行为的关系是灰的。比如说，影响某企业年均事故伤亡率的因素无疑包括人的安全意识、企业领导对安全生产的重视程度等，但这些因素是灰元，要找到这些因素和事故伤亡率的定量映射关系是不大可能的。其次，因素与因素之间的关系同样是灰的。比如说，人的安全意识影响人的安全行为，但这些因素本身就是灰元，其关系自然是灰关系。再次，人—机—环境系统中 3 个子系统之间的关系也是灰关系。比如说，人在很大程度上决定了环境质量，环境质量反过来又影响人的安全行为，这种相互影响呈现明显的不确定性。最后，系统和系统所处环境之间的关系无疑还是灰的。比如，一座核电站是一个局部人—机—环境系统，核辐射事故要破坏环境，而地震、洪水等环境因素则危及电站安全。这种相互作用具有随机、难定量的特性。

因此，安全系统是信息部分已知、部分未知的不具有物理原型的本征性灰色系统。

2. 灰色理论与安全系统

灰色系统理论的主要内容有因素相互影响分析的关联度分析法；基于白化权函数的灰色统计与灰色聚类法；做数据处理的累加生成与累减生成法；建立微分方程模型的灰色建模法，包括数列预测、灾变预测、季节灾变预测、拓扑预测、系统预测的灰色预测法；从对付某个事件的各对策中挑选一个效果最好的对策所用的灰色决策法及以系统行预测为基础的灰色提前控制法等。

将灰色理论应用于安全系统是一件有意义而又艰难的工作。这一方面要有较深的专业造诣，另一方面又要深入掌握灰色系统理论的观点和方法。我们可在多方面寻求灰色理论和安全系统的结合点。

1）灰色关联分析与安全系统

灰色关联分析包括系统因素分析和系统行为分析。对影响系统主行为的作用因素进行分析称为系统因素分析；对不同系统的行为进行量化对比则称为系统行为分析。比如对人—机—环境系统来说，影响其安全性的因素包括人的生理与心理特征、操作技能、健康状况等，也包括机器的可靠性、维修保养情况、新旧程度等，还包括温度与湿度、噪声与振动等环境因素，那么，要分析哪些因素是主要的，哪些因素是次要的，这就是系统安全的因素分析。

灰色关联度分析方法是根据系统各因素间或各系统行为间发展态势的相似或相异程度，来衡量关联程度的方法。令 $x_0(k)$ 和 $x_i(k)$ 分别为基本数列和第 i 个比较因素在 k 时刻的值，则 k 时刻的关联系数为

$$\mathrm{e}_i(k)=\frac{\min\limits_i \min\limits_k |x_0(k)-x_i(k)|+0.5\max\limits_i \max\limits_k |x_0(k)-x_i(k)|}{|x_0(k)-x_i(k)|+0.5\max\limits_i \max\limits_k |x_0(k)-x_i(k)|} \tag{6-1}$$

关联度为

$$r_i=\frac{1}{n}\sum_{k=1}^{n}\mathrm{e}_i(k) \tag{6-2}$$

关联度计算公式是按关联度的“规范性”“偶对对称性”“整体性”“接近性”4 种属性得到的。由于灰色关联分析是按发展趋势做分析，因此对样本量的多少没有过分要求，也不需要典型的分布规律，计算量小，哪怕有 10 个以上的变量也可用手算，且不致出现灰关联度的量化结果与定性分析不一致的情况。

灰色关联分析在安全系统中的应用包括因素分析和行为分析两类模型。大气能见度和大气污染关系的分析、煤矿百万吨死亡率的影响因素分析、月均千人负伤率的影响因素分析、影响环境噪声变化的优势因素分析等均属于灰色系统因素分析模型。安全综合评价、水质评价、大气环境质量评价、矿井通风系统方案优选、系统危险分级等则可建立灰色系统行为分析模型。

作为灰色关联分析在安全系统中的典型应用实例，下面分析月均千人负伤率的影响因素。就此类问题来说，重要的前提是通过定性分析找出主要的影响因素，然后进行定量分析。否则，关联度的定量分析就会变得毫无意义。

对于一个企业来说，控制事故伤亡率是安全系统的主行为。定性分析表明：影响事故伤亡率的因素主要有全员培训率、岗位变化率、安全管理机构的业务能力、安全投资等。全员培训率指某年接受岗位培训的人数与同一年在册职工总数之比。岗位变化率用类似的方法计算。安全管理机构的业务能力包括安全机构是否健全、安全规章制度是否完善等，取某年的数据为1，其他年份与这一年比较确定。这项工作采用专家评分法完成。安全投资是指安全整改、人员培训等费用。定性分析后，即可进行定量计算。

某机修厂部分统计数据见表6-1，据关联度计算公式，可得关联序为

$$r_2 > r_4 > r_1 > r_3$$

表6-1　某机修厂部分统计数据

年代序号	月均千人负伤率/%	全员培训率/%	岗位变化率/%	安全机构业务能力	安全投资/万元
1	1.600	0.18	0.0140	1.00	14.5
2	1.306	0.14	0.0140	1.07	22.0
3	1.200	0.15	0.0029	1.20	10.0
4	0.990	0.17	0.0036	1.23	9.0
5	0.900	0.13	0.0095	1.33	17.7
6	0.599	0.16	0.0088	1.37	14.8
7	0.440	0.20	0.0034	1.40	9.0
8	0.460	0.24	0.0020	1.46	11.5
9	0.520	0.19	0.0010	1.50	4.3
10	0.500	0.22	0.0047	1.53	15.8

灰色关联分析表明，影响该厂千人负伤率的主要因素是岗位变化率和安全投资。

据该厂安全部门反映，岗位发生变化的工人事故发生率要比岗位没有变动的工人高10%~20%。这是由于长期以来专业不配套，加之任务紧，岗位培训一直不尽如人意，有时为了赶任务不得不让无证人员上岗作业。安全投资欠账太多，一些安全防护措施因资金不足而无法实现，有些事故隐患长期得不到有效处理。由此可见，分析的结果与实际情况是相符的。该厂今后应加强这两方面的工作。

2）灰色建模与安全系统

数学模型定量地表达了系统因素（变量）之间的数学关系。但用一般方法只能建立差分方程模型，这种模型难以做解析处理，难以描述全过程。所以美国教授夏天长指出：对于生命科学、经济学、生物医学等方面，希望建立微分方程模型。灰色系统理论由于提出了生成数、离散函数的收敛、极限与光滑度、灰导数、灰微分方程等新观点、新方法，解决了微分方程建模问题。其动态微分方程模型的一般式为

$$\sum_{i=0}^{n} a_i \frac{\mathrm{d}^{n-i} x_1^{(1)}}{\mathrm{d}t^{n-i}} = \sum_{i=1}^{h-1} b_i x_{i+1}^{(1)} \tag{6-3}$$

记作 $GM(n, h)$，其中的 n 表示微分方程的阶数，h 表示变量的个数。不同的 n、h 表示不同的系统因素关系，其描述功能是相当强的。常用的灰色模型为 $GM(1, 1)$、$GM(2, 1)$、$GM(0, 2)$、$GM(1, 2)$、$GM(2, 2)$、$GM(1, h)$ 等。

$GM(1, 1)$ 的动态模型为

$$\frac{\mathrm{d}x^{(1)}}{\mathrm{d}t} + ax^{(1)} = b \tag{6-4}$$

响应函数为

$$\hat{x}^{(1)}(t) = \left[x^{(1)}(0) - \frac{b}{a}\right]\mathrm{e}^{-at} + \frac{b}{a} \tag{6-5}$$

$GM(2, 1)$ 的动态模型为

$$\frac{\mathrm{d}^2x^{(1)}}{\mathrm{d}t^2} + a_1\frac{\mathrm{d}x^{(1)}}{\mathrm{d}t} + a_2x^{(1)} = a_3 \tag{6-6}$$

设上述方程的特征根为 λ_1、λ_2，则有：

（1）$\lambda_1=\lambda_2$ 为相等实根时，动态过程是单调的，其时间响应函数为

$$\hat{x}^{(1)}(t) = (c_1 + c_2t)\mathrm{e}^{\lambda_1 t} + \frac{a_3}{a_2} \tag{6-7}$$

（2）$\lambda_1\neq\lambda_2$ 为相异实根时，则响应函数为

$$\hat{x}^{(1)}(t) = c_1\mathrm{e}^{\lambda_1 t} + c_2\mathrm{e}^{\lambda_2 t} + \frac{a_3}{a_2} \tag{6-8}$$

（3）λ_1、λ_2 为共轭复数 $\alpha+\beta i$ 时，响应函数为

$$\hat{x}^{(1)}(t) = \mathrm{e}^{\lambda_1 t}[c_1\cos(\lambda_2t) + c_2\sin(\lambda_2t)] + \frac{a_3}{a_2} \tag{6-9}$$

$GM(0, 2)$ 的动态模型为

$$x^{(1)}(t) = a_1 + a_2x_2^{(1)}(t) \tag{6-10}$$

$GM(1, 2)$ 的动态模型为

$$\frac{\mathrm{d}x_1^{(1)}}{\mathrm{d}t} + a_1x_1^{(1)} = a_2x_2^{(1)} \tag{6-11}$$

响应函数为

$$\hat{x}_1^{(1)}(t) = \left[x_1^{(1)}(0) - \frac{a_2}{a_1}x_2^{(1)}(t)\right]\mathrm{e}^{-a_1t} + \frac{a_2}{a_1}x_2^{(1)}(t) \tag{6-12}$$

$GM(2, 2)$ 的动态模型为

$$\frac{\mathrm{d}^2x_1^{(1)}}{\mathrm{d}t^2} + a_1\frac{\mathrm{d}x_1^{(1)}}{\mathrm{d}t} + a_2x_1^{(1)} = a_3x_2^{(1)} \tag{6-13}$$

响应函数和 $GM(2, 1)$ 类似，只需将 $X_2^{(1)}$ 看做灰色常量。

上述不同模型能表述许多不同的函数关系。但模型得出的是一阶累加量，建模运算后须做逆生成：

$$x^{(0)}(k) = x^{(1)}(k) - x^{(1)}(k-1) \tag{6-14}$$

根据以定性分析为前提、定量分析为后盾的思想，灰色系统理论提出了 5 步建模方法：语言模型、网络模型、量化模型、动态模型、优化模型。

值得注意的是，建模前的数据生成和建模后的残差辨识是灰色理论中两个独特而有效的方法。原始数列的累加是灰色建模中最常用的数据生成方法，这种方法为建模提供中间信息，并弱化原始数据的随机性。比如有原始数据列：

$$x^{(0)}(k)=(1,\ 2,\ 1.5,\ 3)$$

根据

$$x^{(1)}(k)=\sum_{s=1}^{k}x^{(0)}(s)$$

得一阶累加数列：

$$x^{(1)}(k)=(1,\ 3,\ 4.5,\ 7.5)$$

原始数列是摆动的，没有明显的规律，而累加生成后就有明显的规律性了，如图 6-1 所示。事实上，将许多原始数列作累加处理后有可能呈现出指数规律，这是由于大多数系统都是广义的能量系统，而指数规律便是能量变化的一种规律。

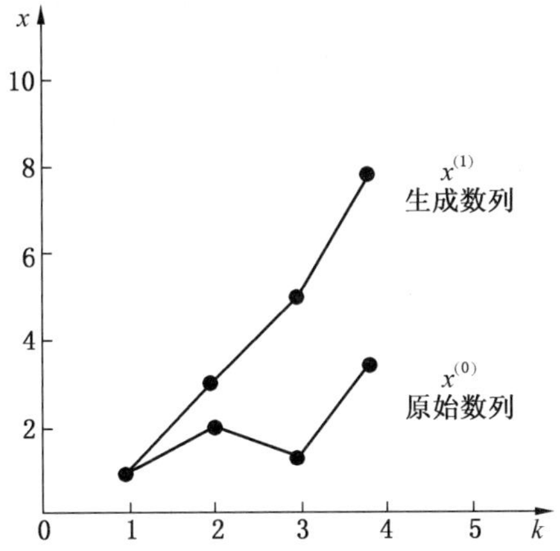

图 6-1　原始数据的累加生成示意图

基本的灰色模型在安全系统中可得到广泛的应用。笔者应用灰色模型研究了通风参数在巷道空间中的分布规律，既可节省实际测定工作量，又可为通风设计提供依据。在安全系统的预测、决策、控制中，都要用到基本的灰色模型。

3）灰色预测与安全系统

灰色预测指用灰色模型 $GM(1,\ 1)$ 进行的预测。按其功能与特征，灰色预测可分为 5 类：数列预测、灾变预测、季节灾变预测、拓扑预测、系统预测。

对系统行为特征量发展变化的大小所做的预测称数列预测。系统的发展变化在时间上是连续的，在空间上是有序的。数列预测利用系统的时间序列或空间序列对系统进行定时或定空预测。行为特征值的采集既可以是等间隔的，也可以是非等间隔的。实际上，数列预测研究的是行为特征量随时间或空间的变化。

对系统行为特征量将在何时超过某个域值的异常值的预测称灾变预测。灾变预测的特点是预测灾变发生的时间，或异常数据出现的时间。而异常值的大小常常是一个给定了上限与下限的灰数。如某地区涝灾预测，即是年平均降水量过大（如指定为大于 2000 mm）的年份预测；而旱灾预测，则是年平均降水量过小（如小于 400 mm）的年份预测。将灾变发生在一年中某个季节或某个特定时区的预测称为季节灾变预测。如预测虫害，是虫情发生在作物某个特定生长时区的预测；预测早霜，则是冬季出现第一次霜冻的时间预测。

拓扑预测是对一段时间内系统行为特征数据波形的预测。因为许多点可以构成一个波形，所以拓扑预测是规定许多给定值，对每一个给定值，都可以在给出的曲线上得到一组点分布数据，然后对每一个分布建立 *GM*(1, 1) 模型，预测这组给定值未来发展变化的时间间隔。

将系统中包含的几个量一起预测，预测变量（因素）之间发展变化的关系和系统中主导因素的作用，称为系统预测。

灰色预测为防患于未然提供了理论指导。在安全系统中，应用数列预测，可对矽硅病人数、事故伤亡率、事故与职业危害的经济损失等进行预测，还可对矿井通风参数在空间上的分布进行预测。前者是安全领域的时间序列预测，后者是空间序列预测。应用灾变预测则能研究事故高峰出现的规律。应用季节性灾变预测则可预测职业灾害在某个特定时间出现的规律。拓扑预测可用于系统安全特征值的波形变化预测，如在事故控制图中，可进行职工伤亡频率、事故次数等的预测，以掌握企业的安全生产状况，及时发现并消除事故的失控现象。还可以应用系统预测，来研究人—机—环境系统中安全主行为的发展变化，以及影响系统安全的因素之间的相互作用与关系。

下面以数列预测为例，其典型应用可用事故伤亡率的灰色预测加以说明。

事故伤亡率是衡量系统安全度的重要指标之一。国家有关部门在制定安全目标值时，必须考虑事故伤亡率的现状和未来的变化趋势。因此，伤亡率的科学预测就显得极有意义，它可以为国家的宏观决策和控制提供重要的理论依据，使决策合理，控制正确。

我国某产业部某时期的年千人负伤率见表 6-2。按此时间序列建模，可预测负伤率的变化趋势。

表 6-2　我国某产业部年千人负伤率的统计数据

年代序号	1	2	3	4	5
负伤率/‰	5.77	5.049	4.2	3.427	2.971
符号	$x^{(0)}(1)$	$x^{(0)}(2)$	$x^{(0)}(3)$	$x^{(0)}(4)$	$x^{(0)}(5)$

第一步，建立 *GM*(1, 1) 预测模型。

动态模型与响应函数为

$$\frac{\mathrm{d}x^{(1)}}{\mathrm{d}t} + 0.1815x^{(1)} = 6.5386 \tag{6-15}$$

$$\hat{x}^{(1)}(t+1) = -30.2462e^{-0.1815t} + 36.0162 \tag{6-16}$$

第二步，残差 *GM*(1, 1) 建模。

动态模型和时间响应函数为

$$\frac{\mathrm{d}\varepsilon^{(i)}}{\mathrm{d}t} - 0.0129\dot{\varepsilon}^{(1)} = 0.1340 \tag{6-17}$$

$$\hat{\varepsilon}^{(1)}(t+1) = 10.5459\mathrm{e}^{0.0129t}\frac{\mathrm{d}\varepsilon^{(i)}}{\mathrm{d}t} - 10.4147 \tag{6-18}$$

第三步，精度检验。

以残差 $GM(1, 1)$ 模型修正 $GM(1, 1)$ 预测模型后，按后验差检验法检验计算精度，结果为1级（好）。

第四步，预测。

预测结果见表6-3。

表6-3　千人负伤率的预测结果

年代序列	1	2	3	4	5
原始序列	5.7700	5.0490	4.2000	3.4270	2.9710
预测序列	5.7700	5.0269	4.1950	3.5015	2.9235
年代序列	6	7	8	9	10
原始序列					
预测序列	2.4418	2.0404	1.7059	1.4273	1.1953

在已知时区内，该产业部年千人负伤率的递减率最高为18%，最低为11%，平均为15%。灰色预测结果表明：在预测时区内，负伤率的递减率也在此范围内波动。因为任何系统均要符合系统的惯性原理，均要维持动态平衡状态。可以说，预测结果是合理而可信的。出现灾变或突变时例外。

通过类比社会自然死亡率，提出技术风险中年千人负伤率的控制目标为1.1。从预测结果来看，该产业部的负伤率在预测时区内难以达到控制目标值。因此，需要在安全方面做出较大努力，争取早日达到控制目标值。

事故伤亡率不可能无限制地递减至0，在达到一定数值之后，将会出现非常缓慢的递减变化乃至停滞，也可能出现回升。因此，每过一定的时间间隔，必须剔除旧信息，补充新信息，重新建模预测。

4）灰色决策与安全系统

所谓决策，是指选定一个合适的对策，去对付某个事件的发生，以取得最佳效果。灰色系统理论提出了灰色决策，是因为决策模型的建立都是按灰思想处置的，按灰色模型尤其是按 $GM(1, 1)$ 模型得到的。显然，决策包括了4个要素：需要处理的事件、处理该事件的对策、用某对策处理该事件的效果、评价效果的标准（即目标）。

灰色决策包括灰色局势决策、灰色层次决策与灰色规划。灰色局势决策是指在事件与对策的二元组合基础上所做的决策。灰色层次决策是一种将各个决策集团（层次）的意向与职能作协调、统一、折中的决策。

灰色决策中提出了灰靶思想。决策好比打靶，靶越大越容易击中。只要进入某个区域就可看做满意，这个区域称为灰靶。灰靶决策给决策执行人一定的自主权，为执行人提供了一个发挥智慧的机会，或者说灰决策中包含有智能因素。

灰色决策为科学的安全决策提供了有效的方法与手段。灰色决策方法可用于安全投资决策、通风系统及其他安全系统的优化设计、伤亡事故预防和尘毒治理方案的优选等方面。

5）灰色控制与安全系统

决策的执行称为控制。所谓灰色控制是指本征性灰色系统的控制，或系统中含灰参数的控制，或用 $GM(1, 1)$ 模型构成的预测控制。灰色控制的基本方法是通过系统行为数据列，寻找系统行为发展变化的规律。按照已掌握的规律，预测系统未来的行为，根据未来行为的预测值采取控制决策进行控制，如图 6-2 所示。

图 6-2 中，在监测和控制环节之间加入了灰色预测模块，这是有别于经典控制回路的关键之处。回路中，首先对实际行为进行监测（采样，即等时距测量 X'值），然后将监测结果输入灰色预测模块，用监测数列建立 $GM(1, 1)$ 预测模型，并输出下一步或下几步的预测值 $\hat{x}'$，控制器将 $\hat{x}'$和期望值 X 进行比较，以确定一个合适的控制量 Y，用 Y 控制对象，使受控系统未来的实际行为满足需要。

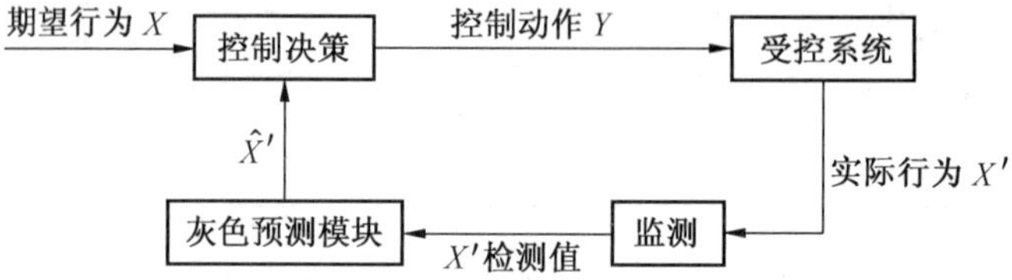

图 6-2　灰色预测控制示意图

传统的控制，是通过判断系统已经发生的行为是否符合要求进行的控制，这是一种事后控制，缺点是不能防患于未然，不能做到实时控制，适应性不强。

显然，灰色预测控制不同于传统控制，它是一种提前控制，可以做到防患于未然，控制及时，提高适应能力。

灰色控制理论可广泛地应用于安全管理和设备的安全控制。安全管理的主要任务之一是控制伤亡事故与职业危害的发生。对于某个企业或地区来说，可据历年来的安全统计资料找出安全生产的规律，据此规律预测安全生产未来的发展，再将预测值和目标值进行比较，从而采取相应的措施进行安全控制。值得注意的是，根据灰色控制原理研制成功的灰色预测控制器已成功地应用于高温高压锅炉的安全运行控制、高压釜水晶生产过程的自动控制等领域。无疑，灰色预测控制器在安全系统中的应用会大力促进技术领域的本质安全。

应用灰色预测控制器控制某电厂的高温高压锅炉给水系统，具体参数为：锅炉蒸发量 300 t/h，蒸汽压力为 9.80665 MPa，给水流量 320 t/h。其工作原理如图 6-3 所示。系统的控制框图如图 6-4 所示。

图 6-4 采用了两个灰色预测控制环节，其中 5 用来控制给水流量，8 用来控制水位。该系统运行可靠，性能优越，是灰色预测控制理论成功地应用于工业控制的典范。

3. 多目标灰色局势决策在废水治理中的应用

正交试验法是一种多因素设计和试验结果相结合的科学方法，用正交法安排试验，可使工作量大大减少。因此，正交法在科学实验中得到广泛的应用。采用正交设计法时，由于我们不能对全部因素的所有水平都进行考察，只能把它压缩在低维空间中考察，各因素的水平仅凭经验确定，要想完完全全把决策系统中的信息搞清楚是困难的，其中必定有不少未确知的信息，其结果蕴含着一些灰色量。因此，可用灰色系统理论方法，对试验结果进行分析和计算。基于上述思想，此处应用多目标灰色局势决策方法，对某无线电厂应用

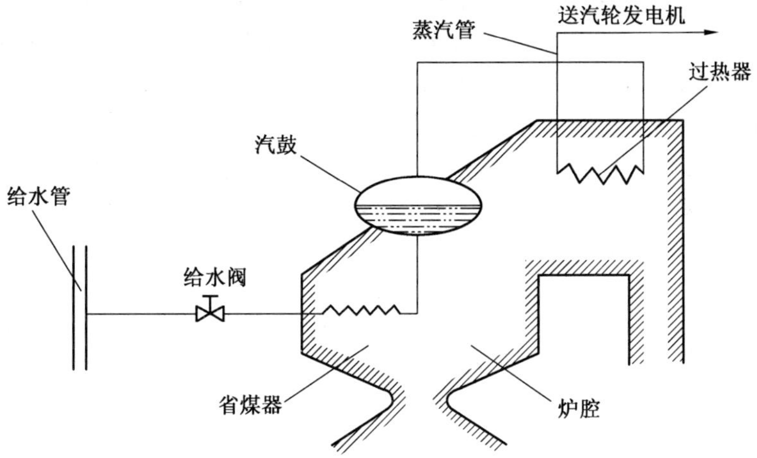

图 6-3　高温高压锅炉给水系统工作原理

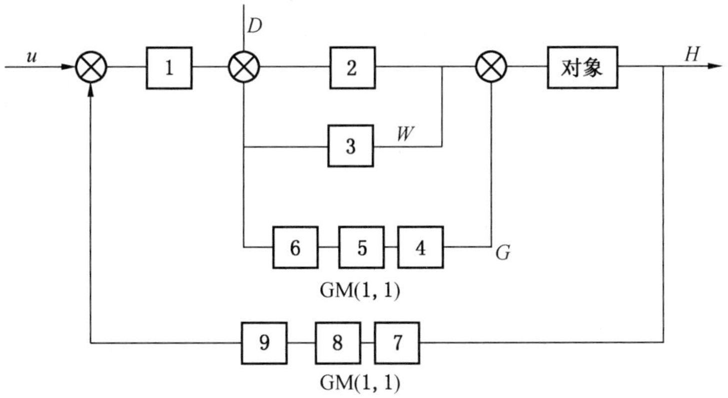

W—位置信号；D—蒸汽流量；H—水位；G—给水流量；u—给定量
1—电位变换器；2—执行环节；3—位置变换器；4—流量变换器；
5、8—灰色预测模块；6、9—决策器（比例型电位计）；7—流量变换器

图 6-4　高温高压锅炉给水系统灰色控制示意图

分步沉淀—絮凝法处理电镀废水的试验结果进行分析，确定最佳工艺条件。

1）工艺条件试验方案的设计

某无线电厂电镀车间，在酸、碱洗及电镀、漂洗工序中排出多种重金属离子的酸性废水和含氰废水，处理前混合废水的检验结果见表 6-4。

表 6-4　处理前混合废水的水质状况　　mg/L

项目	Cu^{2+}	Zn^{2+}	Cr^{6+}	Pb^{2+}	Ni^{2+}	CN^-	pH 值
混合废水	9.70	11.15	8.56	1.60	0.085	0.16	2.24
排放标准	0.5	2.0	0.5	0.5	1.0	0.5	6~9

该电镀废水污染项目众多，污染程度严重，必须进行有效的处理。

采用分步沉淀—絮凝法对电镀废水处理进行了系统试验。由经验及单因素试验得知，影响出水水质主要有下面 4 种主要因素：A（沉淀方式和沉淀剂类型）、B（絮凝剂 PAM）、C（沉降时间）、D（有无过滤及过滤方式）。

为了考察各主要影响因素的适应水平以及它们之间的相互影响和制约关系，并最终确定最佳工艺条件，采用正交试验法进行试验，正交试验方案及试验结果见表 6-5。

表 6-5 正交试验方案及试验结果

试验号	A（沉淀方式与沉淀剂类型）	B PAM 用量/（$mg \cdot L^{-1}$）	C 沉降时间/h	D（有无过滤及过滤方式）	试验结果（出水水质，除 pH 外均为 mg/L）						
					Cu^{2+}	Zn^{2+}	Cr^{6+}	Pb^{2+}	Ni^{2+}	CN^-	pH
1	NaOH pH=8.5	1	10	不滤	0.135	0.110	0.28	0.02	0.083	0.021	8.49
2	NaOH pH=8.5	2	15	砂滤	0.083	0.078	0.22	0.02	0.083	0.032	7.65
3	NaOH pH=8.5	3	20	砂+纸浆	0.083	0.056	0.21	0.02	0.083	0.011	8.07
4	NaOH pH=7.0 Na_2S pH=8.5	1	15	砂+纸浆	0.028	0.100	0.13	0.02	0.125	0.032	7.41
5	NaOH pH=7.0 Na_2S pH=8.5	2	20	不滤	0.056	0.300	0.10	0.02	0.125	0.014	8.26
6	NaOH pH=7.0 Na_2S pH=8.5	3	10	砂滤	0.042	0.100	0.09	0.02	0.083	0.025	7.49
7	Na_2S pH=8.5	1	20	砂滤	0.042	0.056	0.19	0.02	0.125	0.020	7.69
8	Na_2S pH=8.5	2	10	砂+纸浆	0.015	0.044	0.18	0.02	0.083	0.032	7.43
9	Na_2S pH=8.5	3	15	不滤	0.139	0.180	0.43	0.02	0.083	0.011	9.24

2）多目标灰色局势决策方法在废水治理最佳工艺条件选择中的应用

灰色局势决策是指事件、对策和效果的总称，如在某试验号（事件 a_i）有某项污染项目，如 Cu^{2+}（对策 b_j），这就构成了一个局势（a_i，b_j），对这个局势所产生的效果进行优劣性分析和综合评价，从而确定每个因素的水平取舍的先后过程，便是最佳工艺条件的局势决策。对于出水水质效果的评价，可以用不同的目标（Cu^{2+}、Zn^{2+}、Cr^{6+}、Pb^{2+}、Ni^{2+}、CN^-、pH 值）分别去衡量，称为单目标决策。若将各种目标集为一体，综合分析，统筹兼顾，从中求出一个全面的方案，这就是多目标决策。

基于上述基础，对电镀废水处理工艺条件的选择进行初步的多目标灰色局势决策分析。

第一步，确定目标。

以影响出水水质每个污染项目作为决策目标：Cu^{2+}、Zn^{2+}、Cr^{6+}、Pb^{2+}、Ni^{2+}、CN^-、pH 值。

第二步，各目标各因素水平实际效果值的计算。

分别对 Cu^{2+}、Zn^{2+}、Cr^{6+}、Pb^{2+}、Ni^{2+}、CN^-、pH 值等目标，求出 A、B、C、D 因素数据列中的 3 个水平值，如目标 Cu^{2+} 各因素水平实际效果值见表 6-6。

表 6-6 Cu^{2+}各因素水平实际效果值

水平	A	B	C	D
1	0.100	0.068	0.064	0.110
2	0.042	0.051	0.083	0.066
3	0.065	0.088	0.060	0.042

第三步，计算各目标的效果测度。

效果测度就是对于局势所产生的实际效果，不同目标间进行相互比较的量度。对于水质，则与标准比较，超过标准越多污染越严重，处理效果越差。

第四步，计算多目标综合效果测度。

在各目标效果测度的基础上，求综合效果测度。

第五步，最优局势的选择。

运用综合效果测度选择最优局势，按各因素的水平效果测度进行排队，选择最优水平。处理前废水中的污染项目污染越严重，对这些污染项目的处理越应放在首位。

由上可知，废水治理最佳工艺条件的确定采用的正交试验法有其特殊性，其处理的效果由出水水质中多项污染项目的达标情况来确定，废水治理最佳工艺条件的确定是个多目标决策问题，由于多目标之间的不可分割性和矛盾性，因而不能简单地将多目标归并为单目标进行决策。如传统的极差分析法。

可见，各项污染项目所要求的水平搭配不尽相同，极差分析法难以考虑多个污染项目的影响，从而选择最佳工艺条件。

灰色系统理论应用效果测度计算与目标加权等方法，将多目标决策转为单目标决策。同样，在决策时，既不受量纲不同的影响，也不受属性效果值过于分散限制。因此，多目标灰色局势决策是一种适用范围很广的决策方法。我们应用多目标灰色局势决策方法既考虑了 Cu^{2+}、Zn^{2+}、Cr^{6+}、Pb^{2+}、Ni^{2+}、CN^{-}、pH 值等多个目标的影响，将各种目标集为一体，综合分析，统筹兼顾，使选择的最好水平搭配满足各目标综合效果测度达到最佳，这是较科学的，特别是决策中，既考虑了出水水质（即处理效果），又通过权重的确定考虑了要处理的废水水质状况，且将排放标准值用于确定出水水质的效果测度及权重，这对于提高选择最佳工艺条件的精度是有较大意义的。

用多目标灰色局势决策方法，选择的最佳工艺条件为 $A_2B_2C_1D_3$，这与极差分析法中各污染项目选择的最佳工艺条件均不相同，说明多目标灰色局势决策方法综合考虑了废水治理中多个污染项目的处理效果，选择的最佳工艺条件较为合理。

二、BP 神经网络模型

（一）BP 神经网络模型概述

BP 神经网络模型是一种采用误差反向传播法（Back Propagational Algorithm）的神经网络模型，是神经网络模型中应用最广泛的一类。BP 神经网络模型是一种由一堆复杂的数学关系有机组成的纯数学网络模型，通过特定的学习训练，可以以较高的精度模仿安全系统的过去运行情况，以及预测安全系统的发展趋势。

BP 神经网络模型实现了多层网络学习的设想，当给定网络一个输入模式时，它由输入层单元传到隐含层单元，经隐含层单元处理后再传到输出层单元，由输出层单元处理后产生一种输出模式。这是一个逐层状态更新过程，称为前向传播。如果输出响应与期望输出模式有误差，不满足要求，那么就传入误差后向传播，将误差值沿连通路逐层传播，并修改各层连接权值。对于给定的一组训练模式，不断用一个个训练模式训练网络，重复前向传播和误差后向传播，当各个训练模式都满足要求时 BP 神经网络模型就学习完成。

神经网络的最大特性是仅借助于样本数据，就可以实现由 R^n 空间（n 为输入层节点数）到 R^m 空间（m 为输出层节点数）的高度非线性映射，而且这种结果可以由足够的训练样本来保证。除了具有上述的特性外，还有以下几个特点：

（1）并行分布处理。神经网络具有高度的并行结构和并行实现能力，因而能够有较好的耐故障能力和较快的总体处理能力。这种特性特别适用于实时控制和动态控制。

（2）非线性映射。神经网络具有其固有的非线性特性，这源于其近似任意非线性映射（变换）能力。这一特性给非线性控制问题带来新的希望。

（3）通过训练进行学习。神经网络是通过所研究系统过去的数据记录进行训练的。一个经过适当训练的神经网络具有归纳全部数据的能力。因此，神经网络能够解决那些由数学模型或描述规则难以处理的控制过程问题。

（4）适应与集成。神经网络能够适应在线运行，并能同时进行定量和定性操作。神经网络的强适应和信息融合能力使得网络过程可以同时输入大量不同的控制信号，解决输入信息间的互补和冗余问题，并实现信息集成和融合处理。这些特性特别适用于复杂、大规模和多变量系统的控制。

（5）硬件实现。神经网络不仅能够通过软件而且可借助硬件实现并行处理。近年来，一些超大规模集成电路实现硬件已经问世，而且可从市场上购到。这使得神经网络具有了快速和大规模处理能力。

BP 神经网络模型具有其高度的非线性映射、自组织结构、学习和适应、函数逼近和高度并行处理能力等特点，与安全系统的非线性、自组织性等特点相匹配。因此，用 BP 神经网络模型来模拟安全系统，并预测安全系统的发展趋势是具有其相通性的、可行性的。

利用 BP 神经网络模型来解决安全系统中存在着多因素之间的复杂关系是具有其合理性的和必然性的，因为 BP 神经网络模型的建立正是模仿人脑神经细胞元的作用机理，具有处理多输入和多输出的复杂关系的能力，而这种能力正是其他模型所不能及的。

（二）BP 神经网络建模与安全系统

BP 神经网络的安全建模就是根据安全系统的需要，建立适当的 BP 神经网络模型，通过把安全系统各个因素的行为和特性量化，得到一定量的数学形式的数据对 BP 神经网络模型进行训练与学习，使得 BP 神经网络模型与安全系统相模仿，从而进行预测。因此，本节重在阐述 BP 神经网络的模型及其训练与学习。

1. 神经元及其特性

BP 神经网络的模型是由基本处理单元及其互连方法决定的。因此，现介绍基本处理单元，即神经元。连接机制结构的基本处理单元与神经生理学类比往往称为神经元。每个构造起网络的神经元模型模拟一个生物神经元，如图 6-5 所示。

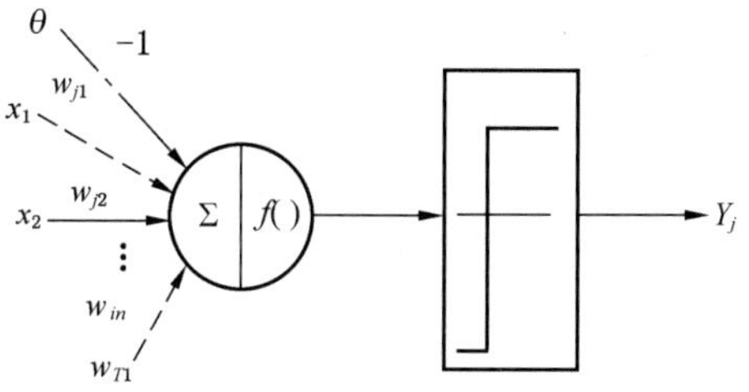

图 6-5　BP 神经网络结构

该神经元单元由多个输入（$i=1, 2, \cdots, n$）和一个输出（y）组成。中间状态由输入信号的权和表示，而输出为

$$y_j(t)=f\left(\sum_{i=1}^{n} w_{ji}x_i-\theta_j\right) \tag{6-19}$$

式中　θ_j——神经元单元的偏置（阈值）；

w_{ji}——连接权系数（对于激发状态 w_{ji} 取正值，对于抑制状态 w_{ji} 取负值）；

n——输入信号数目；

y_j——神经元输出；

t——时间；

f——输出变换函数，有时叫做激发或激励函数，往往采用 0 和 1 二值函数或 S 形函数，这几种函数都是连续和非线性的。

一种二值函数可由下式表示：

$$f(x)=\begin{cases}1 & (x\geqslant x_0)\\ 0 & (x<x_0)\end{cases} \tag{6-20}$$

一种常规的 S 形函数可由下式表示：

$$f(x)=\frac{1}{1+\mathrm{e}^{-ax}}\quad 0<f(x)<1 \tag{6-21}$$

常用双曲正切函数来取代常规 S 形函数，因为 S 形函数的输出均为正值，而双曲正切函数的输出值可为正或负。双曲正切函数表示形式为

$$f(x)=\frac{1-\mathrm{e}^{-ax}}{1+\mathrm{e}^{-ax}}\quad -1<f(x)<1 \tag{6-22}$$

以上 3 种函数对应的图形如图 6-6 所示。

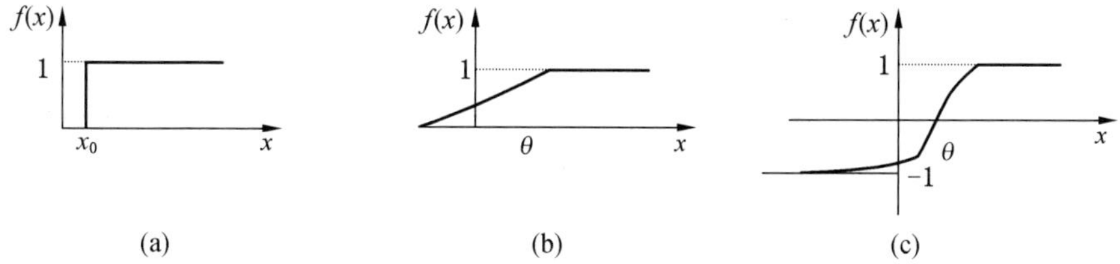

图 6-6　3 种函数对应图形

2. BP 神经网络模型的结构

BP 神经网络模型的结构由神经元模型构成。这种由许多神经元组成的信息处理网络具有并行分布结构。每个神经元具有单一输出，并且能够与其他神经元连接。存在许多（多重）输出连接方法，每种连接方法对应一个连接权系数。严格地说，人工神经网络是一种具有下列特性的有向图：

（1）对于每个节点 i 存在一个状态变量 x_i。

（2）从节点 j 至节点 i，存在一个连接权系统数 w_{ji}。

（3）对于每个节点 j，存在一个阈值 θ_j。

（4）对于每个节点 j，定义一个变换函数 $f_j(x_i, w_{ji}, \theta_j)$，$i \neq j$；对于最一般的情况，此函数取 $f_j\left(\sum_{i=1}^{n} w_{ji}x_i - \theta_j\right)$。

BP 神经网络模型的基本结构本质上就是前馈网络。前馈网络具有递阶分层结构，由一些同层神经元间不存在互连的层级组成。从输入层至输出层的信号通过单向连接流通，神经元从一层连接至下一层，不存在同层神经元间的连接，如图 6-7 所示。

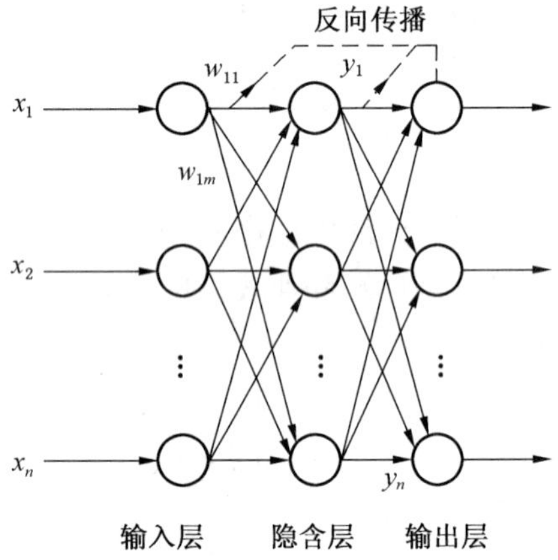

图 6-7　BP 神经网络模型

图 6-7 中，实线指明实际信号流通而虚线表示反向传播。前馈网络的例子有多层感知器（MLP）、学习矢量量化（LVQ）网络、小脑模型连接控制（CMAC）网络和数据处理方法（GMDH）网络等。

从前馈网络的构造图中可以很清楚地看出，BP 神经网络是多点输入与多点输出的数学网络关系，适用于安全系统中多个影响因素与多个主行为因素的关系。这样就可以比较轻松地克服灰色系统模型的多输入与单输出的关系。

3. BP 神经网络模型的学习算法

人工神经网络模型主要通过两种学习算法进行训练，即指导式（有师）学习算法和非指导式（无师）学习算法。

（1）有师学习。有师学习算法能够根据期望的和实际的网络输出（对应于给定输入）间的差来调整神经元间连接的强度或权。因此，有师学习需要有个老师或导师来提供期望或目标输出信号。

(2) 无师学习。无师学习算法不需要知道期望输出。在训练过程中，只要向神经网络提供输入模式，神经网络就能够自动地适应连接权，以便按相似特征把输入模式分组聚集。

4. BP 神经网络模型的训练算法

BP 神经网络模型的算法是采用误差反向传播法，最初由 Werbos 开发的反向传播训练算法是一种迭代梯度算法，用于求解前馈网络的实际输出与期望输出间的最小均方差值。BP 网是一种反向传递并能修正误差的多层映射网络。当参数适当时，此网络能够收敛到较小的均方差，是目前应用最广的网络之一。BP 网的短处是训练时间较长，且易陷于局部极小。

前面提到的前馈网络的例子很多，但用得最广泛的，应属于多层感知器（MLP）。多层感知器可能是最著名的前馈网络。前馈网络结构图给出一个 3 层 MLP，即输入层、中间（隐含）层和输出层。输入层的神经元只起到缓冲器的作用，把输入信号 x_i 分配至隐含层的神经元。隐含层的每个神经元 j 在对输入信号加权 w_{ji} 之后，进行求和，并计算出输出作为该和的 f 函数，即

$$y_j = f\left(\sum w_{ji}x_i\right) \tag{6-23}$$

其中，f 可为一简单的阈值函数或 S 型函数、双曲正切函数或径向基函数。

在输出层，神经元的输出量也可用类似方法计算。反向传播算法是一种最常采用的 MLP 训练算法，它给出神经元 i 和 j 间连接权的变化 Δw_{ji}，其表达式为

$$\Delta w_{ji} = \eta\delta_j x_i \tag{6-24}$$

式中 η——学习速率的参数，

δ_j——取决于神经元 j 是否为一输出神经元或隐含神经元的系数。

对于输出神经元：

$$\delta_j = \left(\frac{\partial f}{\partial net_j}\right)(y_j^{(t)} - y_j) \tag{6-25}$$

对于隐含神经元：

$$\delta_j = \left(\frac{\partial f}{\partial net_j}\right)\sum_q w_{qj}\delta_q \tag{6-26}$$

式中 net_j——输入信号对神经元 j 的加权总和；

$y_j^{(t)}$——神经元 j 的目标输出。

对于所有问题（多数平凡问题除外），为了适当地训练 MLP 需要几个信号出现时间。一种加速训练的方法就是在原来的基础上再加上一个“动量”项，以便使前面的权变化有效地影响新的权值变化，即

$$\Delta w_{ji}(k+1) = \eta\delta_j x_i + \mu\Delta w_{ji}(k) \tag{6-27}$$

式中 $\Delta w_{ji}(k+1)$、$\Delta w_{ji}(k)$——信号出现时刻（k+1）、k 的权值变化；

μ——“动量”系数。

这就是一整套 BP 神经网络模型的建模过程及其数学表达关系。在构造神经网络模型时，的确是参考了人体神经网络的作用机理建立起来的，是有其实际意义的。但是对于后

面的学习与训练算法时，却纯属是数学的误差修正，如果不是借助于今天的计算机的运算能力，神经网络是不可能发展起来的。

（三）BP 神经网络在安全系统中的应用

1. 应用基本程序

BP 神经网络模型一旦建立起来，我们就要对它进行学习和训练，使之符合安全系统的特性。就像一个普遍的模型具体化，让它熟悉具体情况后，根据具体的情况调整内部关系，使之适应这种情况，进而才能够进行其他工作。

1）确立 BP 神经网络模型

根据具体的安全系统的情况，确立具体 BP 神经网络的模型的步骤可以归纳为以下几步：

（1）在进行预测之前，对安全系统的各个影响因素加以分析，确定主要的、紧密相关的影响因素。

（2）在分析安全系统各因素的基础上，确定输入层、隐藏层、输出层的各自的节点数。输入层的节点数取决于安全系统影响因素的个数，有几个影响因素就应设几个输入节点。

（3）确定了输入层和输出层的节点数，就可以根据具体情况，确定隐藏层的节点数。对于一个多层网络来讲，选用几个隐藏层，其节点如何确定，Hecht-Nielsen 已经证明对于在任何闭区间内的一个连续函数，可用一个隐藏层的网络来逼近，因而基于一个 3 层的 BP 算法可完成任意的 n 维到 m 维的映射，且 Hecht-Nielsen 隐藏层节点数为 $2n+1$，其中 n 为输入节点。

2）学习和训练 BP 神经网络模型

BP 神经网络模型确立后，接下来要对模型进行具体的学习和训练。BP 神经网络模型由于其内部的结构，具有智能学习的功能。因此，只要给予一定的训练样本，BP 神经网络模型就可以自动地学习和熟悉安全系统的具体情况。

具体的训练需要训练样本，而所谓的训练样本的来源就是对安全系统长时间各因素行为特征的数据收集。但我们收集的数据参数的取值范围不同，为了使各参数所起的作用大致相同，必须对数据进行标准化处理。在这些标准化数据的基础上，根据安全系统模仿精度的要求，把这些数据输入到 BP 神经网络模型中进行训练，让神经网络的模型具体安全化，使之更加符合安全系统的过去的行为特性。这就是使 BP 神经网络模型具体安全化的训练过程。

3）系统安全预测

经过训练合格的 BP 神经网络就可以进行安全系统的发展态势的预测。在预测过程中，对新数据不断收集的同时，要不断地对 BP 神经网络进行实时的训练，这样的 BP 神经网络模型才具有活力，才能更加贴近要仿真的安全系统，这样的预测结果更能跟得上安全系统的变化。因为安全系统是个动态的系统，会随时间而变化的，过去的系统不能代替将来的系统，过去建立的模型总是停留在过去，而应该及时地更新模型。如果以过时的、不符合客观实际的模型去预测变化的安全系统必然会出错。

2. 应用实例

近年来，交通工具火灾事故频繁发生。80% 以上的交通工具火灾都造成人员伤亡、交通工具报废等惨重的损失。就汽车火灾来说，每年各中等以上城市都发生几十起甚至数百起以上此类事故，死、伤人数及财产损失都约占全国总火灾的10%。

为了控制和防范交通工具火灾的发生，有效减少交通工具火灾隐患，遏制群死群伤和重大经济损失，从而缓解我国交通工具火灾频发的严峻局面，对交通工具火灾危险性进行预警分析和评价是十分必要的。

交通工具火灾预警是对交通工具火灾事故诱因进行监测、诊断及预先控制的一种手段和方法，其目的在于防止和矫正交通工具火灾诱因的发生和发展，保证交通运输系统处于正常运行的安全状态。交通工具火灾预警系统由预警分析和预控对策两部分构成，围绕着人、机、环境3个对象展开活动。

基于BP神经网络模型的特点和优势，近年来，BP神经网络模型被广泛应用于交通工具的火灾预警系统研究中。

1）交通工具火灾预警系统评价指标体系的建立

（1）建立评价指标体系原则。评价指标体系的建立是对交通工具火灾进行识别、诊断、预警的前提，是预警活动中一项非常重要的基础性工作和核心内容。构建交通工具火灾预警系统评价指标，应遵循以下原则：

①实用性、规范化原则。根据交通工具火灾的成因要素（人员、设备、环境）和灭火救援的效果，建立相应的预警评价指标模块，并用不同的评价指标模块构成评价指标体系。

②科学性原则。指标体系要能够全面反映交通工具火灾影响因素的各主要方面，其主要指标要能够准确反映某一影响方面的具体内容，体现科学性。只有这样，获取的信息才具有客观性和可靠性，预警的结果才有较高的可信度。

③可行性原则。尽可能地全面系统地收集交通工具火灾的发生背景、发展过程以及后果影响等信息，以此为依据确定评价指标，所选指标要容易被监测、容易实现量化，要有可行性。

④定性指标与定量指标相结合的原则。交通工具火灾预警系统中涉及的指标较多，有些难以量化，而这些指标对评价又是很重要的，因此，必须用定性指标加以描述，在实际评价时再选取适当的方法进行量化处理。

（2）指标体系的建立。根据评价指标体系的设计和建立原则，以汽车火灾为例，笔者设计了若干预警指标，再通过消防专家测评和问卷抽样调查，筛选出一系列现实可测的指标，从而构建出交通工具火灾预警系统评价指标体系，见表6-7。

表6-7　交通工具（汽车）火灾预警评价值指标体系及指标标准数值或描述值

一级指标	二级指标	三级指标	指标标准数值或描述值				
			好	较好	一般	较差	差
行为人 B_1	交通管理能力 C_1	安全操作规程 D_1	严格遵守	遵守较好	遵守一般	遵守较差	差
		消防安全培训 D_2	定期	不定期	有时	很少	无
		消防安全检查 D_3/(天·次$^{-1}$)	30	60	90	180	360
	交通行为能力 C_2	消防安全意识 D_4	意识强烈	意识较好	意识一般	意识差	无意识
		火灾控制能力 D_5	非常强	强	较强	较弱	弱
		违章用火（包括人为恶意纵火）D_6	无	基本无	较少违章	违章	严重违章

表 6-7（续）

一级指标	二级指标	三级指标	指标标准数值或描述值				
			好	较好	一般	较差	差
交通工具 B_2	设计安全 C_3	材质、耐火性能 D_7	不燃	阻燃	难燃	可燃	易燃
		防静电装置 D_8	导电、接地好	导电、接地好	导电、接地一般	导电、接地差	无
	电气系统 C_4	电线电缆 D_9	性能好	性能良好	性能一般	性能较差	性能差
		电线接点 D_{10}	非常牢固	牢固	较牢固	松动	松动严重
		发电机逆流切换 D_{11}	好	较好	一般	较差	差
	油路系统 C_5	输油管路 D_{12}	无漏油	轻微渗油	轻微漏油	漏油	严重漏油
		汽化器回火 D_{13}	无	基本无	一般	较差	差
		点火装置 D_{14}	好	较好	一般	较差	差
	机械摩擦 C_6	发动机润滑系统 D_{15}	润滑好	润滑较好	润滑一般	缺油	严重缺油
		制动系统 D_{16}	好	较好	一般	较差	差
	车载物品 C_7	车载灭火器 D_{17}	4 个	3 个	2 个	1 个	0
		易燃易爆危险品 D_{18}	戊类	丁类	丙类	乙类	甲类
交通环境 B_3	消防安全设施 C_8	隧道设施达标率 D_{19}/%	≥95	90~95	80~90	70~80	<70
		消防设施达标率 D_{20}/%	≥95	90~95	80~90	70~80	<70
		通信设施达标率 D_{21}/%	≥95	90~95	80~90	70~80	<70
	气象因素 C_9	相对湿度 D_{22}/%	≥75	60~75	45~60	30~45	<30
		风力 D_{23}	<1 级	1~3 级	3~5 级	5~7 级	≥7 级

选择三大类指标作为交通工具火灾预警系统评价指标体系的一级指标，即交通行为人指标、交通工具指标和交通环境指标。其中每一类一级指标又包括若干个二级指标和三级指标，共 23 个指标。对于选定的指标，把它们的状态分为 5 个评价等级，分别为好、较好、一般、较差、差。

2）基于 BP 神经网络的交通工具火灾预警方法。

(1) BP 神经网络算法。BP 神经网络是基于误差反向传播算法的多层前向神经网络，其结构包括一个输入层，一个输出层，一个或多个隐含层上的每个节点代表一个神经元。层与层之间的神经采用全互联的连接方式，通过相应的网络权系数 w 相互联系，同一层上各节点之间无耦合连接关系。输入信息从输入节点开始传播，依次经过各隐含层节点，然后传到输出节点。其单元特性（传递函数）通常采用 Sigmoid 型函数，但在输出层，节点的单元特性可采用线性函数，其网络结构如图 6-8 所示。

BP 网络在应用于预警之前，需要一个网络学习过程。网络根据输入的训练（学习）样本进行自适应、自组织。在训练过程中，连接权 w 和阈值 θ 被不断地调整修改，直至误差最小，得到稳定的各神经元连接权和阈值。网络误差 E 的形式采用常见的平方误差：

$$E = \sum_{p} E_p = \frac{1}{2}\sum_{p}\sum_{k}(T_{pk} - Y_{pk})^2 \tag{6-28}$$

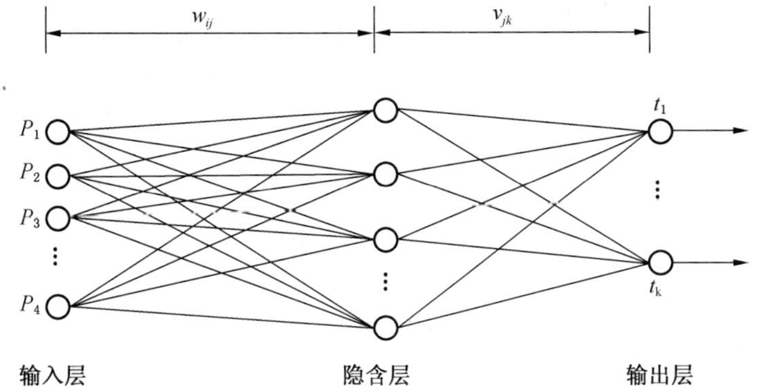

图 6-8　典型 BP 网络结构模型

经过多次训练后，网络就具有对学习样本的记忆和联想的能力。网络学习过程包括信息正向传播和误差反向传播两个反复交替的过程。

①信息正向传播过程。设输入节点与隐含层之间的链接权重为 w_{ij}，阈值为 θ；隐含层与输出层之间的连接权重为 v_{jk}，阈值为 θ'，则各神经元的输出可表示为

$$\left.\begin{aligned} y_i &= f\left(\sum w_{ij}p_j - \theta_j\right) \\ t_j &= f\left(\sum v_{jk}y_j - \theta_k\right) \end{aligned}\right\} \tag{6-29}$$

式中　$f(x)$——神经元模型中的传递函数。

对于 BP 网络，一般采用 Sigmoid 型函数。

②误差反向传播过程。一般来说，输入向量 p 通过网络模型计算的输出向量 t 和实际输出之间存在一定的计算误差，而误差的大小往往与网路参数权向量 w_{ij}、v_{jk} 以及阈值 θ、θ' 有关。误差反向传播的学习过程是从输出层到输入层向后传播并修正相应网路参数的过程，学习的目标是使网路的总误差 E 小于某一允许值。权向量和阈值的修正采用梯度法，根据该法分别得到权向量和阈值的迭代式为

$$\left.\begin{aligned} \Delta w(n+1) &= -\eta\frac{\partial E}{\partial w(n)} + \alpha\Delta w(n) \\ \Delta\theta(n+1) &= -\eta\frac{\partial E}{\partial\theta(n)} + \alpha\Delta\theta(n) \end{aligned}\right\} \tag{6-30}$$

式中　η——网络学习率或学习因子；

α——动力因子，用于克服数值振荡。

上述格式构成了 BP 神经网络模型。根据神经网络的训练学习算法，可确定网络的连接权向量和阈值等参数，即确定输入向量和输出向量的对应关系，是实际输出与计算输出的误差达到最小。

（2）交通工具的火灾预警的 BP 网路设计和训练。

①确定网络的拓扑结构。理论上，存在一个 3 层 BP 网络，可用来逼近任意一个非线性函数。交通工具火灾预警的 BP 网络模型采用一个输入层，输入节点 23 个，代表 23 个评价指标；一个输出层，输出节点数一个，表示火灾危险性程度；一个隐含层，隐含层节

点数的确定有一定困难，节点数的多少对网络性能的影响较大，太多时，会导致网络学习时间长，甚至不能收敛；而节点数过小时，网络的容错能力差。

交通工具火灾预警的 BP 网络模型隐含层节点数的确定根据经验公式 $J=2l+1$ 确定，即 47 个。

②确定传递函数。输入层和隐含层间传递函数用 Sigmoid 型函数。

$$f(x)=\frac{1}{1+e^{-x}} \tag{6-31}$$

隐含层和输出层之间采用线性传递函数 Purlin。

③确定预警输入变量和状态参数。交通工具火灾预警系统评价指标体系中的 23 个三级指标，即为所确定的预警输入变量。它们的分值作为人工神经网络的输入变量，采用 5 个等级，对应分值以区间形式给出，所有分值限制在［0，1］。其中，［0.0，0.2］表示该指标状况好，对交通工具火灾有轻微影响；［0.2，0.4］表示该指标状况较好，对交通工具火灾有影响；［0.4，0.6］表示该指标状况一般，对交通工具火灾有一定影响；［0.6，0.8］表示该指标状况较差，对交通工具火灾有较大影响；［0.8，1.0］表示该指标状况差，对交通工具火灾有重大影响。

④选择学习样本。通过对现有典型交通工具火灾实例的分析或利用专家评判法对指标体系中三级指标的 23 个变量以及火灾危险性予以赋值，所得结果作为训练样本。

神经网络模型精确与否与训练样本的质量和数量直接相关，为保证网络模型的仿真精度，在训练网络时，应选择尽可能多的样本，样本尽可能全面反映各指标状态和交通工具火灾之间的内在关系。用于交通工具火灾预警网络训练的学习样本总共 120 个。

⑤网络训练。对 120 个样本总数随机抽取 90%（即 108 个）作为训练样本，其余 10%（即 12 个）作为检验样本。选取适当参数，利用 Matlab 6.1 训练平台对网络进行训练。

当训练函数采用 traingdx，学习因子 $\eta=0.05$，动量因子 $\alpha=0.9$，预设误差为 0.001 时，网络训练取得很好的收敛效果，训练样本误差随着训练过程的延续而逐渐减小，并趋于目标误差，如图 6-9 所示。图中性能是 0.000994129，目标是 0.001。

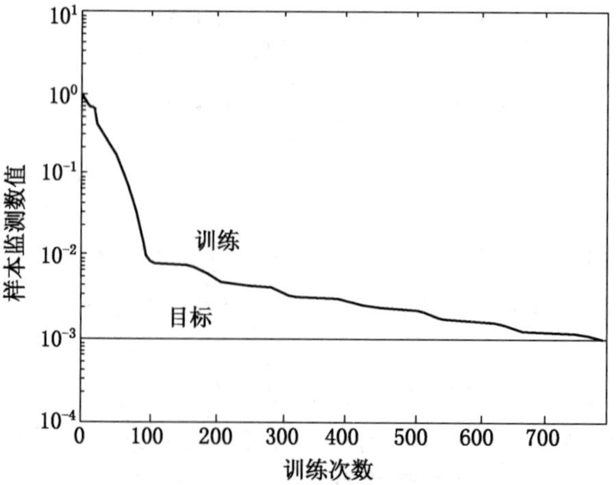

图 6-9　训练样本误差曲线

在训练样本经过训练后，其余样本或监测数值可由输入层输入，经感应区隐含层及输出层计算后得到输出结果。用随机抽取的10%的样本与计算输出结果进行比较，得出检验误差。

如果检验误差大于目标误差，需对网络进行新一轮训练，直到检验误差小于或趋近于目标误差。网络训练完毕，得到稳定的网络权值矩阵 w_{ij} 和 v_{jk}。

⑥建立交通工具火灾预警知识库。通过网络学习确认的网络结构包括输入、输出和隐含层节点数以及反映其间关联度的网络权值矩阵的组合，这些即构成了具有预测功能的交通工具火灾预警知识库。经过训练后的人工神经网络，可通过输入交通工具火灾评价指标因素的监测结果数值，实际预测评判交通工具所处的火灾危险程度。实际预测评判的结果又作为新的学习样本输入神经网络，使系统预警知识库进一步充实。

（3）网络预警结果与讨论。经过训练后的人工神经网络，可通过输入交通工具火灾评价指标因素的监测结果数值，预测评判交通工具所处的火灾危险性程度。网络输出变量采用5种状态，表示对交通工具火灾发生的可能性大小及危险性程度发出5个等级预警信号：重大火灾危险（A）；较大火灾危险（B）；一般火灾危险（C）；轻微火灾危险（D）；无火灾危险（E）。网络输出值和预警等级对应关系见表6-8。

表6-8　网络输出值与预警等级对应关系表

预警等级	火灾危险性程度	评估数值
A	重大火灾危险	>0.60
B	较大火灾危险	0.40~0.59
C	一般火灾危险	0.20~0.39
D	轻微火灾危险	0.10~0.19
E	无火灾危险	<0.10

对某一汽车的各项预警指标、和该汽车有关的行为人指标以及该汽车运行的环境、气象指标等进行监测，监测结果如下：

①与汽车有关的行为人对安全操作规程遵守较差，消防安全培训时有进行，消防安全检查每年一次，消防安全意识一般，火灾控制能力较弱，但无违章用火。

②该汽车本身的材质基本为阻燃材料，耐火性能较好，防静电装置的导电、接地性能较好，电线电缆性能一般，电线接点有点松动，发电机逆流切换好，输油管路漏油现象比较严重，汽化器无回火现象，点火装置一般；发动机润滑系统润滑性能较好，制动系统制动功能一般，有车载灭火器两个，所载物品为丁类危险性物质。

③该汽车在当日交通运行的环境中，隧道设施达标率不小于95%，消防设施达标率和通信设施达标率均小于70%，气象指标为相对湿度52%、风力4级。

根据表6-8，该汽车个评价指标的实际监测对应值如下：

$x_1=0.7$，$x_2=0.5$，$x_3=0.9$，$x_4=0.5$，$x_5=0.7$，$x_6=0.1$，$x_7=0.3$，$x_8=0.3$，$x_9=0.5$，$x_{10}=0.7$，$x_{11}=0.1$，$x_{12}=0.7$，$x_{13}=0.1$，$x_{14}=0.5$，$x_{15}=0.3$，$x_{16}=0.5$，$x_{17}=0.5$，$x_{18}=0.3$，$x_{19}=0.1$，$x_{20}=0.9$，$x_{21}=0.9$，$x_{22}=0.5$，$x_{23}=0.5$。

运用 BP 网络计算程序进行计算，则 BP 网络输出为 $T=0.4627$，此数值介于 0.40～0.59 之间，说明此时交通工具火灾预警等级为 B 级，该汽车处于较大火灾危险状态，这与实际情况相符合，系统将发出相应警报。

采用 BP 神经网络进行交通工具火灾危险性评价及预测预警时，只要把影响交通工具火灾危险性的相关指标因素进行初始化处理得到网络所需要的输入值，网络便在较短的时间内得出可靠的评价预警结果。因此，该方法比传统的预警方法效率高。

第二节　典型事故影响模型

在对火灾、爆炸、中毒等重大事故分析过程中，通常会运用数学模型来进行描述。有些模型经过小型试验的验证，有的则可能与实际情况有较大出入，但对辨识危险性来说具有一定的参考性。

一、泄漏模型

火灾、爆炸、中毒等重大事故后果分析均从泄漏分析开始，泄漏类型主要包括液体泄漏、气体泄漏和两相流泄漏。

泄漏一旦出现，其后果不单与物质的数量、易燃性、毒性有关，而且与泄漏物质的相态、压力、温度等状态有关。也就说，泄漏物质的物性不同，其泄漏的后果不同，泄漏模型也不一样。当发生泄漏的设备的裂口是规则的，而且裂口尺寸及泄漏物质的有关热力学、物理化学性质及参数已知时，可根据流体力学中的有关方程式计算泄漏量；当裂口不规则时，可采取等效尺寸代替；当遇到泄漏过程中压力变化等情况时，往往采用经验公式计算。

1. 液体泄漏模型

根据流体力学的伯努利方程，裂口规则的液体泄漏速度可表示为

$$v=\sqrt{\frac{2(p-p_0)}{\rho}+2gh} \tag{6-32}$$

式中　v——液体出口速度，m/s；

ρ——泄漏液体密度，kg/m^3；

p——容器内介质压力，Pa；

p_0——环境压力，Pa；

g——重力加速度，9.8 m/s^2；

h——裂口之上液位高度，m。

当裂口不规则时，可采用等效尺寸代替，裂口不规则的液体泄漏速度可表示为

$$Q_0=C_dA\rho\sqrt{\frac{2(p+p_0)}{\rho}+2gh} \tag{6-33}$$

式中　Q_0——液体泄漏速度，kg/s；

C_d——液体泄漏系数（按表 6-9 选取）；

A——裂口面积，m^2。

表6-9 液体泄漏系数 C_d

雷诺数 Re	裂口形状		
	圆形（多边形）	三角形	长方形
>100	0.65	0.60	0.55
≤100	0.50	0.45	0.40

对于常压下的液体泄漏速度，取决于裂口之上液位的高低；对于非常压下的液体泄漏速度，主要取决于窗口内介质压力与环境压力之差和液位高低。

当泄漏的液体是过热液体（液体的沸点低于周围环境温度）时，液体流过裂口时由于压力减小而突然蒸发。蒸发所需热量取决于液体本身，而容器内剩下的液体温度将降至常压沸点。在这种情况下，泄漏时直接蒸发的液体所占百分比 F 可按下式计算：

$$F = c_p \frac{T - T_0}{H} \tag{6-34}$$

式中 c_p——液体的比定压热容，J/(kg·K)；

T——泄漏前液体的温度，K；

T_0——液体在常压下的沸点，K；

H——液体的汽化热，J/kg。

根据式（6-34）计算的结果，过热液体泄漏时直接蒸发的液体所占的百分比都不超过1，表明泄漏时直接蒸发的液体将以细小烟雾的形式形成云团，与空气相混合而吸收热蒸发。如果空气传给液体烟雾的热量不足以使其蒸发，由一些液体烟雾将凝结成液滴降落到地面，形成液池。根据经验，当 $F>0.2$ 时，一般不会形成液池。当 $F<0.2$ 时，F 与带走液体之比有线性关系，即当 $F=0$ 时，没有液体带走（蒸发）；当 $F=0.1$ 时，有50%的液体被带走。

2. 气体泄漏模型

压力气体泄漏通常是以射流的方式发生的，所以气体从裂口泄漏的速度与其流动状态有关。气体的流动状态包括音速流动（临界流）和超音速流动（次临界流）。

当式（6-35）成立时，气体流动属音速流动：

$$\frac{p_0}{p} \leqslant \left(\frac{2}{k+1}\right)^{\frac{k}{k-1}} \tag{6-35}$$

式中 p——容器内介质压力，Pa；

p_0——环境压力，Pa；

k——气体的绝热指数（即比定压热容 c_p 与比定容热容 c_V 之比）。

当式（6-36）成立时，气体流动属亚音速流动：

$$\frac{p}{p_0} \leqslant \left(\frac{2}{k+1}\right)^{\frac{k}{k-1}} \tag{6-36}$$

气体呈音速流动时，其泄漏量为

$$Q = C_d A p \sqrt{\frac{Mk}{RT}\left(\frac{2}{k+1}\right)^{\frac{k+1}{k-1}}} \tag{6-37}$$

式中 C_d——气体泄漏系数（当裂口形状为圆形时取 1.00，三角形时取 0.95，长方形时取 0.90）；

Y——气体膨胀因子；

M——分子量；

ρ——气体密度，kg/m³；

R——气体常数，J/(mol·K)；

T——气体温度，K。

气体呈亚音速流动时，其泄漏量为

$$Q = YC_dAp\sqrt{\frac{Mk}{RT}\left(\frac{2}{k+1}\right)^{\frac{k+1}{k-1}}} \tag{6-38}$$

$$Y = \sqrt{\left(\frac{1}{k-1}\right)\left(\frac{k+1}{2}\right)^{\frac{k+1}{k-1}}\left(\frac{p}{p_0}\right)^{\frac{2}{k}}\left[1-\left(\frac{p_0}{p}\right)^{\frac{k-1}{k}}\right]} \tag{6-39}$$

当容器内物质随泄漏而减少或压力降低而影响泄漏速度时，泄漏速度的计算比较复杂，如果流速小或时间短，在后果计算中可采用最初排放速度，否则应计算其等效泄漏速度。

3. 两相流泄漏模型

一般来说，加压容器发生的泄漏多数属于两相流泄漏。也就是说，加压容器裂口同时泄漏气体和液体，泄漏速率介于气相泄漏速率与液相泄漏速率之间。

均匀两相流动的泄漏速度可按下式计算：

$$Q_0 = C_dA\sqrt{2\rho(p-p_C)} \tag{6-40}$$

$$\rho = \frac{1}{\dfrac{F_v}{\rho_1}+\dfrac{1-F_v}{\rho_2}} \tag{6-41}$$

$$F_v = \frac{c_p(T-T_C)}{H} \tag{6-42}$$

式中 Q_0——两相流泄漏速度，kg/s；

C_d——两相流泄漏系数，取 0.8；

A——裂口面积，m²；

p——两相混合物的压力，Pa；

p_C——临界压力，Pa，取 0.55 Pa；

ρ——两相混合物的平均密度，kg/m³；

ρ_1——液体蒸发的蒸汽密度，kg/m³；

ρ_2——液体密度，kg/m³；

F_v——蒸发的液体占液体总量的比例；

c_p——两相混合物的比定压热容，J/(kg·K)；

T——两相混合物的温度，K；

T_C——临界温度，K；

H——液体的汽化热，J/kg。

当 $F>1$ 时，表明液体将全部蒸发成气体，这时应按气体泄漏公式计算；如果 F_v 很小，则可近似按液体泄漏公式计算。

二、扩散模型

如前所述，泄漏物质的特性多种多样，而且扩散过程复杂（受气体的密度、泄漏的方向、涉及的相变、液滴的沉降、气象条件及地面的性质等诸多因素的影响），但大多数物质从容器中泄漏出来后，都可发展成弥散的气团向周围空间扩散。这里仅讨论气团原形释放的开始形式，即液体泄漏后扩散、喷射扩散和绝热扩散。关于气团在大气中的扩散属环境保护范畴，在此不予考虑。

1. 液体扩散模型

液体泄漏后立即扩散到地面，一直流到低洼处或人工边界（如防火堤、岸墙等），形成液池。液体泄漏出来不断蒸发，当液体蒸发速度等于泄漏速度时，液池中的液体量将维持不变。

1）液池面积

如果泄漏的液体已达到人工边界，则液池面积即为人工边界围成的面积。如果泄漏的液体未达到人工边界，则从假设液体的泄漏点为中心呈扁圆柱形在光滑平面上扩散，这时液池半径 r 用下式计算。

瞬时泄漏（泄漏时间不超过 30 s）时：

$$r=\left(\frac{8gm}{\pi p}\right)^{\frac{\sqrt{t}}{4}} \tag{6-43}$$

式中 r——液池半径，m；

m——泄漏的液体质量，kg；

g——重力加速度，9.8 m/s^2；

p——设备中液体压力，Pa；

t——泄漏时间，s。

连续泄漏（泄漏持续 10 min 以上）时：

$$r=\left(\frac{32gmt^3}{\pi p}\right)^{\frac{1}{4}} \tag{6-44}$$

2）蒸发量

液池内液体蒸发按其机理可分为闪蒸、热量蒸发和质量蒸发 3 种。

（1）闪蒸。过热液体泄漏后，由于液体的自身热量而直接蒸发。发生闪蒸时液体蒸发速度 Q_t 可由下式计算：

$$Q_t=F_v\frac{m}{t} \tag{6-45}$$

式中 F_v——直接蒸发的液体与液体总量的比例；

m——泄漏的液体总量，kg；

t——闪蒸时间，s。

（2）热量蒸发。当 $F_v<1$ 或 $Q_t<m$ 时，则液体闪蒸不完全，有一部分液体在地面形成液池，并吸收地面热量而气化。热量蒸发速度 Q_t 按下式计算：

$$Q_t = \frac{KA_1(T_0 - T_b)}{H\sqrt{\pi at}} + \frac{K(Nu)A_1}{HL}(T_0 - T_b) \quad (6\text{-}46)$$

式中　A_1——液池面积，m^2；

T_0——环境温度，K；

T_b——液体沸点，K；

H——液体蒸发热，J/kg；

L——液池长度，m；

a——热扩散系数（表 6-10），m^2/s；

K——导热系数（表 6-10），J/(m·K)；

t——蒸发时间，s；

Nu——努赛尔（Nusselt）数。

表 6-10　某些地面的热传递性质

地面情况	$K/(J\cdot m^{-1}\cdot K^{-1})$	$a/(m^2\cdot s^{-1})$
水泥	1.1	1.29×10^{-7}
土地（含水 8%）	0.9	4.2×10^{-7}
干涸土地	0.3	2.3×10^{-7}
湿地	0.6	3.3×10^{-7}
砂砾地	2.5	11.0×10^{-7}

（3）质量蒸发。当地面传热停止时，热量蒸发终止，转而由液池表面之上气流运动使液体蒸发。其蒸发速度 Q_1 为

$$Q_1 = a(Sh)\frac{A}{L}\rho_1 \quad (6\text{-}47)$$

式中　a——分子扩散系数，m^2/s；

Sh——舍伍德（Sherwood）数；

A——液池面积，m^2；

L——液池长度，m；

ρ_1——液体的密度，kg/m^3。

2. 喷射扩散模型

气体泄漏时从裂口喷出，形成气体喷射。大多数情况下气体直接喷出后，其压力高于周围环境大气压力，温度低于环境温度。在进行气体喷射计算时，应以等价喷射孔口直径计算。等价喷射的孔口直径按下式计算：

$$D = D_0\sqrt{\frac{\rho_0}{\rho}} \quad (6\text{-}48)$$

式中　D——等价喷射孔径，m；

D_0——裂口孔径，m；

ρ_0——泄漏气体的密度，kg/m^3；

ρ——周围环境条件下气体的密度，kg/m^3。

如果气体泄漏能瞬时达到周围环境的温度、压力状况，即 $\rho_0=\rho$，则 $D=D_0$。

1）喷射的浓度分布

在喷射轴线上距孔口 x 处的气体的质量浓度 $C(x)$ 为

$$C(x)=\frac{\dfrac{b_1+b_2}{b_1}}{0.32\dfrac{x}{D}\cdot\dfrac{\rho}{\sqrt{\rho_0}}+1-\rho} \tag{6-49}$$

$$b_1=50.5+48.2\rho-9.95\rho^2$$

$$b_2=23+41\rho$$

式中 b_1、b_2——分布函数。

如果把式（6-49）改写成 x 是 $C(x)$ 的函数形式，则给定某质量浓度值 $C(x)$，就可算出具有浓度的点至孔口的距离 x。

在过喷射轴线上点 x 且垂直于喷射轴线的平面内任一点处的气体质量浓度为

$$\frac{C(x,\ y)}{C(x)}=\mathrm{e}^{-b_2(y/x)^2} \tag{6-50}$$

式中 $C(x,\ y)$——距裂口距离 x 且垂直于喷射轴线的平面内 Y 点的气体浓度，kg/m^3；

$C(x)$——喷射轴线上距裂口 x 处的气体的质量浓度，kg/m^3；

y——目标点到喷射轴线的距离，m。

2）喷射轴线上的速度分布

喷射速度随着轴线距离增大而减少，直到轴线上的某一点喷射速度等于风速为止，该点称为临界点。临界点以后的气体运动不再符合喷射规律。沿喷射轴线上的速度分布由下式得出：

$$\frac{v(x)}{v_0}=\frac{\rho_0}{\rho}\cdot\frac{b_1}{4}\left(0.32\frac{x}{D}\cdot\frac{\rho}{\rho_0}+1-\rho\right)\left(\frac{D}{x}\right)^2 \tag{6-51}$$

$$v_0=\frac{Q_0}{C_d\rho\pi\left(\dfrac{D_0}{2}\right)^2} \tag{6-52}$$

式中 ρ_0——泄漏气体的密度，kg/m^3；

ρ——周围环境条件下气体的密度，kg/m^3；

D——等价喷射孔径，m；

x——喷射轴线上距裂口某点的距离，m；

$v(x)$——喷射轴线上距裂口处一点的速度，m/s；

v_0——喷射初速（等于气体泄漏时流出裂口时的速度），m/s；

Q_0——气体泄漏速度，kg/s；

C_d——气体泄漏系数；

D_0——裂口直径，m。

当临界点处的浓度小于允许浓度（如可燃气体的燃烧下限或者有害气体最高允许浓度）时，只需按喷射来分析；若该点浓度大于允许浓度时，则需要进一步分析泄漏气体在大气中扩散的情况。

3. 绝热扩散模型

闪蒸液体或加压气体瞬时泄漏后，有一段快速扩散时间，假定此过程相当快以致在混合气团和周围环境之间来不及热交换，则称此扩散为绝热扩散。

根据 TNO（1979 年）提出的绝热扩散模式，泄漏气体（或液体闪蒸形成的蒸汽）的气团呈半球形向外扩散。根据浓度分布情况，把半球分成内外两层，内层浓度均匀分布，且具有 50% 的泄漏量；外层浓度呈高斯分布，具有另外 50% 的泄漏量。

绝热扩散过程分为两个阶段：第一阶段气团向外扩散至大气压力，在扩散过程中，气团获得动能，称为“扩散能”；第二阶段扩散能再将气团向外推，使紊流混合空气进入气团，从而使气团范围扩大。当内层扩散速度降到一定值时，可以认为扩散过程结束。

1）气团扩散能

在气团扩散的第一阶段，扩散的气体（或蒸汽）的内能一部分用来增加动能，对周围大气做功。假设该阶段的过程为可逆绝热过程，并且是等熵的。

（1）气体泄漏扩散能，根据内能变化得出扩散能计算公式如下：

$$E = c_V(T_1 - T_2) - 0.98p_0(V_2 - V_1) \tag{6-53}$$

式中 E——气体扩散能，J；

c_V——比定容热容，J/(kg·K)；

T_1——气团初始温度，K；

T_2——气团压力降至大气压力时的温度，K；

p_0——环境压力，Pa；

V_1——气团初始体积，m^3；

V_2——气团眼里降至大气压力时的体积，m^3。

（2）闪蒸液泄漏扩散能，蒸发的蒸汽团扩散能可以按下式计算：

$$E = [H_1 - H_2 - T_b(S_1 - S_2)]W - 0.98(p_1 - p_0)V_1 \tag{6-54}$$

式中 E——闪蒸液体扩散能，J；

H_1——泄漏液体初始焓，J/kg；

H_2——泄漏液体最终焓，J/kg；

T_b——液体的沸点，K；

S_1——液体蒸发前的熵，J/(kg·K)；

S_2——液体蒸发后的熵，J/(kg·K)；

W——液体蒸发量，kg；

p_1——初始压力，Pa；

p_0——周围环境压力，Pa；

V_1——初始体积，m^3。

2）气团半径与浓度

在扩散能的推动下气团向外扩散，并与周围空气发生紊流混合。

（1）内层半径与浓度，气团内层半径 R_1 和浓度 C 是时间函数，表述如下：

$$R_1 = 2.72\sqrt{K_d t} \tag{6-55}$$

$$C=\frac{0.0059V_0}{\sqrt{(K_d t)^3}} \tag{6-56}$$

$$K_d=0.0137\sqrt[3]{V_0}\cdot\sqrt{E}\cdot\left(\frac{\sqrt[3]{V_0}}{t\sqrt{E}}\right)^{\frac{1}{4}} \tag{6-57}$$

式中　t——扩散时间，s；

V_0——在标准温度、压力下气体体积，m^3；

K_d——紊流扩散系数。

如上所述，当中心扩散速度（dR/dt）降到一定值时，第二阶段才结束。临界速度的选择是随机的且不稳定的。设扩散结束时扩散速度为 1 m/s，则在扩散结束时内层半径 R_1 和浓度 C 可按下式计算：

$$R_1=0.08837E^{03}V_0^{\frac{1}{3}} \tag{6-58}$$

$$C=172.95E^{-0.9} \tag{6-59}$$

（2）外层半径与浓度，第二阶段末气团外层的大小可根据试验观察得出，即扩散终结时外层气团半径 R_2 由下式求得：

$$R_2=1.456R_1 \tag{6-60}$$

式中　R_2、R_1——气团内层、外层半径，m。

外层气团浓度自内层向外呈高斯分布。

三、火灾模型

易燃、易爆的气体、液体泄漏后遇到引火源就会发生火灾。根据火灾辐射热对周围环境的影响范围和程度，将火灾分为池火灾、喷射火灾和固体火灾。

1. 池火灾

可燃液体（如汽油、柴油等）泄漏后流到地面形成液池，或流到水面并覆盖水面，遇到火源燃烧而成池火。

1）燃烧速度

当液池中的可燃液体的沸点高于周围环境温度时，液体表面上单位面积的燃烧速度 dm/dt 为

$$\frac{dm}{dt}=\frac{0.001H_C}{c_p(T_b-T_0)+H} \tag{6-61}$$

式中　dm/dt——单位表面积燃烧速度，$kg/(m^2\cdot s)$；

H_C——液体燃烧热，J/kg；

c_p——液体的比定压热容，$J/(kg\cdot K)$；

T_b——液体的沸点，K；

T_0——环境温度，K；

H——液体的汽化热，J/kg。

当液体的沸点低于环境温度时，如加压液化气或冷冻液化气，其单位面积的燃烧速度 dm/dt 为

$$\frac{dm}{dt}=\frac{0.001H_C}{H} \tag{6-62}$$

燃烧速度也可从手册中直接得到。表 6-11 中列出了一些可燃液体的燃烧速度。

表 6-11　一些可燃液体的燃烧速度

物质名称	车用汽油	航空汽油	煤油	柴油
燃烧速度/($kg \cdot m^{-2} \cdot s^{-1}$)	80.88×10^{-3}	91.98×10^{-3}	55.11×10^{-3}	49.33×10^{-3}
物质名称	乙醚	丙酮	重油	苯
燃烧速度/($kg \cdot m^{-2} \cdot s^{-1}$)	125.84×10^{-3}	66.36×10^{-3}	78.1×10^{-3}	165.37×10^{-3}
物质名称	甲苯	甲醇	二甲苯	丁醇
燃烧速度/($kg \cdot m^{-2} \cdot s^{-1}$)	138.29×10^{-3}	57.6×10^{-3}	104.05×10^{-3}	52.08×10^{-3}
物质名称	戊醇	二硫化碳	松节油	醋酸乙酯
燃烧速度/($kg \cdot m^{-2} \cdot s^{-1}$)	63.03×10^{-3}	132.97×10^{-3}	123.84×10^{-3}	70.31×10^{-3}

2）火焰高度

假设液池是半径为 r 的圆形液池，液池火焰为圆柱形，则火焰高度可按下式计算：

$$h=84r\left[\frac{dm/dt}{\rho_0(2gr)^{\frac{1}{2}}}\right]^{0.6} \tag{6-63}$$

式中　h——火焰高度，m；

r——液池半径，m；

ρ_0——周围空气密度，kg/m^3；

g——重力加速度，$9.8\ m/s^2$；

dm/dt——燃烧速度，$kg/(m^2 \cdot s)$。

式（6-63）只适用于无风的情况，在有风的情况下，火焰高度会随风速的增大而下降。

3）热辐射通量

当液池燃烧时，液池表面会通过火焰燃烧向外辐射热能，则放出的总热辐射通量为

$$Q=(\pi r^2+2\pi rh)\frac{dm}{dt}\eta H_C\bigg/\left[72\left(\frac{dm}{dt}\right)^{0.60}+1\right] \tag{6-64}$$

式中　Q——总热辐射通量，W；

η——效率因子，取 0.13~0.35。

4）目标入射热辐射强度

假设全部辐射热量由液池中心点的小球面辐射出来，则在距离池中心某一距离（X）处的入射热辐射强度为

$$I=\frac{Qt_c}{4\pi X^2} \tag{6-65}$$

式中　I——热辐射强度，W/m^2；

Q——总热辐射通量，W；

t_c——热传导系数，在无相对理想的数据时取值为 1；

X——目标点到液池中心距离，m。

2. 喷射火灾

加压的可燃物质泄漏时会形成射流，如果在泄漏裂口处被点燃，则形成喷射火灾。假定把整个喷射火看成是由沿喷射中心线上的全部点热源组成，每个点热源的热辐射通量相等。则点热源的热辐射通量按下式计算：

$$q = \eta Q_0 H_C \tag{6-66}$$

式中 q——点热源热辐射通量，W；

η——效率因子，取0.35；

Q_0——泄漏速度，kg/s；

H_C——燃烧热，J/kg。

从理论上讲，喷射火的火焰长度等于从泄漏口到可燃混合气燃烧下限（LFL）的射流轴线长度。对表面火焰热通量，则集中在 $LFL/1.5$ 处。对危险评价分析而言，点热源数一般取5。

射流轴线上某点热源到距离该点处一点的热辐射强度为

$$I_i = \frac{qR}{4\pi x^2} \tag{6-67}$$

式中 I_i——点热源至目标点处的热辐射强度，W/m^2；

q——点热源的辐射通量，W；

x——点热源到目标点的距离，m。

某一目标点处的入射热辐射强度等于喷射火的全部点热源对目标的热辐射强度的总和：

$$I = \sum_{i=1}^{n} I_i \tag{6-68}$$

式中 n——计算时选取的点热源数，一般取 $n=5$。

3. 固体火灾

固体火灾的热辐射参数按点源模型估计。此模型认为火焰射出的能量为燃烧的一部分，并且辐射强度与目标至火源中心距离的平方成反比，即

$$q_r = fM_c H_C/(4x^2) \tag{6-69}$$

$$M_c = m_f S \tag{6-70}$$

式中 q_r——目标接收到的辐射强度，W/m^2；

f——辐射系数，取 $f=0.25$；

M_c——燃烧速率，kg/s；

H_C——燃烧热，J/kg；

x——目标至火源中心间的水平距离，m；

m_f——单位面积可燃物质的燃烧速率，kg/(m^2·s)；

S——可燃物质的燃烧面积，m^2。

四、爆炸模型

爆炸是物质的一种非常急剧的物理、化学变化，也是大量能量在短时间内迅速释放或急剧转化成机械功的现象。按爆炸性质可分为物理爆炸、化学爆炸和核爆炸。它通常是借

助于气体的膨胀来实现。

从物质运动的表现形式来看，爆炸就是物质剧烈运动的一种表现。物质运动急剧增速，由一种状态迅速地转变成另一种状态，并在瞬间内释放出大量的能。一般将爆炸过程分为两个阶段：第一阶段是物质的能量以一定的形式（定容、绝热）转变为强压缩能；第二阶段是强压缩能急剧绝热膨胀对外做功，引起作用介质变形、移动和破坏。

1. 物理爆炸

压力容器破裂时，气体膨胀所释放的能量（即爆炸能量）既与气体压力和容器的容积有关，也与介质在容器内的物性相态相关。不同相态的介质在容积和压力相同的条件下，其在容器破裂时产生的爆炸能量不同，且爆炸过程也不完全相同，所以其能量计算公式也不同。

1）压缩气体与水蒸气容器爆炸能量

当压力容器中介质为压缩气体，即以气态形式存在而发生物理爆炸时，其释放的爆炸能量与压力容器的容积有关。这里认为容器内的气体与大气无热量交换，也就是说，气体介质的膨胀是一个绝热膨胀过程，可按理想气体绝热膨胀做功来计算爆炸能量，即

$$E_g = \frac{pV}{k-1}\left[1 - \left(\frac{0.1013}{p}\right)^{\frac{k-1}{k}}\right] \times 10^3 \tag{6-71}$$

式中 E_g——气体的爆炸能量，kJ；

p——容器内气体的绝对压力，MPa；

V——容器的容积，m^3；

k——气体的绝热指数，即气体的定压比热与定容比热之比。

常用气体的绝热指数数值见表6-12。

2）介质全部为液体时的爆炸能量

通常将液体加压时所做的功作为常温液体压力容器爆炸时释放的能量，计算公式如下：

$$E_L = \frac{(p-1)^2 V\beta_t}{2} \tag{6-72}$$

式中 E_L——常温液体压力容器爆炸时释放的能量，kJ；

p——液体的压力（绝），Pa^{-1}；

V——容器的体积，m^3；

β_t——液体在压力 p 和温度 T 下的压缩系数，Pa^{-1}。

表6-12 常用气体的绝热指数

气体名称	空气	氮	氧	氢	甲烷
k 值	1.4	1.4	1.397	1.412	1.316
气体名称	乙烯	丙烷	一氧化碳	乙烷	二氧化氮
k 值	1.22	1.33	1.395	1.18	1.31
气体名称	氨气	氯气	过热蒸汽	干饱和蒸汽	氢氯酸
k 值	1.32	1.35	1.3	1.135	1.31

3）液化气体遇高温饱和水的爆炸能量

液化气体（如液氯、液氨）和高温饱和水在容器内一般以气液两态存在，当容器破裂发生爆炸时，除了气体的急剧膨胀做功外，还有过热液体激烈的蒸发过程。在大多数情况下，这类容器内的饱和液体占有容器介质质量的绝大部分，它的爆炸能量比饱和气体大得多，一般计算时考虑气体膨胀做的功。过热状态下液体在容器破裂时释放出的爆破能量可按下式计算：

$$E=[(H_1-H_2)-(S_1-S_2)T_1]W \tag{6-73}$$

式中　E——过热状态液体的爆破能量，kJ；

H_1——爆炸前饱和液体的焓，kJ/kg；

H_2——在大气压力下饱和液体的焓，kJ/kg；

S_1——爆炸前饱和液体的熵，kJ/(kg · ℃)；

S_2——在大气压力下饱和液体的熵，kJ/(kg · ℃)；

T_1——介质在大气压力下的沸点，kJ/(kg · ℃)；

W——饱和液体的质量，kg。

饱和水容器的爆破能量按下式计算：

$$E_W=C_WV \tag{6-74}$$

式中　E_W——饱和水容器的爆破能量，kJ；

V——容器内饱和水所占的容积，m^3；

C_W——饱和水爆破能量系数（表 6-13），kJ/m^3。

表 6-13　常用压力下饱和水爆破能量系数

表压力 p/MPa	0.3	0.5	0.8	1.3	2.5	3.0
$C_W/(kJ\cdot m^{-3})$	2.38×10^4	3.25×10^4	4.56×10^4	6.35×10^4	9.56×10^4	1.06×10^4

2. 爆炸冲击波

压力容器爆炸时，爆破能量在向外释放时以冲击波能量、碎片能量和容器残余变形能量 3 种形式表现出来。后两者所消耗的能量只占总爆破能量的 3%～15%，也就是说大部分能量是产生空气冲击波。

1）爆炸冲击波

冲击波是由压缩波叠加形成的，是波阵面以突进形式在介质中传播的压缩波。容器破裂时，容器内的高压气体大量冲出，使它周围的空气受到冲击波而发生扰动，使其状态（压力、密度、温度等）发生突越变化，其传播速度大于扰动介质的声速，这种扰动在空气中的传播就成为冲击波。

在离爆破中心一定距离的地方，空气压力会随时间发生迅速而悬殊的变化。开始时，压力突然升高，产生一个很大的正压力，接着又迅速衰减，在很短时间内正压降至负压。如此反复循环数次，压力逐渐衰减下去。开始时产生的最大正压力即是冲击波波阵面上的超压 Δp。多数情况下，冲击波的伤害、破坏作用是由超压引起的。超压 Δp 可以达到数个甚至数十个大气压。

冲击波波阵面上的超压与产生冲击波的能量有关，同时也与距离爆炸中心的远近有关。冲击波的超压与爆炸中心距离的关系为

$$\Delta p \propto R^{-n} \tag{6-75}$$

式中 Δp——冲击波波阵面上的超压，MPa；

R——距爆炸中心的距离，m；

n——衰减系数。

衰减系数在空气中随着超压的大小而变化，在爆炸中心附近为2.5~3；当超压在数个大气压以内时，$n=2$；小于1个大气压时，$n=1.5$。

实验数据表明，不同数量的同类炸药发生爆炸时，如果 R 与 R_0 之比与 q 与 q_0 之比的三次方根相等，则所产生的冲击波超压相同，用公式表示如下：

若

$$\frac{R}{R_0} = \sqrt[3]{\frac{q}{q_0}} = a$$

则

$$\Delta p = \Delta p_0 \tag{6-76}$$

式中 R——目标与爆炸中心距离，m；

R_0——目标与基准爆炸中心的相当距离，m；

q_0——基准炸药量（TNT），kg；

q——爆炸时产生冲击波所消耗的炸药量（TNT），kg；

Δp——目标处的超压，MPa；

Δp_0——基准目标处的超压，MPa；

a——炸药爆炸试验的模拟比。

上式也可写为

$$\Delta p(R) = \Delta p_0\left(\frac{R}{a}\right) \tag{6-77}$$

利用式（6-77）就可以根据某些已知药量的试验所测得的超压来确定任意药量爆炸时在各种相应距离下的超压。

表6-14是1000 kg TNT炸药在空气中爆炸时所产生的冲击波超压。

表6-14 1000 kg TNT爆炸时的冲击波超压

距离 R_0/m	5	6	7	8	9	10	12	14
Δp_0/MPa	2.94	2.06	1.67	1.27	0.95	0.76	0.50	0.33
距离 R_0/m	16	18	20	25	30	35	40	45
Δp_0/MPa	0.235	0.17	0.126	0.079	0.057	0.043	0.033	0.027
距离 R_0/m	50	55	60	65	70	75		
Δp_0/MPa	0.0235	0.0205	0.018	0.016	0.0143	0.013		

2）蒸汽云爆炸的冲击波

爆炸性气体以液态储存，如果瞬间泄漏后遇到延迟点火或气态储存时泄漏到空气中，遇到火源，则可能发生蒸汽云爆炸。导致蒸汽云形成的力来自容器内含有的能量或可燃物含有的内能，或两者兼而有之。“能”的主要形式是压缩能、化学能或热能。一般说来，只有压缩能和热量才能单独导致形成蒸汽云。

根据荷兰应用科研院 TNO（1979）建议，可按下式预测蒸汽云爆炸的冲击波的损害半径：

$$R = C_S(NE)^{1/3} \tag{6-78}$$

$$E = VH_C$$

式中 R——损害半径，m；

E——爆炸能量，kJ；

V——参与反应的可燃气体的体积，m^3；

H_C——可燃气体的高燃烧热值（表 6-15），kJ/m^3；

N——效率因子，其值与燃烧浓度持续展开所造成损耗的比例和燃料燃烧所得机械能的数量有关，一般取 $N=10\%$；

C_S——经验常数，取决于损害等级，其取值情况见表 6-16。

表 6-15 某些气体的高燃烧热值

气体名称		高热值	气体名称	高热值
氢气		12770	乙烯	64019
氨气		17250	乙炔	58985
苯		47843	丙烷	101828
一氧化碳		17250	丙烯	94375
硫化氢	生成 SO_2	25708	正丁烷	134026
	生成 SO_3	30146	异丁烷	132016
甲烷		39860	丁烯	121883
乙烷		70425		

表 6-16 损害登记表

损害等级	C_S	设备损坏	人员伤害
1	0.03	重创建筑物的加工设备	1%死亡于肺部伤害 ＞50%耳膜破裂 ＞50%被碎片击伤
2	0.06	损坏建筑物外表可修复性破坏	1%耳膜破裂 1%被碎片击伤
3	0.15	玻璃破碎	被碎玻璃击伤
4	0.40	10%玻璃破碎	

五、中毒模型

有毒物质泄漏后生成有毒蒸汽云，它在空气中飘移、扩散，直接影响现场人员，并可能波及居民区。大量剧毒物质泄漏可能带来严重的人员伤亡和环境污染。

毒物对人员的危害程度取决于毒物的性质、毒物的浓度和人员与毒物接触时间等因素。有毒物质泄漏初期，其毒气形成气团密集在泄漏源周围，随后由于环境温度、地形、风力和湍流等影响气团飘移、扩散，扩散范围变大，浓度减小。在后果分析中，往往不考虑毒物泄漏的初期情况，即工厂范围内的现场情况，主要计算毒气气团的空气中飘移、扩散的范围、浓度、接触毒物的人数等。

1. 毒物泄漏后果的概率函数法

概率函数法是用人们在一定时间接触一定浓度毒物所造成影响的概率来描述毒物泄漏后果的一种表示法。概率与中毒死亡百分率有直接关系，两者可以互相换算，见表6-17。概率值在0~10之间。

表6-17 概率与死亡百分率的换算

死亡百分率/%	0	1	2	3	4	5	6	7	8	9
0		2.67	2.95	3.12	3.25	3.36	3.45	3.52	3.59	3.66
10	3.72	3.77	3.82	3.87	3.92	3.96	4.01	4.05	4.08	4.12
20	4.16	4.19	4.23	4.26	4.29	4.33	4.26	4.39	4.42	4.45
30	4.48	4.50	4.53	4.56	4.59	4.61	4.64	4.67	4.69	4.72
40	4.75	4.77	4.80	4.82	4.85	4.87	4.90	4.92	4.95	4.97
50	5.00	5.03	5.05	5.08	5.10	5.13	5.15	5.18	5.20	5.23
60	5.25	5.28	5.31	5.33	5.36	5.39	5.41	5.44	5.47	5.50
70	5.52	5.55	5.58	5.61	5.64	5.67	5.71	5.74	5.77	5.81
80	5.84	5.88	5.92	5.95	5.99	6.04	6.08	6.13	6.18	6.23
90	6.28	6.34	6.41	6.48	6.55	6.64	6.75	6.88	7.05	7.33
99	0.0	0.1	0.2	0.3	0.4	0.5	0.6	0.7	0.8	0.9
	7.33	7.37	7.41	7.46	7.51	7.58	7.58	7.65	7.88	8.09

概率值 Y 与接触毒物浓度及接触时间的关系如下：

$$Y = A + B\ln(C^n t) \tag{6-79}$$

式中 A、B、n——取决于毒物性质的常数（表6-18列出了一些常见有毒物质的有关参数）；

C——接触毒物的浓度，10^{-6}；

t——接触毒物的时间，min。

表6-18 一些毒性物质的常数

物质名称	A	B	n	参考资料
氯	-5.30	0.50	2.75	DCMR 1984
氨	-9.82	0.71	2.00	DCMR 1984
丙烯醛	-9.93	2.05	1.00	USCG 1977
四氯化碳	0.54	1.01	0.50	USCG 1977
氯化氢	-21.76	2.65	1.00	USCG 1977

表 6-18（续）

物质名称	A	B	n	参考资料
甲基溴	-19.92	5.16	1.00	USCG 1977
光气（碳酸氯）	-19.27	3.69	1.00	USCG 1977
氟氢酸（单体）	-26.40	3.35	1.00	USCG 1977

使用概率函数表达式时，必须计算评价点的毒性负荷（$C^n t$），因为在一个已知点，其毒物、浓度随着气团的稀释而不断变化，瞬时泄漏就是这种情况。确定毒物泄漏范围内某点的毒性负荷，可把气团经过该点的时间划分为若干区段，计算每个区段内该点的毒物浓度，得到各时间区段的毒性负荷，然后再求出总毒性负荷：

$$\text{总毒性负荷} = \sum \text{时间区段内毒性负荷}$$

一般说来，接触毒物的时间不会超过 30 min。因为在这段时间里人员可以逃离现场或采取保护措施。

当毒物连续泄漏时，某点的毒物浓度在整个云团扩散期间没有变化。当设定某死亡百分率时，由表 6-17 查出相应的概率值，根据式（6-79）有

$$C^n t = e^{\frac{Y-A}{B}} \tag{6-80}$$

于是，按扩散公式可以算出中毒范围。

如果毒物泄漏是瞬时的，则有毒气团的某点通过时该点处毒物浓度是变化的。这种情况下，考虑浓度的变化情况，计算气团通过该点的毒性负荷，算出该点的概率值 Y，然后查表 6-17 就可得出相应的死亡百分率。

2. 有毒液化气体容器破裂时的毒害区估算

液化介质在容器破裂时会发生蒸汽爆炸。当液化介质为有毒物质，如液氯、液氨、二氧化硫、硫化氢、氢氰酸等，爆炸后如不燃烧，会造成大面积的毒害区域。

设有毒液化介质质量为 W，单位为 kg；容器破裂前容器内介质温度为 t，单位为℃；液体介质比热为 C，单位为 kJ/(kg·℃)。当容器破裂时，容器内压力降至大气压，处于过热状态的液化气温度迅速降至标准沸点 t_0（单位:℃），此时全部液体所放出热量为

$$Q = WC(t - t_0) \tag{6-81}$$

设这些热量全部用于容器内液体的蒸发，如它的汽化热为 q（单位：kJ/kg），则其蒸发量为

$$W = \frac{Q}{q} = \frac{WC(t - t_0)}{q} \tag{6-82}$$

如介质的分子量为 M，则在沸点下蒸发蒸汽的体积 V_g（单位：m^3）为

$$V_g = \frac{22.4W}{M} \cdot \frac{273 + t_0}{273} = \frac{22.4WC(t - t_0)}{M_q} \cdot \frac{273 + t_0}{273} \tag{6-83}$$

为便于计算，现将压力容器最常用的液氨、液氯、氢氰酸等的有关物理化学性能列于表 6-19 中。关于一些有毒气体的危险浓度见表 6-20。

若已知某种有毒物质的危险浓度，则可求出其危险浓度下的有毒空气体积。如二氧化

硫在空气中的浓度达到0.05%时，人吸入5~10 min即致死，则 V_g 的二氧化硫可以产生令人致死的有毒空气体积为

$$V = V_g \times 100/0.05 = 2000V_g$$

假设这些有毒空气以半球形向地面扩散，则可求出该有毒气体扩散半径为

$$R = \sqrt[3]{\frac{V_g/C}{\frac{1}{2} \times \frac{4}{3}\pi}} = \sqrt[3]{\frac{V_g/C}{2.0944}} \tag{6-84}$$

式中　R——有毒气体的半径，m；

V_g——有毒介质的蒸汽体积，m^3；

C——有毒介质在空气中的危险浓度值,%。

表6-19　一些有毒物质的有关物理化学性能

物质名称	分子量 M	沸点 t_0/℃	液体平均比热 c/(kJ·kg^{-1}·℃$^{-1}$)	汽化热 q/(kJ·kg^{-1})
氨	17	-33	4.6	1.37×10^2
氯	71	-34	0.96	2.89×10^2
二氧化硫	64	-10.8	1.76	3.93×10^2
丙烯醛	56.06	52.8	1.88	5.73×10^2
氢氰酸	27.03	25.7	3.35	9.75×10^2
四氯化碳	153.8	76.8	0.85	1.95×10^2

表6-20　有毒气体的危险浓度　　%

物质名称	吸入5~10 min致死的浓度	吸入0.5~1 h致死的浓度	吸入0.5~1 h致重病的浓度
氨	0.5		
氯	0.09	0.0035~0.0050	0.0014~0.0021
二氧化硫	0.05	0.053~0.065	0.015~0.019
氢氰酸	0.027	0.011~0.014	0.01
硫化氢	0.08~0.10	0.042~0.060	0.036~0.050
二氧化氮	0.05	0.032~0.053	0.011~0.021

本章小结

（1）为避免或减少这类重大事故的发生，采取根据过去的一些数据规律来判断出事物的现状以及将来的发展趋势的措施，这就是对安全系统建模。对火灾、爆炸、中毒等重大事故危害后果的分析评价，可为政府和企业采取安全措施和制定事故应急救援预案提供依据。

（2）灰色动态模型和BP神经网络模型具有简单和复杂的辩证关系，具有互补性。安全系统的特点和条件比较符合于这两种模型构建的要求。安全系统的灰度处理、安全系统的非线性自组织性与BP神经网络模型特点如何互相匹配等问题仍是安全系统建模的关键问题。

（3）典型事故分析是运用了数学模型来描述，往往是在一系列的假设前提下按理想情况建立的。有些模型经过小型试验的验证，有的则可能与实际情况有较大出入，但对辨识危险性来说是可参考的。

复习思考题

1. 灰色关联度的意义是确定参考序列与母序列的“关联序”还是确定参考序列与母序列的关系亲疏程度？

2. 试构建安全管理的灰色控制论模型。

3. 试构建某加油站火灾预警系统的 BP 神经网络模型。

4. 设有一压缩气体储罐，容积为 15 m^3，压力为 1 MPa（表压），运行时容器破裂爆炸。试计算储气罐爆炸时的能量，并估算距离为 10 m 处的冲击波超压。

5. 热辐射伤害破坏作用的判断准备主要有哪些？

附　　录

化 合 物	物质系数 MF	燃烧热[①] H_C/（BTU · lb×10^{-3}）	NFPA 分级		
			健康危害 N_h	易燃性 N_f	化学活性 N_r
乙醛	24	10.5	3	4	2
醋酸	14	5.6	3	2	1
醋酐	14	7.1	3	2	1
丙酮	16	12.3	1	3	0
丙酮合氰化氢	24	11.2	4	2	2
乙腈	16	12.6	3	3	0
乙酰氯	24	2.5	3	3	2
乙炔	29	20.7	0	4	3
乙酰基乙醇氨	14	9.4	1	1	1
过氧化乙酰	40	6.4	1	2	4
乙酰基水杨酸[②]	16	8.9	1	1	0
乙酰基柠檬酸三丁酯	4	10.9	0	1	0
丙烯醛	29	11.8	4	3	3
丙烯酰胺	24	9.5	3	2	2
丙烯酸	24	7.6	3	2	2
丙烯腈	24	13.7	4	3	2
烯丙醇	16	13.7	4	3	1
烯丙胺	16	15.4	4	3	1
烯丙基溴	16	5.9	3	3	1
烯丙基氯	16	9.7	3	3	1
烯丙醚	24	16.0	3	3	2
氯化铝	24	③	3	0	2
氨	4	8.0	3	1	0
硝酸铵	29	12.4[④]	0	0	3
醋酸戊酯	16	14.6	1	3	0
硝酸戊酯	10	11.5	2	2	0
苯胺	10	15.0	3	2	0
氯酸钡	14	③	2	0	1
硬脂酸钡	4	8.9	0	1	0
苯甲醛	10	13.7	2	2	0
苯	16	17.3	2	3	0
苯甲酸	14	11.0	2	3	1
醋酸苄酯	4	12.3	1	1	0
苄醇	4	13.8	2	1	0
苄基氯	14	12.6	2	2	1

（续）

化 合 物	物质系数 MF	燃烧热[①] H_C/（BTU·Ib×10^{-3}）	NFPA 分级		
			健康危害 N_h	易燃性 N_f	化学活性 N_r
过氧化苯甲酰	40	12.0	1	3	4
双酚 A	14	14.1	2	1	1
溴	1	0	3	0	0
溴苯	10	8.1	2	2	0
邻-溴甲苯	10	8.5	2	2	0
1，3-丁二烯	24	19.2	2	4	2
丁烷	21	19.7	1	4	0
1-丁醇	16	14.3	1	3	0
1-丁烯	21	19.5	1	4	0
醋酸丁酯	16	12.2	1	3	0
丙烯酸丁酯	24	14.2	2	2	2
（正）丁胺	16	16.3	3	3	0
溴代丁烷	16	7.6	2	3	0
氯丁烷	16	11.4	2	3	0
2，3-环氧丁烷	24	14.3	2	3	2
丁基醚	16	16.3	2	3	1
特丁基过氧化氢	40	11.9	1	4	4
硝酸丁酯	29	11.1	1	3	3
过氧化乙酸特丁酯	40	10.6	2	3	4
过氧化苯甲酸特丁酯	40	12.2	1	3	4
过氧化特丁酯	29	14.5	1	3	3
碳化钙	24	9.1	3	3	2
硬脂酸钙[④]	4	—	0	1	0
二硫化碳	21	6.1	3	4	0
一氧化碳	21	4.3	3	4	0
氯气	1	0.0	4	0	0
二氧化氯	40	0.7	3	1	4
氯乙酰氯	14	2.5	3	0	1
氯苯	16	10.9	2	3	0
三氯甲烷	1	1.5	2	0	0
氯甲基乙基醚	14	5.7	2	1	1
1-氯-1-硝基乙烷	29	3.5	3	2	3
邻-氯酚	10	9.2	3	2	0
三氯硝基甲烷	29	5.8[④]	4	0	3
2-氯丙烷	21	10.1	2	4	0
氯苯乙烯	24	12.5	2	1	2
氧杂萘邻酮	24	12.0	2	1	2
异丙基苯	16	18.0	2	3	1
异丙基过氧化氢	40	13.7	1	2	4
氨基氰	29	7.0	4	1	3

（续）

化 合 物	物质系数 MF	燃烧热[①] H_C/(BTU · lb×10^{-3})	NFPA 分级		
			健康危害 N_h	易燃性 N_f	化学活性 N_r
环丁烷	21	19.1	1	4	0
环己烷	16	18.7	1	3	0
环己醇	10	15.0	1	2	0
环丙烷	21	21.3	1	4	0
DER * 331	14	13.7	1	1	1
二氯苯	10	8.1	2	2	0
1，2-二氯乙烯	24	6.9	2	3	2
1，2-二氯丙烯	16	6.0	3	3	0
2，3-二氯丙烯	16	5.9	2	3	0
3，5-二氯代水杨酸	24	5.3	0	1	2
二氯苯乙烯	24	9.3	2	1	2
过氧化二枯基	29	15.4	0	1	3
二聚环戊二烯	16	17.9	1	3	1
柴油	10	18.7	0	2	0
二乙醇胺	4	10.0	1	1	0
二乙胺	16	16.5	3	3	0
间-二乙基苯	10	18.0	2	2	0
碳酸二乙酯	16	9.1	2	3	1
二甘醇	4	8.7	1	1	0
二乙醚	21	14.5	2	4	1
二乙基过氧化物	40	12.2	—	4	4
二异丁烯	16	19.0	1	3	0
二异丙基苯	10	17.9	0	2	0
二甲胺	21	15.2	3	4	0
2，2-二甲基-1-丙醇	16	14.8	2	3	0
1，2-二硝基苯	40	7.2	3	1	4
2，4-二硝基苯酚	16	6.1	3	1	4
1，4-二恶烷	10	10.5	2	3	1
二氧戊环	21	9.1	2	3	2
二苯醚	16	14.9	1	1	0
二丙二醇	4	10.8	0	1	0
二特丁基过氧化物	40	14.5	3	2	4
二乙烯基乙炔	29	18.2	—	3	3
二乙烯基苯	24	17.4	2	2	2
二乙烯基醚	24	14.5	2	3	2
DOWANOL * DM	10	10.0	2	2	0
DOWANOL * EB	10	12.9	1	2	0
DOWANOL * PM	16	11.1	0	3	0
DOWANOL * PnB	10	—	0	2	0
DOWICIL * 75	24	7.0	2	2	2

（续）

化合物	物质系数 MF	燃烧热①H_C/（BTU·Ib×10^{-3}）	NFPA 分级		
			健康危害 N_h	易燃性 N_f	化学活性 N_r
DOWICIL＊200	24	9.3	2	2	2
DOWFROST＊	4	9.1	0	1	0
DOWFROST＊HD	1	—	0	0	0
DOWFROST＊250	1	—	0	0	0
DOWTHERM＊4000	4	7.0	1	1	0
DOWTHERM＊A	4	15.5	2	1	0
DOWTHERM＊G	4	15.5	1	1	0
DOWTHERM＊HT	4	—	1	1	0
DOWTHERM＊J	10	17.8	1	2	0
DOWTHERM＊LF	4	16.0	1	1	0
DOWTHERM＊Q	4	17.3	1	1	0
DOWTHERM＊SR-1	4	7.0	1	1	0
DURSBAN＊	14	19.8	1	2	1
3-氯-1，2-环氧丙烷	24	7.2	3	3	2
乙烷	21	20.4	1	4	0
乙醇胺	10	9.5	2	2	0
醋酸乙酯	16	10.1	1	3	0
丙烯酸乙酯	24	11.0	2	3	2
乙醇	16	11.5	0	3	0
乙胺	21	16.3	3	4	0
乙苯	16	17.6	2	3	0
苯甲酸乙酯	4	12.2	1	1	0
溴乙烷	4	5.6	2	1	0
乙基丁基胺	16	17.0	3	3	0
乙基丁基碳酸酯	14	10.6	2	2	1
丁酸乙酯	16	12.2	0	3	0
氯乙烷	21	8.2	1	4	0
氯甲酸乙酯	16	5.2	3	3	1
乙烯	24	20.8	1	4	2
碳酸乙酯	14	5.3	2	1	1
乙二胺	10	12.4	3	2	0
1，2-二氯乙烷	16	4.6	2	3	0
乙二醇	4	7.3	1	1	0
乙二醇二甲基醚	10	11.6	2	2	0
乙二醇单醋酸酯	4	8.0	0	1	0
氮丙啶	29	13.0	4	3	3
环氧乙烷	29	11.7	3	4	3
乙醚	21	14.4	2	4	1
甲酸乙酯	16	8.7	2	3	0
2-乙基己醛	14	16.2	2	2	1

（续）

化 合 物	物质系数 *MF*	燃烧热①H_C/（BTU·Ib×10^{-3}）	NFPA 分级		
			健康危害 N_h	易燃性 N_f	化学活性 N_r
1，1-二氯乙烷	16	4.5	2	3	0
乙硫醇	21	12.7	2	4	0
硝酸乙酯	40	6.4	2	3	4
乙氧基丙烷	16	15.2	1	3	0
对-乙基甲苯	10	17.7	3	2	0
氟	40	—	4	0	4
氟（代）苯	16	13.4	3	3	0
甲醛（无水气体）	21	8.0	3	4	0
甲醛，液体（37%~56%）	10	—	3	2	0
甲酸	10	3.0	3	2	0
1 号燃料油	10	18.7	0	2	0
2 号燃料油	10	18.7	0	2	0
4 号燃料油	10	18.7	0	2	0
6 号燃料油	10	18.7	0	2	0
呋喃	21	12.6	1	4	1
汽油	16	18.8	1	3	0
甘油	4	6.9	1	1	0
乙醇腈	14	7.6	1	1	1
（正）庚烷	16	19.2	1	3	0
六氯丁二烯	14	2.0	2	1	1
六氯二苯醚	14	5.5	2	1	
己醛	16	15.5	2	3	1
己烷	16	19.2	1	3	0
无水肼	29	7.7	3	3	3
氢	24	51.6	0	4	0
氰化氢	24	10.3	4	4	2
过氧化氢	14	③	2	0	1
硫化氢	21	6.5	4	4	0
羟胺	29	3.2	2	0	3
2-羟乙基丙烯酸酯	24	8.9	2	1	2
羟丙基丙烯酸酯	24	10.4	3	1	2
异丁烷	21	19.4	1	4	0
异丁醇	16	14.2	1	3	0
异丁胺	16	16.2	2	3	0
异丁基氯	16	11.4	2	3	0
异戊烷	21	21.0	1	4	0
异戊间二烯	24	18.9	2	4	2
异丙醇	16	13.1	1	3	0
异丙基乙炔	24	—	2	4	2
醋酸异丙酯	16	11.2	1	3	0
异丙胺	21	15.5	3	4	0

(续)

化 合 物	物质系数 MF	燃烧热[①] H_C/(BTU·Ib×10^{-3})	NFPA 分级		
			健康危害 N_h	易燃性 N_f	化学活性 N_r
异丙基氯	21	10.0	2	4	0
异丙醚	16	15.6	2	3	1
喷气式发动机燃料 A & A-1	10	21.7	0	2	0
喷气式发动机燃料 B	16	21.7	1	1	0
煤油	10	18.7	0	0	0
十二烷基溴	4	12.9	1	1	0
十二烷基硫醇	4	16.8	2	1	0
十二烷基过氧化物	40	15.0	0	1	4
LORSBAN * 4E	14	3.0	1	2	1
润滑油	4	19.0	0	1	0
镁	14	10.6	0	1	1
马来酸酐	14	5.9	3	1	1
甲基丙烯酸	24	9.3	3	2	2
甲烷	21	21.5	1	4	0
醋酸甲酯	16	8.5	1	3	0
甲基乙炔	24	20.0	2	4	2
丙烯酸甲酯	24	18.7	3	3	2
甲醇	16	8.6	1	3	0
甲胺	21	13.2	3	4	0
甲基戊基甲酮	10	15.4	1	2	0
硼酸甲酯	16	—	2	3	1
碳酸二甲酯	16	6.2	2	3	1
甲基纤维素（袋装）	4	6.5	0	1	0
甲基纤维素粉[②]	16	6.5	0	1	0
氯甲烷	21	5.5	1	4	0
氯醋酸甲酯	14	5.1	2	2	1
甲基环己烷	16	19.0	2	3	0
甲基环戊二烯	14	17.4	1	2	1
二氯甲烷	4	2.3	2	1	0
甲撑二苯基二异氰酸盐	14	12.6	2	1	1
甲醚	21	12.4	2	4	1
甲基乙基甲酮	16	13.5	1	3	0
甲酸甲酯	21	6.4	2	4	0
甲肼	24	10.9	4	3	2
甲基乙丁基甲酮	16	16.6	2	3	1
甲硫醇	21	10.0	4	4	0
甲基丙烯酸甲酯	24	11.9	2	3	2
2-甲基丙烯醛	24	15.4	3	3	2
甲基乙烯基甲酮	24	13.4	4	3	2
石油	4	17.0	0	1	0

(续)

化合物	物质系数 *MF*	燃烧热①H_C/（BTU·Ib×10^{-3}）	NFPA 分级		
			健康危害 N_h	易燃性 N_f	化学活性 N_r
重质灯油	10	17.6	0	2	0
氯苯	16	11.3	2	3	0
一氨基乙醇	10	9.6	2	2	0
石脑油	16	18.0	1	3	0
萘	10	16.7	2	2	0
硝基苯	14	10.4	3	2	1
硝基联苯	4	12.7	2	1	0
硝基氯苯	4	7.8	3	1	0
硝基乙烷	29	7.7	1	3	3
硝化甘油	40	7.8	2	2	4
硝基甲烷	40	5.0	1	3	4
硝基丙烷	24	9.7	1	3	2
对-硝基甲苯	14	11.2	3	1	1
N-SERV *	14	15.0	2	2	1
（正）辛烷	16	20.5	0	3	0
辛硫醇	10	16.5	2	2	0
油酸	4	16.8	0	1	0
氧己环	16	13.7	2	3	1
戊烷	21	19.4	1	4	0
过醋酸	40	4.8	3	2	4
高氯酸	29	③	3	0	3
原油	16	21.3	1	3	0
苯酚	10	13.4	4	2	0
2-皮考啉	10	15.0	2	2	0
聚乙烯	10	18.7	—	—	—
皮泡聚苯乙烯	16	17.1	—	—	—
聚苯乙烯片料	10	—	—	—	—
钾（金属）	24	—	3	3	2
氯酸钾	14	③	1	0	1
硝酸钾	29	③	1	0	3
高氯酸钾	14	—	1	0	1
过四氧化二钾	14	—	3	0	1
丙醛	16	12.5	2	3	1
丙烷	21	19.9	1	4	0
1，3-二胺基丙烷	16	13.6	2	3	0
炔丙醇	29	12.4	4	3	3
炔丙基溴	40	13.7④	4	3	4
丙腈	16	15.0	4	3	1
醋酸丙酯	16	11.2	1	3	0
丙醇	16	12.4	1	3	0

（续）

化合物	物质系数 MF	燃烧热①H_C/（BTU·lb×10^{-3}）	NFPA 分级		
			健康危害 N_h	易燃性 N_f	化学活性 N_r
正丙胺	16	15.8	3	3	0
丙苯	16	17.3	2	3	0
1-氯丙烷	16	10.0	2	3	0
丙烯	21	19.7	1	4	1
二氯丙烯	16	6.3	2	3	0
丙二醇	4	9.3	0	1	0
氧化丙烯	24	13.2	3	4	2
n-丙醚	16	15.7	1	3	0
n-硝酸丙酯	29	7.4	2	3	3
吡啶	16	5.9	2	3	0
钠	24	—	3	3	2
氯酸钠	24	—	1	0	2
重铬酸钠	14	—	1	0	1
氢化钠	24	—	3	3	2
次硫酸钠	24	—	2	1	2
高氯酸钠	14	—	2	0	1
过氧化钾	14	—	3	0	1
硬酸酯	4	15.9	1	1	0
苯乙烯	24	17.4	2	3	2
氯化硫	14	1.8	3	1	1⑤
二氧化硫	1	0.0	3	0	0
SYLTHERM * 800	4	12.3	1	1	0
SYLTHERM * XLT	10	14.1	1	2	0
TELONE * 11	16	3.2	2	3	0
TELONE * C-17	16	2.7	3	3	1
甲苯	16	17.4	2	3	0
甲苯-2，4-二异氰酸盐	24	10.6	3	1	2
三丁胺	10	17.8	3	2	0
1，2，4-三氧化苯	4	6.2	2	1	0
1，1，1-三氯乙烷	4	3.1	2	1	0
三氯乙烯	10	2.7	2	1	0
1，2，3-三氰丙烷	10	4.3	3	2	0
三乙醇胺	14	10.1	2	1	1
三乙基铝	29	16.9	3	4	3
三乙胺	16	17.8	3	3	0
三甘醇	4	9.3	1	1	0
三异丁基铝	29	18.9	3	4	3
三异丙基苯	4	18.1	0	1	0
三甲基铝	29	16.5	—	3	3
三丙胺	10	17.8	2	2	0

（续）

化合物	物质系数 MF	燃烧热[①] H_C/（BTU·Ib×10^{-3}）	NFPA 分级		
			健康危害 N_h	易燃性 N_f	化学活性 N_r
乙烯基醋酸酯	24	9.7	2	3	2
乙烯基乙炔	29	19.5	2	4	3
乙烯基烯丙醚	24	15.5	2	3	2
乙基烯丁基醚	24	15.4	2	3	2
氯乙烯	24	8.0	2	4	2
4-乙烯基环己烯	24	19.0	0	3	2
乙烯基-乙基醚	24	14.0	2	4	2
1，1-二氯乙烯	24	4.2	2	4	2
乙烯基甲苯	24	17.5	2	2	2
对二甲苯	16	17.5	2	3	0
氯酸锌	14	③	1	0	1
硬脂酸锌[②]	4	10.1	0	1	0

注：①燃烧热（H_C）是燃烧所产生的水处于气态时测得的值，当 H_C 以千卡/摩尔的形式给出时，可乘以 1800 除以分子量转换成英热单位/磅（BTU/Ib；1BTU=252 cal，1 cal=4.1868 J）；1℉=0.555556 K。

②作为粉尘进行评价。

③具有强氧化性的氧化剂。

④H_C 相当于 6 倍分解热。

⑤在水中分解。

图书在版编目（CIP）数据

安全系统工程/张景林主编. --3版. --北京：煤炭工业出版社，2019（2025.1重印）

普通高等教育“十三五”规划教材

ISBN 978-7-5020-7095-3

Ⅰ.①安… Ⅱ.①张… Ⅲ.①安全系统工程—高等学校—教材 Ⅳ.①X913.4

中国版本图书馆CIP数据核字(2018)第268150号

安全系统工程 第3版（普通高等教育“十三五”规划教材）

主　　编　张景林
责任编辑　闫　非
编　　辑　田小琴
责任校对　李新荣
封面设计　王　滨

出版发行　煤炭工业出版社（北京市朝阳区芍药居35号　100029）
电　　话　010-84657898（总编室）　010-84657880（读者服务部）
网　　址　www.cciph.com.cn
印　　刷　河北鹏远艺兴科技有限公司
经　　销　全国新华书店

开　　本　787mm×1092mm $^{1}/_{16}$　**印张**　$17^{1}/_{2}$　**字数**　406千字
版　　次　2019年2月第3版　2025年1月第5次印刷
社内编号　20180212　　**定价**　49.00元

参 考 文 献

[1] 冯肇瑞，邱少贤，崔国璋，等．安全系统工程［M］.2版．北京：冶金工业出版社，1993.
[2] 谢振华．安全系统工程［M］．北京：冶金工业出版社，2010.
[3] 徐志胜，姜学鹏．安全系统工程［M］．北京：机械工业出版社，2016.
[4] 张景林．安全系统工程［M］.2版．北京：煤炭工业出版社，2014.
[5] 田宏．安全系统工程［M］．北京：中国质检出版社，2014.
[6] 吕品，王洪德．安全系统工程［M］．徐州：中国矿业大学出版社，2012.
[7] 邵辉．系统安全工程［M］.2版．北京：石油工业出版社，2016.
[8] 许素睿．安全系统工程［M］．上海：上海交通大学出版社，2015.
[9] 王洪德．安全系统工程［M］．北京：国防工业出版社，2013.
[10] 张景林．安全的自然属性和社会属性［J］．中国安全科学学报，2001（11）.
[11] 张训诰．可靠性及其应用［M］．北京：兵器工业出版社，1991.
[12] 机械电子工业质量安全司．机械工厂安全性评价［M］．北京：机械工业出版社，1986.
[13] 张国顺．危险源评估与安全理论生产保障体系［M］．北京：兵器工业出版社，1999.
[14] 樊运晓，罗云．系统安全工程［M］．北京：化学工业出版社，2009.
[15] 胡毅亭，陈网桦，卫延安．安全系统工程［M］．南京：南京大学出版社，2009.
[16] 陈书平，杨栋梁，陈英东，等．煤矿采掘突水溃砂事故鱼刺图分析［J］．西部探矿工程，2017（11）.
[17] 刘海洋，蒋婉婷．用鱼刺图法分析天然气管道输差［J］．中国石油和化工标准与质量，2016，36（12）：88-89.
[18] 郑登锋，唐彪．基于LEC法的输气站场作业风险分析［J］．山西煤炭，2010，30（10）：41-44.
[19] 龚斯谛．基于AHP和攻击图的工控系统信息安全风险评估研究［D］．南昌航空大学，2017.
[20] 满金薇．攻击图应用下的网络安全风险评估技术探讨［J］．网络安全技术与应用，2017（12）.
[21] 徐德蜀．安全科学与工程导论［M］．北京：化学工业出版社，2004.
[22] 郭振龙．工业装置安全卫生评价方法［M］．北京：化学工业出版社，1999.
[23] 刘东明，孙桂林．安全人机工程学［M］．北京：中国劳动社会保障出版社，1993.
[24] 史定华，王松瑞．故障树分析技术方法和理论［M］．北京：北京师范大学出版社，1993.
[25] 章国栋．系统可靠性与维修性的分析与设计［M］．北京：北京航空航天大学出版社，1990.